华 章 圖 書

一本打开的书，一扇开启的门，
通向科学殿堂的阶梯，托起一流人才的基石。

PROMOTION GUIDE FOR PROGRAMMER

程序员进阶心法

快速突破成长瓶颈

胡峰◎著

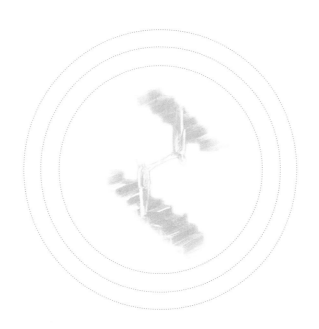

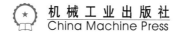

机械工业出版社
China Machine Press

图书在版编目（CIP）数据

程序员进阶心法：快速突破成长瓶颈 / 胡峰著 . —北京：机械工业出版社，2019.6

ISBN 978-7-111-62983-2

I. 程… II. 胡… III. 程序设计 IV. TP311.1

中国版本图书馆 CIP 数据核字（2019）第 110336 号

程序员进阶心法：快速突破成长瓶颈

出版发行：机械工业出版社（北京市西城区百万庄大街 22 号 邮政编码：100037）

责任编辑：李 艺　　　　　　　　　　　　责任校对：殷 虹

印　　刷：北京文昌阁彩色印刷有限责任公司　版　　次：2019 年 6 月第 1 版第 1 次印刷

开　　本：186mm×240mm　1/16　　　　　印　　张：20.25

书　　号：ISBN 978-7-111-62983-2　　　　定　　价：89.00 元

凡购本书，如有缺页、倒页、脱页，由本社发行部调换

客服热线：（010）88379426　88361066　　投稿热线：（010）88379604

购书热线：（010）68326294　　　　　　　　读者信箱：hzit@hzbook.com

走在同样的路上，遇见自己的风景

一直想对过去职业生涯的成长路线做一个总结，并沉淀为一部作品，此刻终于完成了。

毕业至今，我在程序这条道路上已经走了十多年，前期在金融、电信行业写程序，最近七年在互联网行业从事电商应用相关系统的技术工作，也一路从一名程序员成长为一名架构师。

如今这个时代，对于程序员来说是一个特别幸运的时代。每一个有追求的程序员都希望能获得快速成长，但成长的道路并没那么平坦和舒适，充满了崎岖、障碍和迷雾。

同样，我在成长的道路上，也走过很多弯路，有过迷茫，有过困惑。

如今，当我回顾时，总结出一条渐渐清晰的成长路线。很幸运，在成长的过程中，我断断续续通过写作记录了这中间的所见、所感、所惑与所思。今年，在这个适当的时机，我终于可以以一本书的形式来好好回顾并梳理下这条路线。

在回顾成长路线的过程中，我相信，一方面通过适时地驻足、回顾与梳理，可以帮助自己更好地认识到，我是如何从昨天走到今天的，并指导自己走向更好的明天；另一方面，程序（IT）行业还在高速发展，走在这条路上的人越来越多，而我对自身成长路径的反思与认知，想必也可能帮助到很多走在同样路上的人。

如今看来，在这条路上我的起步并不算晚，但"永远有走在你前面的人"，当年他们留下的"脚印"和路径也给予了我很多启发与指引。所以，本书旨在提供另一种可供参考的路标，正如标题所言："走在同样的路上，遇见自己的风景。"

这是一本围绕程序员成长路径和思考的书，它会围绕程序（IT）这个行业，程序员这个职业，探讨我们的成长之道和进阶路径。在这条路径上，有不同的成长阶段，会面临各种不同的问题与困惑。我会结合自身成长路径上面临的实际问题，设身处地去思索、分析、拆解这些问题，并给出可供参考的答案。

因为这是一本关于路径与成长的思考随笔类书籍，所以也就否定了另一面：它不会提供某一类具体的知识，并且由浅入深地去指导学习。后面这一类知识，我称之为"技能性知识"，可能需要你在日常学习和工作中勤学苦练，才会成为某一类问题的"答题高手"。

本书侧重路径选择和自我认知的知识，它能让你在成长的不同阶段重新认识自己，因为"知"改变你的"行"。有时选择对了合适的路，比光顾着赶路要重要得多。

在这条成长的路径上，有期待、有坚持、有故事，也会有迷茫，以及最后穿越迷雾的曙光。

最后，读完本书，它会给你带来什么？我想会有如下收获：

- 建立学习的体系与思维模型
- 梳理清晰的成长与进阶路线
- 扫清成长路上的迷茫与障碍
- 形成明确的自我定位与认知

它也许会是一扇观察的窗口，一张行路的地图，一瓶回血的苦药，一份认知的启发。其始于"知"，需终于"行"。在行走的道上，会有崎岖与气馁，希望本书能帮你找到未来的方向，给予指引；找到有效的方法，破除障碍；找到理想的自我，获得力量。

前路很长，而读一本书的时间很短，在短短的阅读时间内，希望我们有缘一起走上一程：走在同样的路上，遇见自己的风景。

|目录|

| 第一篇 |

进 阶 路 径

很少有程序员意识到职场的进阶路径，其实是一条主动管理自己职业生涯的成长之路。我们以为每个不同的个体会走上完全不同的道路，但实际是不同个体承担了同样的职场角色，他们在这条路上都有类似的路径。

刚开始时，我们懵懵懂懂起步，伴随"启程之初"的困惑与担忧。进入职场，开始看清一条条进阶阶梯，然而职场如江湖，这个江湖有不同的角色，不同的技能，不同的同伴，我们该如何选择道路？这条道路的尽头，会有属于你的一道成长断层，跨越它将成为你的第一次自我蜕变。

在本篇中，我会带你体验这条成长进阶路径，这也是我过去十二年走过的路，无论你当前处在这条路上的哪个阶段，都可能获得下一阶段"行路"的启发。

第 1 章

启 程 之 初

1 为什么成为一名程序员?

在走上程序员这条道路前,你不妨先问问自己成为程序员的初心是什么。回首往昔,我似乎是阴差阳错地走上了这条路,正因初心未明,所以早期的路上就多了很多迟疑和曲折。

人生路漫漫,在本书的第一篇里,我会和你讲讲我自己走上程序员道路的故事,希望这些故事能够给迷茫或者奋进中的你以启发。在人生的不同阶段里,我都喜欢做"复盘",一方面审视过去的自己,另一方面思索未来的方向。现在看来,这些有节奏的复盘也给我自己留下了深深印记,让我在某些关键节点的决策时更加坚决。

首次接触

说起我和程序的渊源,大概可以追溯到二十多年前。

1995 年,我还在四川一所少数民族中学读初中二年级,当时学校的硬件条件不是太好。那年国际友人向学校赞助了几台苹果Ⅱ代电脑。作为学校成绩名列前茅的学生,我还算有点"小特权"。这点"小特权"就是可以接触这批电脑,所以那时我为了搞懂怎么"玩"这些电脑去学了下 Basic 语言,然后在上面编程并在单调的绿色屏幕上画出了一些几何图形。

当时还挺有成就感的,一度畅想将来要考清华的计算机专业。可能,那时觉得清华就是最好的学校，而计算机和编程是当时的最爱。然而，实际情况是上了高中以后学习压力大增，再也没时间去"玩"这些电脑了，光应对考试已然应接不暇，渐渐就忘了初中时的想法。

现在回想起来第一次接触程序的时候，感觉它们还算是好"玩"的，带来了一种智力上的挑战，但当时不会想到十年后我将会以此为生，走上程序员之路。

彼时，初心未有。

选择专业

对我们 80 后这一代人，高考算是人生中第一次重要的选择了吧。

那时高考填志愿都是在考试前进行。高中三年，我再没接触过程序，也早已忘记当年的想法。高考前觉得自己对物理最有兴趣，所以填报了南京大学的物理系。关于兴趣有一个有趣的说法："往往并不是有兴趣才能做好，而是做好了才有兴趣。"高中时可能觉得物理学得还不错，所以就有了兴趣，并在填报高考志愿时选择了物理专业。

后来高考的结果，一方面信心不是很足，另一方面单科数学发挥也失常。南大的物理系没能上成，落到了第二志愿东北大学，调剂成了机械工程专业。这是一个随机调剂的专业，着实让我无比苦闷，学了一年后，我非常清楚，我并不喜欢这个专业，也看不清未来的职业前景。

如今再回首，你总会发现，有些最重要的人生路径选择，就这么有点"无厘头"地完成了。在面临人生重要路径的选择时，当时只考虑了兴趣，如今看来也没那么靠谱，应该多听听众人的看法，参考前人的路径，最后再自己做出决定。人生路径还是需要自己来主动、有意识地掌舵的。

彼时，初心已有，但却是混乱的。

转换专业

在机械专业煎熬了两年，我迎来了第二次选择专业的机会。

在我读完大二的时候，国家开始兴办软件学院，新开软件工程专业。我当时在机械专业也会学一门编程课：C 语言。那时对 C 语言比较感兴趣，而对专业课机械制图则完全无感，所以当机会出现时我义无反顾去转了专业。

新专业面向所有非计算机的工程专业招生，但有一个门槛：高学费。当时，机械专业一年的学费是四千多点，而软件工程本科一年的学费是一万六，抵上机械专业四年的学费，这对一个工薪家庭的压力不算小。

　　总之，我就这么阴差阳错地又绕到了计算机专业这条路上。作为一门新开专业，软件工程相对计算机专业更偏应用，对接企业用人需求。可见，当时（2002年）整个IT行业已经面临人才缺乏的问题，国家之所以新开软件工程专业，恐怕也是经济规律在发挥作用，为了平衡供需两端。

　　于我而言，转换专业算是时代给予的机遇，让我在懵懂中做出了一次正确的选择。可能当时并不明了，但如今回顾却是如此清晰：面对新开的软件工程专业，其实表明了一个信息，这个行业发展很快，前景很好。

　　人生路很长，走了一段，也需要时不时重新审视当前的路径是否适合，是否无意错过了前途更好的岔路口。

　　我很庆幸当年没有错过这个路口，当时的确没想过从机械专业换到软件工程专业会有更好的发展前景，但就是这样，我绕绕弯弯、曲曲折折地入了行，成为了一名程序员。

　　彼时，初心虽已不乱，但依然未明。

转换行业

　　人的一生面临很多重要选择，除了高考选专业，我想转行也是其中之一。

　　入行后，一路走来也碰到过很多从其他行业转行成为程序员的人。在招聘面试时，我曾碰到过两个程序员，他们一个是毕业于中医药大学，在药房工作两年后转行并在这行干了3年；另外一个主修环境工程专业，在该行业工作9年后才转行程序员，并在这行干了5年。

　　那时我就在想，为什么他们都要转行做一名程序员呢？也许，客观上来说，行业的景气度让程序员的薪酬水平水涨船高。需求的持续上涨，吸引着更多的人进入，这也是经济规律。但主观上来说，可能我们也没有想好为什么要转行成为一名程序员。

　　我转到软件工程专业，毕业后顺利进入程序这行。早期就是为一些传统行业公司写企业应用程序，提供IT服务，完成一份合同。工作五年后，我才渐渐明白，同样写程序，但为不同行业写的程序的价值真是完全不同。因此，我选择了切换到电商互联网行业来写程序。

　　而对于这一次的选择，我很确定的是，至少我模糊地看到了这条路的前景，并坚定地在众多选项中排除了其他路径。转行，不同的跨度，代价或大或小。但不转变就没代价吗？不见得，因为有时不做选择的代价可能更大。

　　此时，初心才算渐渐明了。

心明行远

在成长的路上，我先后经历了换专业、换城市、换行业。

2017 年年底我适时地驻足回顾了一下我从进入大学到如今这些年的学习、工作和成长经历。其中有一些重要的时间事件节点，把它们连接起来，就成了我们大多数人的成长线。如图 1-1 所示，是我过去 18 年的成长线：

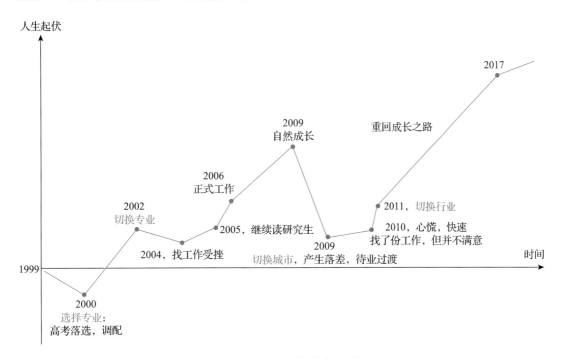

图 1-1　我的 18 年成长线路图示例

在这张图上，选专业、换专业、换城市、换行业，这几个重要的人生选择点，我都用蓝色字体标记了。在把过往的 18 年浓缩到一张图上后，我清晰地看出了趋势，在切换行业之前，初心未明，成长的路上起起伏伏，波动很大，也因为不成熟的选择带来过巨大的落差感。

在工作的前几年，也有一段快速的自然成长期（如图 1-1 所示）。因为这时我们就像一张白纸，只要是在认真地做事儿，总能成长。这段时期，心其实是乱的，但因为忙而充实，也获得了很多成长，但它的问题是：这样的自然成长期的长度取决于你所做事情的天花板，所以才有了后面的切换城市带来的落差。

切换了行业，一路走到现在，前路不尽，心已明，行将远。

为什么成为一名程序员，初心若何？有人有天赋，有人凭兴趣，有人看前景。也许，你上路之初还未曾明了，但在路上不时叩问内心，找到初心，会走得更坚定，更长远。

2　如何选择技术方向？

初入职场或还在校的同学想必都会有一些共同的疑惑，比如："我到底该选哪个技术方向？""现在该学哪门语言？""未来 Java 语言的发展趋势如何？"这些问题的本质其实都是技术的投资决策问题，也即现在我该把时间精力花在哪个方向上，未来的收益才可能最大。

这个问题并不好回答，因为这个问题的本质和"我现在应该投资哪只股票"一样。没有人能回答好这个问题，我觉得最好的做法就是：从投资的出发点而非终点来选择一条路径。

至于这样选择的路径能否在未来获得很好的收益，是无法预测的。但选择技术方向和选择股票不同的是，只要你在这条路径上持续努力、学习与进步，基本可以保证能和"大盘"持平而不至于有亏损，但能否取得超过"大盘"的收益，其实是看运气的。

选择语言

选择技术方向，从某种意义上讲就是选择语言。

虽然有一些流传的说法，类似于："语言并不重要，必要的时候可以在各种语言间自由切换。"但实际情况是，能做到自由切换的前提是你得对一门语言掌握到通透之后，再学习其他语言，才可能触类旁通。

计算机程序语言虽然很多，但种类其实有限。2018 年 TIOBE 程序语言排行榜（见图 2-1）上的前三位（Java、C、C++），本质上其实是一类语言。但大部分人只能选择去熟悉并通透其中一种，因为这些语言背后都有庞大的生态圈。

要做到通透，只熟悉语言本身是远远不够的，而是要熟悉整个生态圈。三门语言中最年轻的 Java 也有二十多年历史了，足够你耗费数年时光去熟悉其整个生态圈，而且目前其生态圈还处在不断扩张的状态，展现出一种蓬勃的生命力。

那么，要是我来选，我会如何选择语言呢？我会选择那些展现出蓬勃生命力的语言。

但其实十多年前我只是凑巧选择了 Java，它就像是被潮水推到我脚边的漂流瓶，被我顺手捡了起来。没想到居然蓬勃发展了十多年，且不见衰退迹象。

那时的 Java 刚诞生不过七八年，和今天的 Go 语言很像。Go 语言在排行榜上的位置蹿升得很快，而且在云计算时代的基础设施上大放异彩，号称是：易用性要超越 PHP，而性能要超越 Java。

那么在 Java 之前我学的是什么？是 Visual Basic、ASP 和 Delphi/Object Pascal。我想今天不少年轻的程序员都未必听过这些语言了。但神奇的是，在 TIOBE 的排行榜上（见图 2-1），VB 加了个 .NET 的排名竟在世界最广泛的 Web 语言 PHP 和 JavaScript 之上。而十五年前我用的 Delphi/Object Pascal 居然只落后 JavaScript 几个名次，且远高于 Go、Objective-C，力压 Swift。

Apr 2018	Apr 2017	Change	Programming Language	Ratings	Change
1	1		Java	15.777%	+0.21%
2	2		C	13.589%	+6.62%
3	3		C++	7.218%	+2.66%
4	5	∧	Python	5.803%	+2.35%
5	4	∨	C#	5.265%	+1.69%
6	7	∧	Visual Basic .NET	4.947%	+1.70%
7	6	∨	PHP	4.218%	+0.84%
8	8		JavaScript	3.492%	+0.64%
9	–	∧∧	SQL	2.650%	+2.65%
10	11	∧	Ruby	2.018%	−0.29%
11	9	∨	Delphi/Object Pascal	1.961%	−0.86%
12	15	∧	R	1.806%	−0.33%
13	16	∧	Visual Basic	1.798%	−0.26%
14	13	∨	Assembly language	1.655%	−0.51%
15	12	∨	Swift	1.534%	−0.75%
16	10	∨∨	Perl	1.527%	−0.89%
17	17		MATLAB	1.457%	−0.59%
18	14	∨∨	Objective-C	1.250%	−0.91%
19	18	∨	Go	1.180%	−0.79%
20	20		PL/SQL	1.173%	−0.45%

图 2-1　2018 年 TIOBE 程序语言排行榜

这些老牌语言还值得学吗？当然不值得了。因为它们早已进入暮年，没了蓬勃的生命力。但为什么排名还这么高呢？也许是因为它们也曾有过蓬勃生命力的热血青春，留下了大量的软件系统和程序遗产，至今还没能退出历史的舞台吧。

美国作家纳西姆·塔勒布（《黑天鹅》《反脆弱》等书作者）曾说：

"信息或者想法的预期寿命，和它的现有寿命成正比。"

而编程语言以及由它编写的所有软件系统和程序，本质就是信息了。换句话说，如果你想预测一门语言还会存在多久，就看看它已经存在了多久。存活时间足够长的语言，可以预期，它未来也还可能存活这么长时间。当然这一论断并不绝对，只是想说明越是新的语言或技术，升级换代越快，也越容易被取代。

这一点在 Delphi 这门语言上已经得到了体现，进入 21 世纪后，这种编写 C/S 架构软件的语言，居然还存活了这么久。

选择回报

选择技术方向，选择语言，本质都是一种投资。

我们为此感到焦虑的原因在于，技术变化那么快，担心自己选了一个方向，投入几年时间和精力后，却被技术迭代的浪潮拍在了沙滩上。

按上面塔勒布的说法，越年轻的语言和方向，风险越高。一个今年刚出现的新方向、新语言，你怎么知道它能否在明年幸存下来呢？所以，考虑确定性的回报和更低的风险，你应该选择有一定历史的方向或语言，也许不能带来超额的回报，但最起码能带来稳定的回报，让你先在这个行业里立稳脚跟。在此基础上，再去关注新潮流、新方向或新技术，观察它们的可持续性。

有一句投资箴言："高风险未必带来高回报。"在选择职业方向的路上，你没有办法像多元化投资一样来分散风险，所以选择确定性的回报，要比抱着赌一把的心态更可取。看看当前的市场需求是什么，最需要什么，以及长期需要什么。

比如，今天技术的热潮在人工智能、机器学习、区块链等上面，这是市场最需要的，而市场给的价格也是最高的。所以，你应该投入这里吗？先别头脑发热，看看自己的基础，能否翻越门槛，及时上得了车？

21 世纪之初，互联网时代的到来，网络的爆发，你会写个 HTML 就能月薪上万。上万，似乎不多，但那时北京房价均价也才 5000 多。在 2010 年左右，移动互联网兴起，拥有 1 年移动开发经验的程序员的平均待遇达到了拥有 5～10 年 Java 开发经验的程序员的水平。如今，你只会 HTML 基本找不到工作，而拥有 5 年移动开发经验和 5 年 Java 开发经验的同学，薪资待遇也变得相差不多了。

关于技术，有一句流行的话："技术总是短期被高估，但长期被低估。"今天，在人工智能领域获得超额回报的顶级专家，实际数十年前在其被低估时就进入了这个领域，数十年的持续投入，才在如今迎来了人工智能的"牛市"，有了所谓的超额回报。所以，不妨在一些可能长期被低估的基础技术上投入，而不是被技术潮流的短期波动所左右。

技术的选择，都是赚取长期回报，短期的波动放在长期来看终将被抵消掉，成为时代的一朵小浪花。

选择行业

搞清楚了语言、技术方向和回报的关系后，最后做出选择的立足点通常会落在行业上。

当你问别人该选什么语言时，有人会告诉你应该学习 JavaScript，因为这是互联网 Web 时代的通用语言，到了移动互联网时代依然通用，而且现阶段生命力旺盛得就像再年轻十岁的 Java；也有人告诉你从 Python 开始更合适，语法简单，上手容易；还有人告诉你，现在学 Java 找工作最容易，平均工资也蛮高。这各种各样的说法充斥在你的耳边，让你犹豫不决，左右为难。

一个问题就像一把锁，开锁的钥匙肯定不会在锁上。那样，问题也就不是问题，太容易就解开了，不是吗？所以，选择什么语言通常不在于语言本身的特性。

选语言，就是选职业，而选职业首先要选行业。

先想想自己想从事哪个行业的软件开发；再看看这个行业的现状如何？行业的平均增速如何？和其他行业相比如何？这个行业里最好的公司相比行业平均增速又如何？最后，看看这些最好的公司都用什么样的技术栈和语言。如果你想进入这样的公司，那就很简单了，选择学这样的技术和语言。

也许你会问，这样选择是不是太功利了？选择不是应该看兴趣吗？注意，这里选择的前提可不是发展什么业余爱好，而是为了获得安身立命的本领，获得竞争的相对优势。而兴趣，就是这件事里有吸引你的东西，让你觉得这是"很好玩"的事。但有这样一种说法："一旦把兴趣变成了职业，也就失去了兴趣。"因为，职业里面还有很多"不好玩"的事。

兴趣能轻松驱动你做到前 50%，但按照二八原则，要进入前 20% 的高手领域，仅仅靠兴趣是不够的。兴趣给你的奖励是"好玩"，但继续往前走就会遇到很多"不好玩"的事，这是一种前进的障碍，这时功利，也算是给予你越过障碍所经历痛苦的补偿吧。

以上，就是我关于技术方向选择的一些原则与方法。无论你当初是如何选择走上技术道路的，都可以再想想你为什么要选择学习一门编程语言，学习编程的一部分是学习语言的语法结构，但更大的一部分，同时也是耗时更久且更让你头痛的部分是：学习如何像工程师一样解决问题。

有时这样的选择确实很难，因为我们缺乏足够的信息来做出最优选择。赫伯特·西蒙说："当你无法获得决策所需的所有信息时，不要追求最优决策，而要追求满意决策。"定下自己的满意标准，找到一个符合满意标准的折中方案，就开始行动吧。

停留在原地纠结，什么也不会改变。

3　启程前的一份技能地图

程序世界是一片广阔的大地，相比我十多年前进入这个世界时，这片大地的边界又扩大了很多倍。初入程序世界难免迷茫，要在这个世界立足、生存，并得到很好的发展，应首要具备怎样的技能呢？未来的程序之路，先给自己准备一份基本的技能地图，先有图，再上路。

在程序的技能地图中，需要先开启和点亮哪些部分呢？回顾过去的经历并结合现实的需要，下面我从两个不同程度的维度来说明：

- 掌握
- 了解

掌握，意味着一开始就要求熟练掌握的硬技能，这是生存之本。而至于掌握的深度，是动态的，倒是可以在行进过程中不断迭代加深。了解，相对掌握不是必需，但也需要达到知其然的程度，甚至知其所以然更好。

掌握

上路之初，需要掌握的核心生存技能有哪些呢？

开发平台

开发平台包括一种编程语言、附带的平台生态及相关的技术。在如今这个专业化分工越来越精细的时代，开发平台决定了你会成为什么类型和方向的程序员。比如：服务端、客户端或前端开发等。其中，进一步细分客户端还可以有 Windows、Mac、iOS 和 Android等不同的平台。

（1）编程语言

语言选择后基本决定了开发平台的性质，但有些语言可能例外，如：C++、JS、C# 等，这些语言都可以跨多个平台。但即使你选的是这些语言，基本也会归属到某一类平台上。好比你选了 C++，如果你去做了客户端开发，就可能很少再去用 C++ 写服务端程序了。

关于语言的选择，前面我已经说了选择的逻辑，这里不再赘述。但选择好语言后，我们不仅仅要熟悉语言自身的特性，还需要掌握支撑语言的平台库。Java 若仅从语言特性上来说，有其优点，但其瑕疵和缺陷也一直被吐槽，若没有 JDK 强大的平台库支撑，想必也不会有今天的繁荣。

（2）平台生态

与语言平台关联的还有其技术生态以及各种技术框架的繁荣程度。这些平台技术生态的存在让使用这门语言完成特定的编程任务变得容易和简单得多。Java 的生命力除了依靠 JDK 的强大支撑，其平台生态的繁荣也起了决定性的作用。

在选择了开发平台后，除了语言和平台库之外，其生态体系内主流的技术框架和解决方案也是必选的掌握内容。

常用算法

在学校学习的算法，基本是解决各种计算机科学问题的通用方法。

还记得在学校时看过一本算法经典书《算法导论》。最近又把这本书的目录翻出来过了一遍，发现自己已经忘记了百分之七八十的内容。因为忘记的这部分内容，在过去十多年的工作中我基本都没机会用上。那么掌握算法的目的是为了什么呢？

有时候你可能会觉得学校教科书上学习的经典算法，在实际工作中根本就用不上。我还记得考研的时候，专业考试课就是算法与数据结构，在考卷上随手写个排序、树遍历手到擒来。但到研究生毕业去参加腾讯校招面试时，被要求在白纸上手写一个快排算法，我却被卡住了，自然也就没通过。因为已经好久没有进行这样的练习，在研究生阶段一年期的公司实习工作场景也没有这样的需求。

那么为什么还要学习这些经典算法呢？

算法，表达的是一个计算的动态过程，它引入了一个度量标准：时空复杂度。当我回思时，发现这个度量标准思维在我工作的十余年中一直在发挥作用。如今，几乎所有的经典算法都能在开发平台库里找到实现，不会再需要自己从头写。但结合工作的实际业务场景，我们需要去设计更贴合需求的算法，而只要是算法，它都会受到时空复杂度的约束，我们只是在其中进行平衡与折中。

学校教科书里的经典算法，是剥离了业务场景的高度抽象，当时学来有种不知道用在哪里的感觉；如今回头结合真实的业务场景需求再看，会有一种恍然大悟之感。

数据结构

数据结构通常都和算法一起出现，但算法表达的是动态特性，而数据结构表达的是一种静态的结构特性。大部分开发平台库都提供了最基础和常用的数据结构实现，这些都是我们需要熟悉并掌握的，包括：

- 数组（Array）

- 链表（Linked List）
- 队列（Queues）
- 堆栈（Stacks）
- 散列（Hashes）
- 集合（Sets）

另外，还有两种数据结构不属于基础结构，但在现实中有非常广泛的直接映射场景。

- 树（Trees）
- 图（Graphs）

每种结构都有各种变体，适用于不同的场景，甚至很多时候你还会需要组合不同的结构去解决一些更复杂的问题。

了解

需要了解的内容比需要掌握的更广泛，但了解了这些方面会让你更高效地协作并解决问题。

数据存储

不管你写什么样的程序系统，估计都离不开数据存储。数据是一个业务系统的核心价值所在，所以如何存储不同类型的生产数据，是你必须要了解的。如今广泛流行的数据存储系统有下面三类：

- SQL（关系型数据库），如：MySQL、Oracle
- NoSQL（非关系型数据库），如：HBase、MongoDB
- Cache（缓存），如：Redis、Memcached

每一种数据存储系统都有其特定的特性和应用场景。作为程序员，我们通常的需求就是最有效地用好各类数据存储，而按了解的深度需要依次知道如下几点：

1）如何用？在什么场景下，用什么数据存储的什么特性？

2）它们是如何工作的？

3）如何优化你的使用方式？

4）它们的量化指标是什么，并能够进行量化分析。

这4点虽不要求一开始就能掌握到一定程度，但你最好一开始就有这个层次思维，并在日后的工作中不断去迭代它的深度。

测试方法

为什么做开发还需要了解测试？

测试思维是一种与开发完全不同的思维模式。有一种流行的开发方法论叫"测试驱动开发（TDD）"，它的流行不是没有道理的。在写代码的时候，用测试的思维与方式（提供单元测试）去审视和检测代码，也就是说，明确要开发某个功能后，先思考如何对这个功能进行测试，并完成测试代码的编写，然后编写相关的代码以满足这些测试用例。

开发与测试这两种相反视角的切入维度，能真正长期地提高你写代码的效率和水平。

工程规范

每一种开发平台和语言，估计都有其相应约定俗成的一些工程规范要求。最基础的工程规范是代码规范，包括两个方面：

- 代码结构
- 代码风格

像 Java 发展这么多年，逐渐形成了一种基于 Maven 的代码组织结构规范，这种约定俗成的代码结构规范省却了很多不必要的沟通。有时候，同样的内容，有更规范的结构，其可阅读性、理解性就能得到提升。

而至于代码风格，相对没那么标准化，但为了写出更清晰、易读的代码，我们至少要坚持自己写的代码具有某种一致性的风格。另外，除了风格问题，也可以借助静态代码检查工具来规避一些新手爱犯的低级错误，通过这些工具老手也可以找到自己的认知与习惯盲点。

开发流程

在开发流程方法论上，敏捷基本已经横扫天下，所以我们至少要了解下敏捷开发方法论。

虽然敏捷方法论定义了一些参考实践，但它依然是一组非常松散的概念。每个实践敏捷的开发团队，估计都会根据自己的理解和摸索建立一整套逐渐约定成型的开发流程规范。而为了和团队其他成员更好地协作，估计每个新加入团队的成员都需要了解团队演进形成的开发流程规范。

先了解，再优化。

源码管理

既然我们生产代码，自然也需要了解如何管理好代码。

在我的从业经历中，源码管理工具经历了从 CVS 到 SVN 再到 Git 的变迁。Git 是为 Linux 这样超大规模的开源项目准备的，自然决定了其能应对各种复杂场景的源码管理需求。所以，你至少要了解 Git，并用好它。

　　当工具变得越来越强大时，工具背后的思想其实更重要，对其的理解决定了我们应用工具的模式。而对源码进行管理的最基本诉求有以下三点：

- 并行：以支持多特性，多人的并行开发。
- 协作：以协调多人对同一份代码的编写。
- 版本：以支持不同历史的代码版本切换。

　　最后，我把以上内容总结为一张图（图 3-1）：中心区域（开发平台和常用算法）相对更小而聚焦，是需要掌握的部分，要求深度；外围区域的部分更广而泛，需要广度。

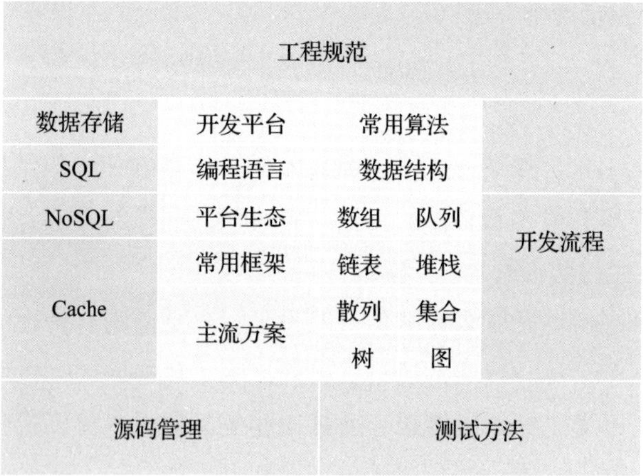

图 3-1　程序员的基础技能图

　　以上就是我回顾走过的路径后，觉得需要具备的一份基础技能图。这十多年间，这张图上的每一个分类都出现了新的技术迭代，有了新的框架、算法和产品等，但它们并不过时，依然可以为你的技能点亮之路提供方向指引。也许，你程序生涯的第一个一万小时就会花在这张图上。

4　编写让你脱颖而出的简历

　　工作十余年下来，我参与过很多次招聘，看过很多程序员的简历，却发现少有让人满意的。回顾自己上次投简历已是六七年前，再一想当年的简历却也不禁摇头叹息。如今，站在求职的另一端，终于开始明白什么样的简历算是好简历了。

　　也许，一份好简历会是一份好工作的开端。

为什么？沧海也会遗珠

简历，是如此重要，它是获得一份满意工作的敲门砖，但不同的简历敲门的声响大有不同。

很多时候简历给人的感觉也似乎微不足道，因为没有人会真正细致地去读一份简历。现实也的确如此，真实情况是，你的简历只有十几二十秒的时间被浏览到，然后就被决定了能否进入下一步。

在我参加过的招聘中，校招就是一场简历的战争。会议室里，满满一桌子的简历，十几位面试官根据简历筛选初面的同学，在每一份简历上仅停留一眼的时间，就会大致做出判断。每一份简历都在叩门，脑海里充斥着嘈杂喧嚣器的声音，所有的选择都不过是一眼之缘，一耳之感。

这样的决断难免会有沧海遗珠之憾，但若是有一份简历在市井的琐碎之音中发出隆隆的战鼓声，它还会成为遗珠吗？

是什么？关于你的单页广告

简历，是你的自我介绍？不，它是你的广告传单。

啊？简历怎么会像是你走在路边随手接到的那些广告传单呢？但现实是，大部分简历和这些传单的命运差不多一样，只是你不需要站在真实的路边去发，而是站在互联网的路口去发，且互联网上有很多这样专门发简历的路口，俗称招聘网站。

为什么是单页？你会发现你收到的传单都是单页的，你什么时候收到还需要翻页的传单，或者厚厚一本？一眼打动不了人，再多也是浪费了。一页足矣。

那么这一页上应该有些什么？

怎么做？独一无二的你

看了你的简历我就想知道，你做过什么？看看技能、经历与岗位需求的匹配度，然后再问问你是谁？透过你的简历散发出来的味道，我会思考，我愿意和这样的人共事吗？

为了满足上面的需求，一份简历最少需要包括以下内容：

- 个人信息
  - 姓名
  - 年龄
  - 手机

　　　　■ 邮箱
　　● 教育经历
　　　　■ 博士
　　　　■ 硕士
　　　　■ 本科
　　● 工作经历（最匹配职位需求的，挑选出来 TOP3 的项目）
　　　　■ 项目 1
　　　　　1. 项目背景上下文（场景、问题）
　　　　　2. 你在其中的角色（职责、发挥的作用、结果度量）
　　　　　3. 与此项经历有关的知识与技能（技术栈）
　　　　■ 项目 2
　　　　■ 项目 3
　　● 附加信息
　　　　■ 博客：持续有内容，不是碎碎念的
　　　　■ 开源：GitHub 持续 commit 的
　　　　■ 社区：InfoQ、CSDN 等技术社区有一定专业影响力的
　　　　■ 书籍：用心写的
　　　　■ 演讲：行业大会级别的
　　　　■ 专利：觉得比较牛的可以写，公司凑数的就算了
　　　　■ 论文：学术界比较有影响力的
　　　　■ 爱好：真正的兴趣点

　　关于"个人信息"和"教育经历"就不多说了。"工作经历"部分突出重点项目，按时间维度、与职位需求匹配度高低来区分，时间越近且匹配度越高的越是详细写，而时间比较远的可以略写，匹配度低甚至不沾边的就别写出来了。可以长期定期维护一份个人简历中工作经历的全集，根据每份职位的需求去临时定制子集。

　　另外，项目经历中无须写软件环境、硬件环境、开发工具之类的。我们在乎的是你会做什么菜（有什么技能和能力），而不关心你用的什么厨具。

　　如果是学生，缺乏工作经历，那就写写独特的学习或实习经历。若大家共有的经历就不用写了。对于学生，看重的是通用能力、学习能力、适应能力以及对工作的态度和热情。如果没有区分度高的经历，那么有作品也是很好的。一位同事说起当年毕业时金山西山居

游戏工作室到他的学校招人，最后只录取了一个，唯一一个有作品的同学。

关于技术栈部分的技术术语，很多程序员不太注意。比如，把 Java 写成 java 或 JAVA，Java 已是一个专有品牌名词，大小写要完全符合，这一点和 iOS 类似（i 小写，OS 大写）。另外，像 HTML、CSS 则全部大写，因为这是多个单词的缩写。一些小小的细节就能读出你的专业性和散发出来的味道。最后，技术术语不是罗列得越多越好，不是真正熟练的技能，不要轻易写进简历。

讲完了内容方面的注意点，还需要注意的就是外观了。外观包括两部分：格式和样式。

关于格式，我收过的简历很多都是 Word 格式，但 Word 并不拥有很好的兼容特性。我也收到过 Markdown 格式的简历，但那是因为 HR 同事的电脑不识别".md"后缀的文件名时转发给我的。所以，关于格式就用 PDF 吧，拥有最好的跨平台兼容性。

关于样式，还记得前面描述的那个满桌简历的场景吧，在这样的情景下，一份独特的外观就足够吸引人的注意了。而如何独特，这是发挥创意的地方，但唯一需要注意的是，创意不能影响简历的可读性。最好是自己设计一种样式，一个能散发出你的特质与味道的样式。

如果你还没有作品，那就把简历当作是第一份作品，而作品是你品味的体现。

最好的人才，从来不通过简历市场发生交易，所以这也许就是为什么大部分简历都让人不满意的原因。而当你能写出很好的简历时，会发现其实也不太需要怎么写简历了。成长就是一个从需要在简历上写很多内容，到越写越少的过程。

第 2 章

职 场 阶 梯

5　技术线的职场阶梯与级别定义

任何种类的职场上升通道都是一个阶梯,但程序员的阶梯有何不同呢?

在程序员职业生涯的发展过程中,都会经历一个修炼成长、打怪升级的过程,而每个公司可能会定义自己的升级阶梯。以 AT 为首的两大巨头,其对技术人员的级别定义在互联网业界比较公开。例如,阿里的程序员级别从 P4 到 P14,而腾讯则定义了 5 个大级别:从 T1 到 T5,并且 T4 之前的级别内部还会细分为若干小级别。

相对来说,我认为腾讯的 5 个大级别与我自己一路走来经历的几个阶段比较匹配一些,而大级别之间的分界线也会更明显一些。我对升级阶梯的定义也是 5 个:初级、中级、高级、资深和专家。

至于对不同级别的定义,我选择了三个相对容易判断的维度:

- 具备什么能力?
- 解决什么问题?
- 产生多大影响?

初级

初级,多属于刚入职场的新人。

　　一般刚从学校毕业的同学，具备基本的专业技能和素养，能快速学习公司要求的常用开发技术、工具和框架，能理解所在的业务和产品领域，并按照设计要求来实现功能。他们通常都工作在系统局部某个区域内，能独立或在有限指导下实现功能并解决该模块碰到的具体问题。

　　这个级别基本完成的都是螺丝钉级别的工作，影响很有限。但如果从这个阶段你就开始定期归纳总结这些局部的工作经验，不断优化工作内容，并能在团队小组内部做出分享，甚至帮助其他同学解决问题，那就说明你已经走上了一条快速成长的道路。

　　刚入职场的同学，有本科，有硕士，还有博士，这有区别吗？我个人感觉本科和硕士进入职场的区别不大。当年我硕士毕业进入第一家公司算初级工程师，若本科生进入则算助理工程师，有一个小级别的差异，但薪酬待遇则相差无几。

　　毕业那时腾讯也来学校宣讲，本科年薪 6 万，硕士 8 万，而博士 10 万。仅仅从年收入差距来看，读硕、读博似乎不是个划算的选择，可很多人选择读硕恰恰是为了能有一个更好的工作起点，而选择的标准也可能就是薪酬水平，这貌似是一个误区。

　　以前看过一期《奇葩说》，一位在清华大学从本科读到博士的学生在节目上说自己为找什么工作而苦恼，惹得同为清华毕业的高晓松当场发飙，而同为点评嘉宾的蔡康永也说了句很中肯的"实在话"：

　　"一直花时间求学，也许是为了拖延人生做决定的时间。"

中级

　　中级，相对初级最大的质变在于：独立性。

　　初级同学经过两三年工作历练，对实现各种业务功能、开发规范流程都很熟练，摆脱了对基本指导的依赖性，这时就进入了中级阶段。中级工程师已经能够独立承担开发任务，设计实现他们负责的系统模块，以及通过搜集有效信息、资料和汲取过往经验来解决自己工作范围内遇到的问题。

　　中级这个层面的基本要求就是：完成工作、达成品质和优化效率，属于公司"动作执行"层面的中坚力量。观察下来，这个级别的工程师多数都能做到完成工作，但品质可能有瑕疵，效率上甚至也有很多无效耗散。不过，效率和品质总是在不断的迭代中去完善的，他们自身也会在这个过程中不断成长并向着下一个阶梯迈进。

　　不少同学卡在中级阶段，就是因为虽然不断在完成工作，但却没有去反思、沉淀、迭代并改进，从而导致自己一直停留在不断的重复中。所以，在工作中要保持迭代与改进，并把你的经验分享给新来的初级同学，这样未来之路你才会走得更快，走得更轻松。

高级

高级，不仅要能独立完成工作，还要能独立负责。他们能独立负责一个大系统中的子系统或服务，并成为团队骨干或最重要的个人贡献者。

相比于中级，高级工程师在"动作执行"层面，不仅能独立完成高级难度的开发任务，而且在用户体验（品质提升）和性能优化（优化效率）方面还能做出更全面的考量。也就是说，他们不仅仅可以把开发任务完成得又快又好，还能清晰地定义出多快、多好。比如，一个服务的响应时间 99.9% 是在 20 毫秒内，内存消耗最大不超过 1G，并发吞吐量 10000+/s，即能用清晰的数据来定义服务品质和效率。

另外，高级工程师需要面对的问题就不再是单一维度的技术问题了，他们需要结合业务特性去考虑设计合理的解决方案。熟悉业务领域内的应用系统架构以及各个部分使用的技术，能根据业务特性，合理进行分层设计，实现高效率、低成本的运维或运营。

初、中级工程师的能力提升与影响输出是通过经验的归纳总结与分享，而高级工程师则需要在经验这种偏个体特性的基础上，再进行抽象提炼，沉淀方法论。换言之，通过个人的经验，研究行业的优秀实践，再结合自身实践和逻辑推导，沉淀出切合现实的方法论，并在团队内部推广应用。

资深

资深，有深度和资历（即广度）两个层面，对应到职业生涯路线上，也有两个方向。
- 资深工程师
- 架构师

在偏基础研发、算法和特定技术的复杂领域，会向"资深工程师"方向发展，属于深度优先。而在面向业务开发的领域，业务复杂度高于技术复杂度，则会向"架构师"方向发展，属于广度优先。

但无论深度还是广度，进入这个级别即说明你在特定领域已经具备了相当的积累。这时你是作为相关领域的专家，深度参与和支持团队项目，在领域内进行关键的技术判断和决策，进而帮助团队项目或产品加速成功。在这个层次，你面临的都是一些更复杂的、具备一些灰度（不是非此即彼，而是需要折中权衡）特性的问题，这时就需要你能够全方位、多层次、多角度地深入理解问题，评估每种方案的收益、成本和潜在未来的长短期影响等。

这个层次的影响方面，除了经验分享和方法论沉淀，还有产品和团队两个考虑维度：

即使是做纯技术的东西，最终的影响也是通过技术产品来完成的；而另一方面，团队的梯队建设、结构调整与协作优化，决定了团队的外在表现。这两个维度，前者可能是资深工程师方向需要侧重多一些，后者则是架构师方向需要侧重思考实践多一些。

专家

专家，表明了某种领域的明确建立。

也许架构师和资深工程师也具备在特定细分技术领域的深厚积累，说明他们和专家一样也有属于自己的领域，但这个领域还不算明确建立，还需要有公认的影响力。公认影响力实际是指一个范围，如果是公司的技术专家，那么范围就是公司或行业。

虽然以"家"冠名会让人感觉太高不可攀，遥不可及，但实际"家"也分大小：一般的"大家"可能属于稀世珍宝，举国稀有，确实是遥不可及；但也有"小家"，相对来说就没那么遥远了。"大家"和"小家"的区别就在于，影响力的范围大小。

影响力听起来可能很虚，那我换个相对实的角度来说明。作为一个 Java 程序员，在学习使用 Java 的过程中总有那么几个人，你不仅要去读他们的书还要去看并且使用他们写的代码，反正在 Java 这个领域你总是绕不过去。那么，这就是他们在这个领域实实在在的影响力，他们自然也是这个领域的专家。所以，专家可能就是"这个领域内你绕不过去的人"吧。

积累多年，建立体系，形成领域，他们需要解决的最重要的问题是：面向未来不确定的战略问题。这就像机器学习用过去长期积累的数据，建立起一个模型，用来预测和判断未来。未来不可测，但建立好一个领域体系后，当未来到来时，就可以很快将新出现的信息加入到现有的领域体系中去，从而修正模型，快速做出调整与决策。

最后，借用鲁迅在《故乡》里说的一句名言总结下：

"其实地上本没有路，走的人多了，也便成了路。"

前面定义出来的阶梯就是很多人已经走过的路。不管现在走到了哪个阶段，我们都走在同样的路上，但会遇见自己不同的风景。

6　技术晋升的评定与博弈

一般来说，公司到了一定规模都会形成自己的职场阶梯，程序员在攀登这条阶梯时，肯定会涉及一个评定的过程。那从评定者的角度，或者晋升者的角度，该如何看待你在阶梯上的位置呢?

晋升的结果和个人利益有直接的绑定关系,而且这个过程从来都不是一个简单的"是"或"否"的选择,那应该如何看待这个"不简单"的晋升过程呢?

标准维度

首先站在评定者的角度,假设你作为一名评委,你会如何去评定?又有怎样的标准呢?

技术晋升评定是依赖人的判断的,本是非常主观的一个过程,但为了规避这种过于"拍脑袋"的主观性,就需要制定标准。制定标准的初衷也是为了给评定过程增加客观性,将人的主观判断约束在一定的客观范围内。

这让我想起了奥运会的一些需要打分的、具有主观特性的项目,比如:跳水。这样的项目不像跑步、球类等有非常客观的得分标准,需要人为打分。但跳水项目也有一些客观的标准,如:动作代码、动作姿势和难度系数。分解出一些客观标准后,这样对于运动员完成情况的评判相对就会更容易形成一些共识判断。

我在参考了一些行业里大公司的晋升和技术素质模型,并结合当时团队的具体现状后,制定出了一些标准维度:

- **通用能力**,包括学习能力、沟通能力和领导能力等;
- **业务能力**,包括业务理解和领域建模等;
- **技术能力**,包括技术掌握的深度、广度和技能应用等;
- **影响力**,如经验总结、知识传承和人才培养等。

除以上 4 个大维度外,还有一项"工作业绩",但它不属于现场技术评定的维度,而是来源于过去一年的工作业绩评价。每个大维度会占据一定的比重,然后可以针对每个大维度去打分。

曾经我在早期的实践过程中犯过一个错误,就是想在小维度上打分,感觉这样可能会更准确。但经过一次实际操作后,我发现很难在短短的晋升述职过程中去仔细判定那么多细分的维度,这会让评定者产生很高强度的判断疲劳,最后反而可能产生更大的判定误差。后来我在一本解读大脑工作原理的书上也了解到,人的大脑一般只能同时记住和判断 4~5 个并行任务。过于细分的维度,会让人的大脑负担不过来。

虽然有了客观的标准维度去细分判断,但人在打分时,在细微之处依然会有主观的偏好。

过程识别

晋升识别过程是一条链路,而技术标准评定只是其中的一个环节。

晋升过程一般由 HR 部门驱动发起，经过各个部门直属领导提报候选人，由技术委员会进行专业线评定，再到管理层复议，最后又回到 HR 部门最终确定。这个过程是一条过滤器链路，有没有感觉像是编程中的责任链模式？

第一个环节，HR 部门的责任是对提报候选人进行晋升资格确认，比如是否满足上一级别或岗位要求的工作年限，是否存在公司行政处分导致失去资格等；第二个环节，部门从满足资格的员工中进行提报，是对提报员工过去一年在本部门工作绩效的评定和认可；第三个环节，就进入技术委员会组织的专业线技术评定，而通过技术标准评定后，是对其专业综合能力的认可。

最后，就进入管理层复议环节，这个环节会有一个冲突点存在。例如，奥运会的跳水运动员，不管你得了多么突破历史记录的高分，但奖牌却只有 3 个；同样，公司每年的晋升名额也是有限的。一般公司每年的晋升名额都会有一个比例限制，这是出于成本控制与优化人才结构的考虑。经过前面的环节，最后到达这里的人数可能多于这个名额，所以，管理层复议其实就是对最后多出来的人数，综合考虑整体和局部的利益，进行调节筛选。

了解了评定的标准和过程，就可以反过来站在晋升者的角度想想，如何才能更有效地被识别出来？

晋升述职过程仅仅只有 10～20 分钟，即使采用了前面所述的标准维度，晋升述职者也只能在有限的时间内把过去一两年的工作成果、能力成长展示在几个点的范围内。这对于评定者来说，就像在管中窥豹了，即看不到全貌，只看完几个展示的特征点后就需要判断这到底是"豹"（符合下一级别的晋升标准）还是"猫"（不符合）。

我在做晋升评委时，就一直被这样的判断所困扰，多数述职同事都在这几个点上表现得很好。这就像是说，如果是豹子，它确实该有这些特征点，反过来，拥有这些特征点的就一定是豹子吗？这些特征点，是豹子的唯一或足够有区分度的标志性特征吗？

我发现靠"点"上的判断，自己并不能完全把握准确度，后来就想到了一种更好的方式，靠"域"的判断。域，即领域，包含：责任域和能力域。《蜘蛛侠》里有句台词是这样说的，"能力越大，责任越大（With great power comes great responsibility）。"也就是说，能力和责任总是相辅相成的。

责任域，就是你负责什么，这个相对容易识别。而能力域则过于抽象，很难清晰识别，在述职这样的形式中，最容易判断的仅仅是表达和沟通能力；至于业务和技术能力，虽不那么容易判断，但好在其有最好的展现形式：作品。

对于程序员，作品可以是一个完整的系统，但其展现不应该是一系列技术点，而是先有整体（面），再深入局部（点），应该是一个画龙点睛的过程。从这样的展现过程中就能很好地体现出晋升者的业务与技术能力。

识别的过程，本质是在解一个概率问题，当参与这个过程的两方（评定者和晋升者）都这样努力去考虑时，我想这样的过程就会有更高的准确率。

博弈权衡

晋升过程因为涉及太多个人的利益，所以评定过程的公平性是所有参与方都关心的问题。

以上过程乍一看还算公平，里面有绝对客观的资格筛查，对主观的人为评定也采用了多人制评定方式，分散了个人的好恶影响，并且还由客观标准限定了人为评价范围。但这里面依然存在不公平因素，这个因素就是评定过程本身的形式。

程序员的特点是多擅长和机器打交道，编程能力强于表达能力。而评定的过程是靠述职这种形式，它偏重于表达。若一个完全不擅于表达，而编程和解决问题能力很强的人，在这样的形式下就会吃亏，这就有失公平性。但反过来说，如果要追求一个对所有人绝对的公平方式，那么可操作性和成本可能也没法很好地控制。

以前读过吴军两篇关于讲法律的文章，在传统的理解中法律应该是最在意公平和正义的，但在文章中他提及了几个概念：民意与民义，民力与民利。这四个概念的含义如下：

- 民意：人民的意图。
- 民义：人民最在乎的公平和正义。
- 民力：人民让渡给国家和政府维护公平和正义的必要力量。
- 民利：人民的利益。

吴军在文章中阐述了这些概念代表的内容与法律代表的公平和正义之间的博弈权衡过程，如下：

"在现代社会中，一切都是有成本的，绝对的正义是不存在的。当给予一部分人正义时，可能要以在其他地方付出巨大的成本为代价。如果一个判决伸张了正义，但是让受害的一方更倒霉，这就违背了司法中关于民利的原则。"

这让我受到了启发，司法判定和晋升评定有异曲同工之处，都是需要判定一件事情，也都受这四个因素影响而需要博弈权衡。

评定中的"民意"来自会参与晋升的员工，及其相关的直属领导和所在部门。而"民义"，依然是保证公平。但"民力"的来源则不同，评定的权力实际来自于组织（公司），而非员工，所以最后的"民利"就应该是组织（公司）的整体利益。评定判断实际就是站在授予权力的一方，兼顾公平和利益。

当绝对的公平和利益发生冲突时，法律的判定实际更站在利益一方，符合"民利"原则，这就是吴军文中给出的一些观点和启发。那么技术评定中的公平会和组织利益产生冲突吗？什么是更符合组织利益的呢？也许人员和团队的稳定与良性流动是有利于组织利益的，选拔出更能代表组织技术实力的技术人员是更符合组织利益的……

当把这些因素都考虑进来后，真正的评定过程实际就是所有这些因素的博弈并达到平衡。你看，虽然评定的结果只有"是"或"否"，但过程却是多种维度的考虑与取舍。

著名管理学家劳伦斯·彼得分析了千百个有关组织中员工不能胜任的失败实例，归纳出彼得原理：

"在一个等级制度中，每个员工趋向于上升到最终他所不能胜任的职位。"

晋升的本质是承担更大的责任，而责任和能力是需要匹配的，晋升就是完成这样一种匹配关系的过程。一个公司中的责任域是有限的、发展的、变化的，那你当下具备的能力域是否匹配相应的责任域？你正在学习和开发的新能力域，是否能在组织中匹配上合适的责任域？这才是看待职场阶梯与晋升的正确方式。

保持不断学习并提升自己的能力，找到并承担起合适的责任域，那么后续的晋升并贴上一个相应的职级标签，就是一件自然而然的事情了。

晋升、职场阶梯和级别，更多是一种形式和标签，其实最重要的还是自己的成长，你说呢？

7　职场阶梯上的学徒与导师关系

现在很多公司都有一种带新人的导师（Mentor）制度，导师制的初衷是为了帮助新员工快速熟悉公司环境，并提供工作技能和个人成长的帮助，正所谓"传帮带"。

这是用制度建立并约束新、老员工之间的关系，这本是一个很好的出发点。但想要类似这样的制度关系发挥期望的作用，恐怕就需要"导师"和"学徒"都有一个更高层次的清晰认知，毕竟制度只能在其中起到催化的作用。

起源

导师制诞生于 14 世纪，随之带来的是一场翻天覆地的变化。

突然之间，那时的年轻男女们可以用自己最富余的资产——时间，去交换当时最稀缺的资源——培训。在那个时代，经验丰富的手艺人，比如，铁匠、鞋匠、木匠等，会指导这些年轻人，并承诺将来当年轻人学会他们的技能后可以离开去开创属于自己的事业。作为交换，在培训期间，年轻人会提供低成本且廉价的劳动力。

作为学徒，年轻人可能赚不到什么钱，但却能学到关于这门手艺的各种经验和技巧。比如：一个铁匠学徒，能学会或掌握如何去建造高温火炉，组合不同的金属以产生不同熔点的合金混合物，以及制作耙、刀或犁等工作技能。这些经验和技巧，在当时的学校里是学不到的，只能进入这个行业去获得第一手的经验。

那么程序员这行的导师制，像是中世纪时期那样吗？似乎有点像，但又不完全一样。我们都知道编程这门手艺，你的书读得再多、再好，也不如真正动手去做。可是你一旦开始做了，也会很快掉入迷宫，因为路径千万，到底怎样才是对的？怎样才是好的呢？所以，现在很多公司都会说，"我们会为新员工或学生配备有经验的'导师'来领路……"，但很多有经验的程序员并不能很好地理解（这也包括曾经的我），作为"导师"到底该做什么，要怎么做，以及做或不做于自己有什么关系？

比如，一名有经验的程序员，走到一名新员工面前，问：

"你会 Java 吗？会这个框架吗？"

"学过 Java，但框架不太懂。"

"来，这里是框架文档地址，你先看看，搭个 demo 先跑起来。"

"恩，……"

这样的场景，也许大量存在于新手程序"导师"和"学徒"之间。

导师

有经验的程序员、老员工，站在"导师"的视角，会如何看待这样的关系呢？

从某种意义上来讲，经验丰富的程序员，就和中世纪的老师傅一样，他们经过多年的实践，积累了丰富的经验教训。他们经历过你所犯的错误，已然能够轻松应对如今让你痛苦和头疼的问题，所以他们具有能够引导你迈向正确方向的潜能。

但反过来想，他们为什么要指导你？只是因为公司有个导师制，并安排他成为你的导师吗？那么这样的指导通常也就变成了上面那种场景。为什么他们要牺牲自己的工作时间，甚至私人时间来无私地指导你？也许作为新同学的你，甚至包括制度的制定者本身，可能也没从这个角度来看待该问题。

如果不从这个角度来思考一种制度，那么很可能制度期望的是一回事，行动起来却是另一回事。若只是通过单纯的职业道德约束或价值观教育是解决不了这个问题的。毕竟中世纪的老师傅还可以靠利益交换与绑定来稳固这个机制和关系。

在大学读研读博时，也会有导师。这样的导师，相对比职场的导师更进一步，因为你们之间有经济交换，你交了学费，所以导师就对你的毕业负有一定的指导责任。但你能获得多少质和量的指导与帮助，还是取决于你的态度和反馈。

而职场导师制，如果公司没有相应足够的考核、评价和激励制度支撑，那么这种师徒关系实际上没有任何约束。站在导师的角度，对于凑巧碰到的一个职场新人，他有什么样的利益或情感驱动去更积极地做这件事呢？其实最直接的，还是由对方的态度和行动来驱动的。

在没有这些更实质的驱动因素时，若有人愿意去积极地做这件事，那一定是在更高的维度看这件事。借用一句话来说明：

"取得领先的方法，就是提携你身边的人。你对待别人的态度始终会伴随你，人们会忘记你所说和所做的一切，但永远不会忘记他们对你的感觉。帮助别人就是影响别人，如果你能帮很多人，你本身就是高手，你的影响力就很大，你就能做更大的事。"

这是一个气度问题。

学徒

反过来，站在"学徒"的视角，该如何看待这样的关系呢？万维钢有篇文章叫《给前辈铺路的人》，说得很有现实意义：

"给人当学徒，就给你提供了这个机会。你现在把自己和一个高手连接在了一起，你可以从内部了解第一手的经验。这就是学徒工作的协议：用礼敬和服务，换取机会——而这个机会还不是立功露脸的机会，而是学习实践的机会。"

机会，就是得到更快的成长与发展。从导师多年积累的经验中获益，能够缩短获得这些知识经验的时间，并且避免重复错误。但这里面可能还有个障碍，就是自尊心的问题，态度不够谦虚，也许是性格还需磨练。如果态度谦虚，双方都投入了适当的时间和精力，那么导师当年花了十数年才学会或领悟到的东西，学徒也许只用短短几年就能学到，避免了没必要的重复路线。

从学徒方面来说，必要的、简单的、低技术含量或重复性的工作也是必须的，不应该被认为是一种浪费或牺牲。当你在免费获得大量的知识和帮助的同时，却抱怨时间投入太多，或者时间不够，其实是短视的。因为：

"当你给人铺路的时候，你实际上也在左右他的前进方向。"

这也是一个气度问题。

关系

师徒关系有很多种，最让你期待的是哪一种？

对我来说，联想起师徒关系，一下映入我脑中的是金庸小说《笑傲江湖》中的令狐冲和风清扬。在看这部小说时，我也曾梦想遇见自己的"风清扬"，学会绝代天下的独孤九剑。但后来随着年龄增长，我开始觉得，现实中也许终究不会存在像"独孤九剑"这样的绝艺，也不会有风清扬这样的师傅，直到我遇到一位美国作者德里克（Derek），他在自己的文章里分享了一个他的成长故事。

下面，我就从作者的第一人称来简述下这个故事。

学徒视角

那年夏天，暑假，我17岁了，高中刚毕业。开学后，我就将进入伯克利音乐学院学习音乐。那时，我困惑于一些音乐问题，又找不到人解答。所以，我随机打给了一个本地的音乐工作室，工作室的主人基莫（Kimo）接起了电话。

我们聊了起来，当他听说我将去伯克利学音乐时，他说："我就是从伯克利毕业的，之后还留在那里教了好些年的音乐。我打赌，我能在几节课内教会你学校安排了两年的音乐理论与编曲课程。另外，假如你能明白'不要接受学校速度的限制'这个道理，我猜你也许能在两年内毕业。假如你感兴趣的话，明天上午9点来我的工作室上课，当然，这是免费的。"

两年内毕业？太棒了，我喜欢这个风格，实在太激动了。第二天一早，8:40我就到了他的工作室门口，但我等到8:59才按响门铃。

导师视角

一天早上的8:59，我的门铃响了，我当时完全忘了为什么这么早会有人来。一直以来，我偶然会遇见一些孩子，他们都说想成为伟大的音乐人。我告诉他们，我能提供帮助，然后让他们早上9点来我的工作室，但遗憾的是从来没有人早上9点来过。这就是我从一堆孩子中识别出哪些只是随便说说，哪些是真正认真严肃地想干点事的人的办法。直到那天，他来了，按响了我的门铃，一切就这么开始了。

后来的故事就是，德里克只用了两年半便从伯克利毕业了，并将这个抬高的标准和速度应用在之后一生的事业与生活中。而他们也从师徒关系，转化成朋友关系，维持了几十年，直到今天。

这像不像一个现实版的"令狐冲"与"风清扬"的故事？而这，就是我期待的一种师徒关系。

现实中，对于师徒关系，有人会有这样的疑问："教会徒弟，会饿死师傅吗？"也许中世纪时期的师徒关系会有这样的担忧，但如今这个信息时代，知识根本不稀缺，也没有所谓的"一招鲜，吃遍天"的绝招。反过来说，带好了徒弟，接手并取代了你当前正在做的事情，你才有可能解放出来去做更高层次和更大维度的事情。

而作为学徒，你需要吸取德里克的经验：学习和成长是自己的事，严肃待之，行动起来，自助者，人亦助之。

在成长的阶梯上，无论你在阶梯上的哪个位置，都可以努力去寻找和建立这样一种关系。最好的状态，我想应该既是学徒又是导师。

寻 路 江 湖

8　一技压身，天下行走：打造你的技能模型

大约四年前（2015 年）吧，我读到一篇文章《为何我工作十年，内心仍无比恐慌》，是一位腾讯产品总监的演讲分享。文中分析了一个让其感到恐慌与焦虑的深层次原因：自己好像不会什么技能，行业的技能门槛低。

这种恐慌和焦虑感在这个行业中普遍存在，不止是产品经理，程序员也一样。一些传统行业的生命已经远超过一个人的寿命，而 IT 互联网行业还不满三十岁，也许正是因为其还很年轻，生命力旺盛，远超传统行业的发展速度和新陈代谢规律，让其中的从业者深感疲惫，同时对未来又充满了不确定性，这也是让我们感到焦虑的一个主要原因。

门槛

技能的门槛高低，决定了让我们产生恐慌和焦虑的水位线。

在前面提到的《恐慌》一文中说，产品的从业门槛足够低，作者在十年的从业经历中见过从事产品的人来自各种专业，还有各种改行做产品的。而从业门槛主要来自于技能门槛，特别是硬技能。硬技能属于行业的专有技能，需要足够的时间积累，通常这个积累时间就是你可能熟悉的理论值：一万小时。

产品看起来是一个缺乏硬技能门槛的职业，因而感觉门槛低。而程序员这个职业其实

是有一定硬技能门槛的，但这种门槛随着技术和工具的进步正在变得越来越低。如今 IT 互联网行业当然是繁荣的，繁荣的行业带来利差，自会吸引大量其他行业的从业者进入，而这些进入者自然会选择门槛低的职业工种来跨越边界。

在其他行业干了些年头的人，有些可以在这个"互联网＋"的时代通过垂直行业专家来进入互联网行业，但要进入程序员这个职业就得赶早了，毕竟硬技能需要的积累时间是很难省却的。大部分人都是在大学期间或刚毕业不久就完成了转行到程序员的切换，如我的一位高中同学，她本科是中文专业，但大二就毅然开始辅修计算机的第二学位了。

还有个职业一直繁荣，需求永续存在而且供不应求，但却从没见过任何其他行业的人进入，没错，就是"医生"。医生的硬技能门槛之高不免让人联想起《冰与火之歌》里的绝境长城，让人完全兴不起翻越的欲望。我听说过小说写得好的前妇产科医生，却没听说过手术做得好的前小说家。

医学院的学生本科都要比其他专业多读一年，但本科毕业可能找不到什么好工作，至少要读到硕士，想有点发展还得读博，十年一晃而过。而本科毕业的程序员，刚进入 IT 互联网行业可能拿的工资比医学博士生刚进入医院还高，这就是行业繁荣的好处。但坏处是，这个行业变化太快，很多互联网公司员工的平均年龄是二十多岁。而医生呢？这么说吧，你是喜欢年轻有激情的医生，还是喜欢经验老道的中年"老"医生？

程序员看似是很有技术含量的硬技能门槛，实际远不如医生这个千年来的"古老"职业，行业的最低技能门槛要求挡不住很多人热情地涌入，而技能成长的天花板也感觉并不高，如何能不恐慌与焦虑？

模型

有时可能我们会有一个职业理想，叫"一技压身，天下行走"，就像一名侠客一样，学好了功夫，从此闯荡江湖，好不逍遥自在。

之前看过一本武侠玄幻小说《将夜》，里面有一些角色就叫"天下行走"，他们都有自己厉害的独门绝技。其中，剑客的剑快，野人的身体坚硬如铁，和尚轻易不说话，修炼的是闭口禅，但一开口就人人色变，这些就是他们独特的技能模型。

技能模型才是区分不同专业人才特点和价值的核心关键。

而技能模型的形成是一系列选择的结果。以前玩过一个游戏叫《暗黑破坏神》，正常不作弊地玩，一个角色是很难点亮所有技能的（这是游戏故意设计的）。所以你可以反复玩来尝试点亮不同的技能组合方式，这样游戏才具备反复的可玩性。而与游戏不同的是，人生只有一次，你无法点亮所有技能，只有唯一的一种点亮路径，塑造独一无二的你。

而这种选择，可能一开始是无意的，比如我成为一名 Java 程序员是偶然的，而你成为一名 C++ 程序员也可能是偶然的。早期的技能点亮策略有很多的偶然性，但到了后期，我们逐渐成长，有了更多的经验和选择权，这时就需要主动选择去建立自己的技能模型。

记得有一篇关于工程师思维的文章是这么说的：

"工程师思维的大道，就是先创造一个好模型，然后想办法实现这个模型，工程师关心的是能不能用这个模型创造出东西来。"

而技能模型其实正是工程师创造的第一个元模型，这个模型决定了后续作为工程师的你还能基于此创造怎样的模型，从而完成产品。

当只拥有一些零散的技能点，而且这些技能点还会随着时间流逝时，我们当然会感到恐慌与焦虑；但如果能够将这些技能点组合成我们独有的技能模型，提供独特的价值，从此独步江湖，甚至开宗立派，想必也就没那么恐慌与焦虑了。

人们经常说起的"知识体系"和技能模型有什么区别？知识体系本质也是一种知识模型，但技能模型更深一个层次，因为技能是对知识的应用。知识模型构建了理论边界，技能模型是实践的路径。

路径

那么，关于技能模型这条实践路径该如何去选择和构建呢？

程序员作为工程师的一种，必须得有一项核心硬技能，这是需要长时间积累和磨练的技能，是要花大力气的，而这个大力气和长时间，也正是这门技能的门槛。关于技能的习得有一个流行的观点是：花 20% 的时间快速获得某个领域 80% 的知识和技能。这看起来像是一种学习的捷径，但一个硬技能领域最核心的竞争力往往都是最后那 20%——也就是你用那 80% 的功夫反复磨练出来的最后 20% 的技艺。

古龙小说中有个角色叫荆无命，他腰带右边插着一柄剑，剑柄向左，是个左撇子，江湖中都知道他左手出剑快，但其实他右手出剑更快。荆无命要是个程序员的话，那可能就同时具备了两个核心硬技能，属于那种 Java 很强，但 C++ 更牛的人。不过我从业这些年还没碰到过同时点亮这两种技能的，无论 Java 还是 C++，因为各自都有足够大的生态和体系，都需要很长的时间来积累和打磨。

我们大部分普通人，拥有的是有限的时间与才华，面对的是无限的兴趣和技能，同时修炼多个核心硬技能是不明智，甚至是不可行的。记得万维钢有篇文章介绍了一本书，叫《达芬奇诅咒》，文艺复兴时期的达芬奇是一位多才多艺的人，但一个人如果像达芬奇一样对什么东西都感兴趣，却没有和达芬奇匹敌的才华，很可能尝试了很多，最终一事无成，这就中了"达芬奇诅咒"。

所以，构建核心技能模型其实是关于才华和技能的战略。《达芬奇诅咒》的作者就选择技能领域推荐了三个标准：

1）你确实喜欢；

2）你在这个领域有天赋；

3）这个领域能挣到钱。

我仔细回味了下这三个标准，真是很接地气，确实可行。你喜欢的领域，至少在进入时也容易一些，长时间的坚持也会更有毅力一些；而你有天赋的领域，信心也足一些，并且拥有相对竞争优势；能挣到钱的领域，最好还比别得领域更挣钱，那么外在的经济激励会更强，而同等努力相对收益也更大。无怪乎，一个技术热潮起来后，大家都看到了第三点，急匆匆跳进去，但往往忽视了前两点。

另一方面，多个核心硬技能之间是一种加和关系，若非迫不得已，再下同样的大功夫去修炼另一项核心硬技能显得就不是那么明智了。所以应先深度修炼"一门"核心硬技能，建立门槛，但需要深到何种程度才能天下行走？如果起步算 0，1 算是行业平均水准，那至少先要专注在核心硬技能上，并修行到 1 以上，能进入前 20% 就更好了。

然后，就可以围绕核心硬技能适度练习和发展一些辅助技能，这些辅助技能大多属于软技能，也有部分硬技能，只是没有核心技能那么硬，通常起到放大和加强核心技能的作用，可以发挥指数效应。这也是为什么核心硬技能要先修行到 1 以上，因为指数关系只有在大于 1 时才有意义。

有些辅助软技能可以通过刻意练习来掌握，而有些则很难，属于埋藏在天生的基因和后天的成长性格中。在漫画《火影》的忍术体系中将这种天生的技能称为"血继限界"，其中最厉害的当属"写轮眼"。想想在职业发展的技能体系中，有什么是可媲美"写轮眼"的辅助软技能的？如果你幸运拥有这种"血继限界"，可别浪费了天赋。

程序员怕什么？就怕技术潮流的颠覆直接废了"全身武功"。我读大学时就经历过一次，当时主流的企业应用开发是 C/S 架构的 Delphi 和 VB，如今已是昨日黄花。而武功体系由内力加招式组成，技术的演进容易废招式，却不容易废内力。

张无忌学会九阳神功，一身内力惊人，招式现学现卖也打得少林龙爪手高僧叫屈，所以在点亮技能模型树的过程中，你得分清九阳神功和龙爪手的区别。类比于技能模型树，内力是根茎，招式如花叶，时间流逝，落花残叶，冬去春来，复又发新。

到这里，关于技能的焦虑和建立技能模型的方法，我们就探讨完了，最后总结提炼下：

- 程序员这行的技术门槛没想得那么高，所以很易引发恐慌和焦虑；
- 建立你自己的技能模型，才能提升门槛和核心竞争力；
- 避开"达芬奇诅咒"，围绕核心硬技能，发展"一主多辅"的技能模型树。

从此，种下技能模型树，让其苗壮生长，方能一技压身，天下行走。

9 技能升维，战场升级：从具体实践到理论抽象

回首自己的成长之路，通常每五年就会感觉碰到一个成长的瓶颈点。在传统 IT 行业的第一个五年后，我就感觉明显进入技术成长的瓶颈期；之后也算有点运气，通过转换到互联网行业升级到了新的技术维度。

又过了五年，站在十年后的一端，回望过去，刀剑相接，如梦似幻，我渐渐感知到突破这次瓶颈的道路，就意味着走向一个升级后的新战场。

刀剑相接：拔刀术

天下风云出我辈，一入江湖岁月催。

你狠狠地敲下键盘的回车键，终于看见程序按预期输出了正确结果。你长长吐了一口气，环顾四周，只有独自一人，又是一个夜深人静的晚上。在一种搞定 Bug 的满足与空旷寂寥的忧伤中，你不禁迷惘。

你记不清这是自己修复的第多少个 Bug，甚至记不清这是你参与开发和维护的第几个系统了。就像一个剑客在这个江湖上行走多年，已记不清败在自己剑下的人有多少，拔刀，收刀，有人倒下，你继续行走，如今"拔刀术"已成。

对一个程序员而言，何谓"拔刀术"？你选择了一门语言开始学习编程，就像一个初入江湖的人选择学剑术或刀法。再弄几本"江湖宝典"，假想了一个项目开始练习，熟悉基本的使用套路。然后走入江湖，拜入门派，腥风血雨，数年后剑鸣空灵，刀啸云天，飞刀无影，武功终成。

这就是一个程序员的成长之路，你选了门武器，学了基本招式，然后进入江湖不停地在厮杀中成长。终于你能搞定各种各样的系统问题，了解不同系统的设计模式。每过数月或一年半载，你总会发现过去的代码写得不好，再重构上一遍，改进你的招式，数年后，终成江湖高手。

一个程序员修成"拔刀术"大概需要多久？按照一万小时理论，如果你在某一领域每

天持续学习和实践十小时，最快也要三年。但这三年是没算各种可能的中断的，比如：生病、偷懒、假期休闲娱乐等，所以大部分人的平均时间可能需要五年。

五年成术已算理想，实际上我自身用了更长的时间，走了更多弯路。从 Basic 程序入门，到 VB 再到 Delphi，然后到 C 最后到 Java，经历了几代变迁。同时，技术的发展，时代的变迁也会让"拔刀术"不停地演化。而今剑术已成，然拔剑四顾，却发现已进入枪炮时代，不免心下茫然。

经历了一万小时的"拔刀术"训练与实战后，技能增长曲线就进入了对数增长的平缓期，过于单一的技术维度成为我们的瓶颈和焦虑的源头，那么，此时该如何突破这样的瓶颈呢？

认知升维：化形

爱因斯坦说过："我们不能用制造问题时同一水平的思维来解决问题。"

技能维度的瓶颈问题，经常会让作为程序员的我们陷入一种常见的平面思维方式。比如，一个程序员做了十多年桌面客户端开发，后由于移动应用崛起，桌面式微，遂颇感焦虑，这就是他所面临的技能维度的瓶颈。他尝试寻找突破的方法，可能是转到服务器的后端开发，因为感觉这个领域比较长青。然而这只是从一个领域的核心硬技能转换到了另一个领域，但这两个领域基本是独立的，关联性很弱，而且交叉的区域也很薄，也就意味着很多经验和能力要重新积累。这就是从问题本身的维度去寻找的解决方案，而爱因斯坦说了，我们需要到更高的维度去寻找答案。更高的维度就是认知的维度，所以首先需要的是升维我们的认知结构。

在我修行的过程中出现了很多新技术，当时我总想忙完这阵就抽空去学习了解下。但几年过后，我也一直没能抽出空去看，如今再去看时发现很多当年的新技术已不需再看了。五年成术是立足于一点，成立身之本；而下一阶段不该是寻找更多的点，而是由点及线、由线成网、由网化形。围绕一个点去划线，由一组线结成网，最后由网化形。"化形"表达了一种更高级的知识和技能运用形态，比一堆离散的知识技能点更有价值。

而对于认知升维，由点及线、由线成网、由网化形，其实走的是一种"升维学习"之道。这个过程几乎没有终点，是一个持续学习、不断完善的过程，最终结多大的网，成什么样的形，全看个人修为。一条线至少要两个点才能画出，那么第二个点的选择就要看能不能和第一个点连起来了，这比在一个维度上去预测和乱踩点要有效得多。

其实这套道理在金庸设计的武学体系中也很明显。这里以大家最熟悉的《射雕》三部曲为例来看下。郭靖一开始师从江南七怪，后来又跟全真七子中的几位师傅学过功夫。这在功夫里就是两个点，但这两个点看不出有何联系，最后郭靖江湖成名，终成一代高手靠的是什么？降龙十八掌。为什么有十八掌这么多，小说里的描述表达了一个体系的意思，一个体系结网成形，最后的形态命名为降龙十八掌。

其实郭靖还学了另一个更有体系、形态更牛的武功秘籍——《九阴真经》。除了郭靖，《九阴真经》还有很多人看过、学过，有高手如：黄药师、王重阳等，也有一般人如：梅超风。高手们本身有自己的武功体系和形态，所以看了《九阴真经》也仅仅是从中领悟，融入自己的体系甚至因此创造出新的武功形态。而梅超风之流则仅仅是学一些其中的招式，如：九阴白骨爪，与之前自身所学其实没有太多关联，武功境界终究有限。

所以，升维化形，化的正是技能模型，而这套模型基本决定了你的功力高低。

再回到前面那位桌面端程序员的瓶颈问题，升一点维度看更泛的终端，桌面端不过是这棵技能模型树上的一个分枝。树并没有死，甚至更壮大了，只是自己这棵枝干瘪了些，所以可以嫁接其他分枝获取营养，而非跳到另一棵树上重新发芽开枝。

战场升级：十面埋伏

结网化形，走上升维之道，因而战场也变大了，但你的时间并没有增多，这就存在一个理论学习和战场实战的矛盾。

到底是应该更宽泛地看书学习建立理论边界，还是在实战中领悟提升？关于这点，你需要选择建立适当的平衡，走两边的极端都不合适。在学校的学习更多是在建立理论体系，而在工作前五年的成术过程则更多是实战。

再之后的阶段又可能需要回归理论，提升抽象高度，从具体的问题中跳出来，尝试去解决更高层次、更长远也更本质的问题。从更现实的角度来看，你的环境也会制约你能参与实战的经历，有些东西靠实战可能永远接触不到，不去抽象地思考是无法获得和领悟的。

历史上关于理论和实战有很多争论，还留下了一些著名的成语。理论派的负面历史代表人物有：赵括。还有一个关于他的成语：纸上谈兵。他谈起军事理论来口若悬河，但一上战场实践却毫无用处，最后白白葬送了数十万将士的性命，所以大家都会以赵括为例来证明没有实战经验支撑的理论靠不住。

其实还有另一个更著名的历史人物，他也是理论派出身，在真正拜将之前也没什么实战经验。历史上也有关于他的成语，如：背水一战。他就是韩信，历史上说他率军出陈仓、定三秦、擒魏、破代、灭赵、降燕、伐齐，直至垓下全歼楚军，无一败绩，天下莫敢与之相争。王侯将相韩信一人全任，一时国士无双，属于中国古代从理论到实战的谋战派代表人物。

韩信的对手项羽在历史上就是一个实战派代表人物，个人的"拔刀术"相比韩信高出怕不止一个等级。但其实他和韩信根本不在一个维度上，韩信在最后面对项羽前，已通过众多大大小小的战斗去不断实证和完善了他的谋战理论。垓下之战项羽中十面埋伏，最后在乌江自刎，更像是一场高维打低维的降维攻击。

所以，关于理论和实战的关系，从这个历史故事可以有所体会。而"十面埋伏"这样的技能维度显然比"霸王举鼎"要高出不少，而升维后的技能，也需要升级后的战场才发挥得出来。

技能的成长速度总会进入平缓阶段，并慢慢陷入瓶颈点，然后也许你就会感到焦虑；而焦虑只是一种预警，此时你还未真正陷入困境，但若忽视这样的预警，不能及时进行认知和技能升维，将有可能陷入越来越勤奋，却越来越焦虑的状态，最终走入"三穷之地"（包括如下三种"穷"）：

1）结果穷：技能增长的边际收益递减。

2）方法穷：黔驴技穷，维度过于单一。

3）时间穷：年龄增长后你能用来成长的时间会变少，分心的事务更多，而且专注力会下降。

认知和技能升维带来新的成长收益，同时防止了单一维度的死胡同，而年长的优势正在于经验带来的理解力和思考力的提升。

最后总结下，在程序江湖上，从刀剑相接到战场升级走的是这样一条升维路：

- 刀剑相接的战场，我们靠"拔刀术"也即硬技能求生存，但时间久了就会遇到瓶颈；
- 技能升维，需要认知结构先升维，"我们不能用制造问题时同一水平的思维来解决问题"；
- 升维后的技能，也需要一个升级后的新战场，走上理论结合实践的"谋战"之路。

在我的寻路过程中，我找到的就是这样一条技能升维之道，你呢？

10 一击中的，万剑归心：升维转型的路径演化

前文我找到的路是一条"技能升维，战场升级"之路，而技能与战场的升维演化是一个相辅相成的过程。当进入升级后的战场后，也需要升维后的技能模型，此时我们该如何从旧的技能模型进行升维演化呢？

我想还是用一些形象点的武功招式来类比说明。

拔刀斩

拔，提手旁，喻义需要亲自拔刀动手。

而拔刀术源自日本古武道，其核心思想便是一击必杀，利用瞬间高速的拔刀攻击对敌人造成出其不意的打击。其讲究的是快，即速度和锋利度。

武士不断修行拔刀术，力求一击杀敌，而程序员学习和练习编程的过程也是类似的。最终，你的编程技能到达了一个什么样的程度，就是看它的"锋利度"，即面临一个个程序问题能否一刀见血，一击中的。

也许，你曾在某部电影中看到这样的画面：刚入门的程序员在上线发布时碰到了一个问题，抓耳挠腮，冥思苦想，加班加点终不得解。于是向高级程序员请教，此时时钟指向了凌晨一点。高级程序员放下手中刚泡好正准备吃的方便面，一支燃烧着的半截烟头挂在他的指尖。他犹豫了一下：是猛抽两口还是灭掉烟头去处理这个紧急问题？

最终，高级程序员不舍地把半截烟头小心地放在方便面盒边沿，再用塑料的方便面叉把面盖和烟头一起固定住，然后挽起袖子走到这位年轻程序员的电脑前，迅速扫了几眼错误日志，噼里啪啦地改了几行代码，保存，关闭，重新构建，发布。电脑黑底白字的界面不停地滚动着，而他已起身向方便面走去，并回头轻轻对年轻程序员说了声：可以了。

这就是高级程序员向年轻程序员展示自己的拔刀术，问题一斩而绝。好吧，这是一种诡异的优雅，似乎任何问题对于电影里的程序员而言，噼里啪啦敲上几行代码都能解决。但现实中大部分时候都比看上去要更困难一些，真实世界的拔刀术和动漫《浪客剑心》里剑心的"天翔龙闪"相比，终归显得笨拙许多。

而拔刀术正是我们第一阶段的技能模型，在我们追求"天翔龙闪"的境界时，看上去并不遥远，但越走到后面，却越来越慢了，似乎永远也到不了，这就是已经进入第一阶段的瓶颈区间了。

在瓶颈区中，进境缓慢近乎停滞，此时可以尝试下技能升维——从"拔刀"到"御剑"——看能否在新的战场找到突破点。

御剑术

御，双人旁，喻义贴身教授与把控。

御剑术，这个招数的类比来自我在好多年前（那会还在读初中吧）玩过的一个电脑游戏——《仙剑奇侠传》，我记得这也是游戏里主角在第二阶段学会的技能。如果过去面临问题你需要拔刀解决，那这里的"刀"就是你的知识、技能和经验，而御剑术里的"剑"又是什么？

记得以前读过一篇关于高级程序员的文章，其中提出了一个组合三角的观点，先看图 10-1。

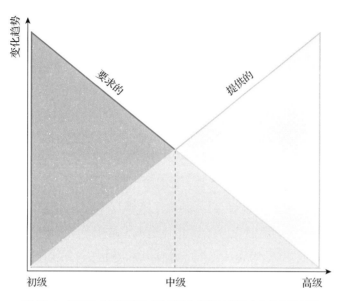

图 10-1　程序员成长阶段要求的帮助和提供的指导变化趋势示意图

图中左侧三角区域表明，在你从初级程序员成长到高级程序员的过程中，需要得到的帮助和指导越来越少；而右侧三角区域表明，你能提供的帮助和指导应该越来越多。所以，在前面那个想象的"泡面拔刀"的场景中，作为高级程序员的你，更理想的做法应该是去指导年轻程序员解决问题的思路，而不是自己拔刀，唰唰两下搞定。

对，很多高级程序员都会以"等把他教会，我自己早都搞定了"为由，忍不住自己拔刀。理解、掌握并应用好一种知识和技巧是你的"拔刀术"，但分享、传递、教授并指导这种知识和技巧才是"御剑术"，而"剑"就是你面前更年轻、更初级的程序员。

曾经在很多次面对年轻初级程序员交付的结果时，我都有一种懊恼的心情，怀疑当初是不是该自己拔刀？那时就突然理解了当初我学车时驾校教练为何总是满腔怒火地吼着："让你松点离合，只松一点儿就好……"

从"拔刀术"到"御剑术"，其技能模型的招式和对象变化了，但本质框架却是类同的，这里的关键点是：如何剥离自我，通过他人来完成设计和实现，并达成解决问题的目标。

万剑诀

诀，言字旁，喻义以言引导，影响多于控制。

　　所有的程序员都是从修行"拔刀术"开始，但只有极少数人最终走到了剑心"天翔龙闪"的境界，所有未能突破的我们都进入了瓶颈停滞区。我们不断学习和练习，终于练到拔刀由心，收发自如，成为习惯，但要将这个技能升维，跨越战场，却正是需要打破这个习惯。

　　其中，从"拔刀术"到"御剑术"是习惯的打破；从"御剑术"到"万剑诀"则是量级的变化。因而，"御剑术"是修行"万剑诀"的必经之路。

　　"万剑诀"正如其名，御万剑而破敌。回到现实中，这是一项高杠杆率的技能。而高杠杆率的活动包括：

- 一个人可以同时影响很多人。
- 一个人可以对别人产生长远的影响。
- 一个人所提供的知识和技能，会对一群人的工作造成影响。

　　这就是"万剑诀"的核心要诀。应用到程序员修行之路上：如果走上同时影响多人的路线，这就是一条团队管理和领导者之路；如果走上影响长远的路线，你可能乐于分享、传授，这可能是一条布道师的路线；如果你通过提供知识和技能来影响其他一群人的工作，那么这可能是一条架构师的路线。

　　"万剑诀"和"御剑术"的共通之处在于都以人为剑，观察、揣摩每把剑的特性，先养剑，再御剑，最后以诀引之。若"拔刀术"是自己实现的能力，那"御剑术"和"万剑诀"则都是借助他人使之实现的自信和能力，只是后者相比而言规模更大，杠杆率更高。"万剑诀"的重心在追求问题解决的覆盖面，而面临每个具体问题时就需要依赖每把剑的锋利度了。

　　另外，"御"之一字更着重控制的含义，而"诀"之一字在于影响多于操控，这里面的关键点就是：剑本身的成熟度。不够成熟的剑只能"御"之，足够成熟的剑方能"诀"之。

　　走上"万剑诀"之路后，还能再领悟"天翔龙闪"的奥义吗？也许这是时代演进让我们不得不做出的选择，今天的程序江湖掌握了"天翔龙闪"奥义的"神"级程序员已经越来越成为一个传说，数十年前，那个英雄辈出的年代已不复再现。

　　拔刀术，是亲自动手解决问题，难处在于维度单一，后期进境陷入瓶颈停滞；御剑术，是指导他人解决问题，难处在于打破习惯，剥离自我；万剑诀，是借助他人使之实现，难处在于剑的养成。

　　它们的共通之处，都是基于长期的编程和工程训练，建立的系统化思维能力，创造模型来解决问题，而变化在于模型的适用对象不同，导致需要不停地调试合适的"模型参数"来适配问题，并且不论是技术框架还是人的"模型参数"都是在变化之中的。

　　在你的技能升维演进转型路线上，对这类变化是否有类似的感受？

11　成长路上三人行：前辈、同辈和后辈

在成长的路上，你有时会陷入困境，感到迷茫，就像一辆正在行驶的车陷在了泥地里，不管怎么踩油门，它只是在原地打转而无法继续前行。这时，你就需要有人来帮助，或推或拉或扶。而从广义的角度看，总会有三类人在你身边，你未必是独行。

孔子说："三人行，必有我师。"原意中的"三"是虚数，泛指多人，意思是身边的任何人都可以成为你的老师，拥有值得你学习的地方。成长的路，本是一条越走人越少的路，但若有伙伴同行，你会走得更远，走得更久。

这就是成长路上的三人行，此时的"三"不再是虚数，而是指代身边的三类人，他们是：

- 前辈
- 同辈
- 后辈

这三类人代表了不同的成长路径和成长阶段。你应该有一个动态的列表，在成长的不同阶段将这三类人中的典型代表放在这个列表中仔细观察。

如果对应职场，前辈可能就是你的上级，是比你更资深和有经验的人，是走在你前面的人；同辈自是你的同事，你们可能在不同的领域各有所长，也可能在同一领域，但他做得比你好，不管怎样肯定是让你尊敬的人；而后辈可能是你的下属，他们也许正在走你曾经走过的路，做你曾经做过的事，而且可能做得比当时的你更好。

如果你在身边找到了这三类人的典型代表，观察他们，便是以他们为尺来度量自己；学习他们，便是以他们为模型来塑造自己；加入他们，便是从后辈的重复中去反思过去，从同辈的领域中去扩展当下，从前辈的脚印中去引领未来。

前辈

前辈，是那些走在你前面的人，他们不止一个，且每个人都会有不同的路径。观察他们的路径，看看哪种路径更适合自己，哪个人的哪些方面让你更想要去模仿。在职场中，这些人的等级职位可能差不多，但实际上每个人都有各自的特点和路径。

在你成长的不同阶段，会遇到不同的前辈。最适合作为前辈代表的人，应该在你前方不远处，这样的观察、模仿和借鉴才更有意义。而走在你前方太远的人，他们的行为方式和路径你会很难看得清晰，而且很可能你们的工作活动已经处在不同的维度，他们的路径暂不适合现阶段的你。比如，刚入门的新手，适合观察和借鉴的前辈应该是比较熟练的中

级工程师，而不是架构师。

程序员有时爱自比农民，自称"码农"，因为程序员每天写代码的工作，就像农民种地。从一开始的手工作业，到利用耕牛（新的技能和工具），再到利用现代化的机器工程作业（进一步改进的技能和工具），他所负责的田地亩产量越来越高，每天能耕耘的土地面积也越来越大。直到有一天，技能提高和工具改进接近了极限，耕种的土地面积和单位产量增长都渐渐停滞。

程序员也是如此，通过不断提升技能、吸收经验和改进工具来提升产量。这是一个自然连续的成长过程，当进入增长停滞阶段后，即使再给你更大的土地，要求更高的产量，这个连续的增长过程是被打断了，你会看到虽有前辈在前方，但中间的路却断了。

前辈的价值在于：他们走过的路，你不用再去摸索，只需快速顺着走下去。在断点之前，你只需要刻意练习，解决自然连续的快速成长问题，而在断点之后，前辈在没路的地方留下的"脚印"也解决了非连续性的跨越问题。

十多年前，我以为程序员的成长终点是架构师，后来我知道了，程序员的自然连续成长终点是资深程序员，也许还有"神"级程序员。但架构师却是从某个点开始断裂分叉的另一条路，从程序员到架构师，需要跨越非连续性断点，同样，转型到技术管理者也会面临同样的非连续性断点。

跨越非连续性的断点转变意味着什么？有一部电影叫《爆裂鼓手》，电影中有两个角色，一个是鼓手，一个是指挥。鼓手类似程序员，指挥则像架构师。成为顶级鼓手的路是玩命练习打鼓，成为指挥的路则是放下鼓槌，用指挥棒协调各种乐器的演奏。

放下了乐器，未必是放弃了音乐，电影中的指挥，当任何时候乐队中的任何一个乐手吹（拉、弹、打）错了一个音，他都能立刻分辨出来。这就是另外一条路的另一套技能，是为了得到更大规模的生产力和更震撼的演奏效果（品质）。

除此之外，前辈的另一个价值在于塑造环境，而环境决定了整体的平均水平线，在这个环境中的个体很少会大幅偏离平均线的。

以我的中学为例，当年我进入这所少数民族中学时，那一届高考考上的最好的学校中央民族大学。六年后，到我参加高考时，学校师生都在为实现清华北大的零突破努力，虽然依然没能实现，但这届学生的最高水平已经可以考上除清华北大之外的任何大学了。

在我的中学这个环境中，每一届高考学生都是下一届的前辈；每一年这些"前辈"们都会将学校的高考水平线抬高一点点，在前进道路的尽头继续探索出长一点点的路，终于，我的下一届实现了零突破。

所以，在一个既定环境中，有强悍的前辈是我们的好运气。

同辈

同辈，本是那些与你并肩前进的人。

同辈，特别是临近的同辈间普遍存在竞争，这也是所谓"同辈压力"的来源。而很多时候我们的进步就是被这种压力逼出来的，将这种压力转化为动力，同辈就成为了动力源。

还是以中学为例，同届的同学之间就是一种同辈关系，而且彼此间存在竞争，都在竞争大学的录取名额。在参与考试竞争这件事上，我可以做到期末或模拟考试班级第一或者年级第一，但高考的竞争其实是在全省范围的同届学生之间展开的，每次模拟考试下来，我发现自己的分数离全省最高分还差很远，这也让我十分困惑：为什么会觉得无论如何自己也不可能考到最高分？

如今我自然明白了，当时做不到是因为在学习和考试这个领域，我没有一个参考视角获知最高分的同学是如何学习的，而且获得最高分的同学所在的学校环境，其整体水平线要远高于我所在的学校。因而，我想如果当时能有一个环境，让我和这样的同学交流并共同学习，那么我的分数也可以得到提高。

中学是一个相对单一维度的领域，同辈同学间都是在忙于学习和考试；而到了职业和工作领域后，维度就丰富了很多，每一个同辈都可以拥有自己独特的领域，他们之间得以互相观察，并能相互沟通、交流与合作。

那什么是领域？这听起来有点像是一本玄幻小说中的术语，在一些玄幻小说中，拥有领域的人物在他们的领域中，都是近乎无敌的存在。领域，是一个你自己的世界，在这个世界中，你不断地提出问题并找到有趣或有效的解决方案。进入这个世界的人，碰到的任何问题，都是你解决过的，慢慢地人们就会认识到你在这个世界拥有某种领域，并识别出你的领域。计算机专业毕业的程序员们，人人都拥有专业，但在工作十年后，并不是人人都能拥有领域。

所以，在你前行的路上，碰到一个拥有领域的同行者，是一种幸运。所谓术业有专攻，每一个拥有领域的人，都有值得敬佩的地方，因为这都需要付出艰辛的努力。

每个人都能拥有一个自己的领域，在自己的领域内去耕耘、创造、提升，纵向提升这个领域的深度，横向扩张领域的维度，当和其他人的领域发生交集时，取长补短，也许还会产生意外的收获。

同辈，除了竞争，也有碰撞与交流，他们会成为你的催化剂。

后辈

后辈，他们正沿着你走过的路直面而来。

在我刚工作没几年时，带过两个刚毕业的学生。我把我的自留地分了一点让他们种，每隔两天就去看看他们种得怎么样？但每次看完，我都忍不住想去自己再犁一遍。后来我还是没忍住，又自己种了一遍。如今回想起来，虽然保障了当时的产能，却牺牲了人的成长速度。

人，似乎不犯一些错，就成长不了，也许这就是成长的代价。

如今，再回头看这样的路径和例子，我会以成长思维去考虑，而不仅仅是从产能视角分析。为了获得长期的产能效率，有时不得不承担一些短期的成本压力。而后辈们，可能会重复犯下我曾经的错误，也可能走出更好的路径。通过观察他们的来路，我反省到了过去的错误，也看到了更好的路径。

回望后辈，假如再来一遍，我能做得更好吗？我们无法改变过去的事实，但可以从思想上修正过去，以更好地作用于现在和未来。

成长路上三人行，有前辈、同辈和后辈。前辈塑造环境，开辟道路，留下脚印；同辈之间有竞争，也有交流与合作，既带来压力，也激发动力，催化能力；后辈带来反思，也提供支持。前辈探路开拓，同辈携手并行，后辈参考借鉴。

在成长的路上，找到你所在阶段的这三类人，也许这条路就不会那么迷茫和孤单了。

12　技术岗位三角色：程序员、技术主管和架构师

在我们从初级走向资深的过程中，会面临一条支路，在这条路上不仅普遍称呼的名称不同了，工作内容可能也发生了变化，角色的转换会带来不少的困惑。

这条路就是从"程序员"到"技术主管"再到"架构师"的路径，下面我们就来看看这条路径上的三个角色有何不同？

程序员与寻路

当我刚进入软件行业成为一名程序员时，我的理想就是成为一名架构师。

"架构师"的英文是 Architect，原意是建筑师，因为软件行业借鉴了很多建筑行业的概念，所以就借用了这个词。我是在学校读书时知道"架构师"这个名词的，当时很多软件方面的书都是翻译过来的，也不知道是谁最早把 Architect 翻译成了"架构师"的。总之从那时起，"架构师"对于我这个刚准备走出校门的学生来说特别高大、遥远，自然成为我最初的职业目标。

但遗憾的是，在我从业前几年的公司中并没有架构师这个职位，直到后来进入互联网

行业。到了京东后，不仅有架构师职位，还有架构师团队；在这里，不仅有了方向，还可以放心地作为一名程序员发力狂奔：不停地写程序，优化代码，追求更优、更简洁的代码，一遍遍重构，解决一个又一个问题。

在前面的文章中，我将与代码相关的工作比作剑术，修炼代码技能类似练剑的过程。很多程序员梦想着有一天能成为一代高手，面对敌人，抽刀拔剑，刹那间交击，归剑入鞘，敌人倒下。就像线上系统突然出现大问题，你打开电脑，看了几眼日志，敲下几行代码，分分钟就能恢复系统。

一个好的程序员当然要能写得一手好代码。在工作的前十年间，我每天的主要工作内容就是编写新代码，重构旧代码，直到有一天我发现我的"剑术"已精进迟滞，进境有限。而当时所在的系统也开始向大规模分布式化方向发展，更大的价值已不再是代码实现层面上的局部优化。

那时我开始在团队承担整体的系统设计工作，若再专注于局部代码优化其实是在驱动细节而非本质了。作为资深程序员出身的架构师，单兵作战能力都是极强的，就像《进击的巨人》中的利威尔兵长，具备单挑巨人的能力。可当面对成群结队的巨人来袭时，个人的作用始终有限。

从程序员到架构师不仅仅是一个名称的变化，它也意味着技能和视角的转变。在地上飞奔了七八年的程序员，在面对成群的巨人来袭时，深深地感觉到，目的不应是打败巨人，而应是到达彼岸。所以，选择合适的路径，坚定地前行，清除或绕过挡道的巨人，到达目的地。

我是从资深程序员直接转向了架构师。在路径图上还有另一条路，会经历另一个角色：技术主管，这是一个从程序员到架构师阶段的过渡角色。

技术主管与过渡

技术主管（Tech Leader，TL），有些公司可能又叫"技术经理"。

技术主管是开发团队中的某位程序员需要对整个开发团队负责时所承担的角色。既要对最终交付的软件系统负责，也会像程序员一样去开发系统。一般一个技术主管约 70% 的时间可能花在了任务分解分配、开发实践、代码审核和风险识别上，而余下 30% 的时间则花在为了保障系统按时交付所需要的各种计划、协作、沟通和管理上。

在拉姆·查兰（Ram Charan）写的《领导梯队》一书中提到：一个人的工作角色中至少有 50% 以上的时间是花费在管理事务上，那么他的角色才算是一个经理（Manager）。所以技术主管（经理）更多还是偏重于技术工作，不能算是真正的经理。

例如：在一个开发团队中经常会碰到技术方案和实现细节方面出现分歧的情况，如果程序员无法自主友好地完成对不同技术意见的统一，这时候就需要技术主管介入，去了解两种不同意见所造成的冲突，对事不对人地去把问题搞清楚，分析各自方案的利弊，必要的时候甚至能够提出第三种更好的技术方案，以帮助开发团队达成共识。

另一方面，技术主管即使在日常的开发实现中，重点的工作一般也不是放在某个具体的功能实现上。在完成了具体的开发任务评估、分解并分配后，技术主管应该负责设计整体代码的结构和规范，必要时引入能提高整个团队生产力的新工具，推广代码模板，总结最佳实践。技术主管需要经常性地关注整个团队完成一项研发任务的水平和实际要求的水平之间的差距问题，让团队不仅完成及时的软件系统交付，同时又得到成长。

现实中，一个开发团队中最优秀的程序员容易被指定承担技术主管的角色，而优秀的程序员又很容易陷入实现功能的细节中，追求完美的实现，优雅简洁的代码。实际上，这样优秀的程序员转入技术主管这个角色后，很容易尝试控制设计和代码的实现，他们很难接受代码不按照自己希望的方式去编写，这是他们作为优秀程序员一直以来的工作习惯，但长此以往，他们自身很容易变成整个开发团队的瓶颈，而团队里的其他成员也不能得到足够的锻炼和成长。

所以，相比团队里其他程序员，技术主管应以更有策略、更长远的方式来考虑问题。他们即使拥有比团队里所有其他程序员更高超的开发实现技能，对所有开发任务拥有最强大的实现自信，也需要转变为另一种"借助他人使之实现"的能力和自信，因为技术主管是一个承担更广泛责任的角色，其专注有效编码的时间会相比以前减少很多，而这一点正是优秀程序员转变为技术主管所面临的最大挑战之一。

最适合承担技术主管角色的人，不一定是团队中编程能力最好的人，但必然是团队中最能平衡编程、沟通和协作能力的人。而技术主管之所以是一个过渡，就在于继续往前走，如果偏向"主管"就会成为真正的管理者（经理），如果偏向"技术"就会走向架构师。

架构师与取舍

架构师是在业界拥有绝对知名度，但在绝大部分公司却不属于一个职位序列角色，许多公司都很纠结如何定义架构师的角色以及架构师所做的工作。

以前听在阿里工作的同学说 P7 属于架构师职位，不过最近在另一个阿里就职的同学写的文章中看到，阿里前几年是有专职的"架构师"职位的，现在已经回归到"工程师""技术专家""研究员"这样的纯技术职位。可见在一线互联网公司关于架构师的定义也是很模糊的。

我曾读过一篇文章《在首席架构师眼里,架构的本质是……》中提到的架构师能力模型图,结合自己的经验和理解,我稍微扩展解释了一下,如图 12-1 所示。

图 12-1 架构师能力模型

正因为业界和公司对架构师的职责定义很模糊,所以很多经验积累到一定程度的优秀程序员,在公司内被提升到一定高度的技术级别后,都会被冠以"架构师"之名。但实际情况是大部分刚刚被冠以"架构师"之名的优秀程序员,其能力模型大部分还停留在图 12-1 中的"出色的程序员"区域,而对其他区域并未有过系统性的认知和训练。

看过了架构师的能力模型,我们再来试着分析下其对应的职责。技术主管与架构师在一些职责上会有重叠,事实上我认为在团队规模比较小的时候(十几人的规模),架构师和技术主管的职责几乎完全重叠,甚至技术主管还会代理一些团队主管的角色。

随着软件系统复杂度和规模的提升,团队也相应变大,此时架构师所处的职责位置就开始和技术主管区别开来。如果把技术主管想成是站在楼顶看整个系统,那么架构师就是需要飞到天上去看整个系统了。

开发功能,解决 Bug,优化代码,这是一个高级或资深程序员的拿手技能,也是地面作战的基本技能。而一个架构师还需要掌握空中的技能,也许就像《进击的巨人》中的立体机动装置,能在需要时飞在空中看清全局,也能在落地时发起凌厉一击。

多了一个空中的维度,那么过去在地面练到精熟的剑术,飞在空中还有效吗?这就需要时间去学习,以适应新维度的技巧。这不是一个容易掌握的技能,正如前面我写过的从一个点到另一个点连成线的技能升级,需要一个升维的学习过程。

架构师是站在更高的空中维度去做关于软件系统的抽象和封装。如果技术主管在做抽象和封装层次时更多考虑的是语言函数、设计模式、代码结构等这一类的事务，那么架构师则是站在整体软件系统高度，考虑不同子系统之间的交互关系、技术的合理性、需求的完整性、未来的演进性，以及技术体系发展与组织、产品商业诉求的匹配度。

这是相对技术主管更高维度的全局视角，另一方面，依然有很多技术主管在遇到没把握的技术决策制定和技术争端时需要架构师介入协调。之所以要找架构师来对一些技术争端和方案进行决策判断，很多情况是因为程序员对架构师在技术领域内专业力和影响力的信任，而建立这种专业力和影响力是实际构建架构师非权威领导力的基础。

何谓"非权威领导力"？非权威自是相对权威而言，管理者的权威领导力来自公司正式任命的职位和职权，而架构师在大部分公司对架构师的职位职责缺少明确定义，更没有职权一说，所以，架构师要发挥更大的作用和价值就需要去构建自己的非权威领导力，而这需要长期的专业力和影响力积累。

除此之外，架构师还承担着在技术团队和非技术团队（例如：产品设计等团队）之间的接口作用，明确产品边界，勾勒技术蓝图，协调不同技能的技术团队协作，完成最终的软件系统交付。这时架构师就像服务化架构中的 API，定义了协作规范、交互协议和方式，但并不会聚焦在具体的实现上。

在更大规模的系统上，架构师似乎还要去涉猎更多的跨领域知识，否则很可能无法做出最适合的技术决策。但人终究是有局限性的，你不可能学完所有领域，所以又会涌现一些垂直领域的架构师。比如：数据架构师、网络架构师、业务架构师、安全架构师。因而当某一个领域背景出身的架构师需要做出涉及其他领域的架构决策时，就需要和其他领域的垂直架构师做深度的沟通交流，以辅助决策判断。

一旦选择走上架构师这条路，基本你就从程序员领域走出，需要尽快去补充上面能力模型中指出的其他能力。也许刚开始会很不适应，因为承担更多其他职责，必然会减少编码的时间，慢慢就会怀疑自己的编码能力退化，跟不上一线最新的技术栈、工具。

舍得，舍得，没有舍就没有得。成为架构师会拥有一个更立体的知识、技能矩阵，这是你的得，获得了一个面，在某些点上必然面临被超越的结局。工作在一个面上，一个有经验的架构师应该能够很好地表达某些技术指导原则，借助他人使之实现，并且了解和把握什么时候该插手，什么时候该放手。

这就是架构师从技术"实现力"到"掌控力"再到"决策力"的能力变迁。

从程序员，到技术主管，再到架构师，名称变化了，角色的困惑我们也分析了，最后总结下这三种角色的工作内容和职责，如表 12-1 所示。

表 12-1　程序员、技术主管和架构师的职责表

角色		技术职责		组织职责
架构师	程序员	代码设计		协作配合
		代码实现		
		代码评审		
	技术主管	研发任务管理	工作量评估、排期	协调沟通
			任务分解、分配	招聘面试
			风险识别	教练指导
		技术效能提升	代码规范制定和推广	复盘总结
			生产力工具研发和推广	团队建设
			最佳实践总结和推广	
		高维度的系统设计、抽象和封装		跨技术和非技术团队的接口协作
		产品技术蓝图绘制		
		关键技术决策		

每种角色有不同的技术和组织职责，只是每种职责分配的时间比例不太一样。

如今的你，正走在哪条路上呢？

13　自我发展三维度：专业、展现和连接

曾经在和朋友探讨个人发展的问题时，讨论出一个 PPC 理论，粗略地把涉及个人发展的方向分成了三个维度，包括：

- 专业（Profession）
- 展现（Presentation）
- 连接（Connection）

而像程序员这样的专业技术人员，都倾向于在专业维度不断发展提升，却往往忽略了另外两个维度。如果三个维度综合发展的话，可能会得到 1+1+1>>3 的效果，即三个维度相加远远大于 3 的效果。

专业

什么才算是"专业"？这其实并没有一个标准定义，这里我尝试将其进一步分解为三个子维度。

专业能力

专业能力，包含了知识和技能。以程序员为例，具备专业能力的软件工程师应该拥有系统的知识体系和相应技能。

那么程序员的系统知识体系和技能又包括哪些？我曾经在知乎看到过一个抽象的类比，它用我们在学校学习的各种学科体系来类比程序员的专业知识体系和技能，结合自己的理解，我做了一些延伸，具体包括下面这些方面：

- 数学：这个不算类比，因为数学就是计算机科学的基础。
- 物理：程序世界中的基本定律，如 CAP、NP、算法与数据结构。
- 化学：程序世界中的"元素"和属性，如编程语言平台、各类框架和系统特性。

在程序世界里，学好"数理化"基本也算走遍天下都不怕了，到哪都能找个工作，但这还不够。"数理化"属于硬知识与技能，而在实际工作中还需要软知识与技能，包括：

- 语文：除了能写代码，还得能写好文档，起得好名字，表达好逻辑，让代码更可读、可懂。
- 英语：高级编程语言几乎都是英语的子集，第一手的技术材料多来自国外。
- 生物：不同的技术发展出了不同的生态体系，今天的系统几乎都在某种生态之中。
- 历史：任何一门新技术，都有其历史渊源，它从哪里来，将会到哪里去。
- 艺术：编程是一门艺术，一种逻辑与审美的表达。
- 经济：成本、收益、效率，有关技术决策的核心。
- 建筑：有关架构的一切，钢筋、水泥、脚手架、灾备、抗压、防单点以及相关的权衡。

当把这些学科的知识和技能都掌握得七七八八了，才算具备了专业能力。

专业行为

专业行为，包括规范化的工作流程和作风，严格的职业纪律与操守。

这些专业的行为，最终会内化成一个人的习惯，敏捷专家肯特·贝克（Kent Beck）说过一句话："我不是个优秀的程序员，我只是一个有着优秀习惯的普通程序员。"所谓"优秀习惯"，就是专业行为的一个重要体现。

专业能力加上专业行为，会让你从周围的合作者那里得到一个做事很专业的评价。

专业产出

专业产出，指最终产出的结果是稳定的，可预测的，处在一定品质标准差范围内的。

这一点可以用小说家类比。比如，金庸写了 15 本武侠小说，从第一本到最后一本的产出质量都在一定的水平之上，他的最低标准也高于绝大多数人，品质标准稳定可靠。而同时代的古龙,就不是这样的,古龙早期的小说良莠不齐,品质标准的波动范围很大;其中分水岭是《绝代双骄》,之后他的小说才开始逐渐稳定在一个很高的品质标准之上。

所以,一个专业的程序员,交付的程序应该像金庸和后期的古龙那样,在一个可预测且稳定的品质标准之上波动。

所有技能维度的成长曲线都是一条对数增长曲线,迟早会进入上升的平缓区,在这个区间"投入增长比"不高,此时适当发展下后面两个维度,会是不错的选择。

展现

展现建立于专业的基础之上,所以展现也对应着专业的三个子维度。
- 展现专业能力:包括代码、架构、认知、决策。
- 展现专业行为:包括沟通、交流、表达、协作。
- 展现专业产出:包括作品、方案、洞察、演示。

对应这些需求,有不同的展现形式,无外乎下面这些。
- 代码:GitHub 等开源网站提供了最直接的围绕专业能力中编程能力的所有展现形式、证据和历史。
- 交流:在日常的即时通信、邮件、会议、交谈与协作中,展现了关于专业行为的一切。
- 演讲:有关专业产出的重要形式,如汇报(业绩产出)、分享(作品与影响力产出)。
- 写作:文字作品,一种长尾影响力的产出形式。

在大部分情况下,你的专业价值评估都是由你的展现水平来决定的。

连接

我把社交连接分成 5 个圈层,一般每个人都会具备前两个圈层,而只有在展现的基础之上,才有扩大连接到后面三个圈层的可能性。

10

人生的每一个阶段,都会有一些最要好的朋友,也就是好朋友,这是我们社交关系中最强的连接。

一般这个数字都低于 10,而我自己的经历是,每一个阶段其实都没有超过 5 个。从小学、中学、大学、工作,包括从一个城市到另一个城市的不同阶段,各个阶段都有一些关系很好的朋友,但每经历过一个阶段,这些好朋友就会发生变化。而这种好朋友的亲密关系，在每个阶段对你都是最有意义和价值的，会让你感到生活的快乐与幸福。

因而，50% 以上的社交时间都值得花在每个阶段最好的这 5 个朋友身上。

100

有一个神奇的数字叫"邓巴数"，它来自神经科学领域，研究认为：

"人的大脑新皮层大小有限，提供的认知能力只能使一个人维持与大约 150 人的稳定人际关系，这一数字是人们拥有的，与自己有私人关系的朋友数量。也就是说，人们可能拥有 150 名好友，甚至更多社交网站的'好友'，但只能维持与现实生活中大约 150 个人的'内部圈子'。'内部圈子'中的好友在此理论中指你一年至少联系一次的人。"

按这个定义，我自己的感受是很难维持这么多联系，因为社交负担太大了。当然如果上文中的"联系"也包括朋友圈点赞的话，勉强也能达到吧。实际上，很多在某个阶段属于好朋友的人，过了那一个阶段，比如考上大学，大学毕业后工作，慢慢就会疏远。从一开始时常联系，慢慢联系越来越少，最后只会在重要节假日（如春节）发个问候短信或红包了。

曾经熟悉的同学、同事们，大部分都在这个圈层中，除此，也会有一些当下新认识的熟人。总之，这个圈层中都是一些你们彼此还算认识，并且在一定程度上也彼此认同对方一部分价值的人。

以上就是几乎所有人都有的社交连接圈层。再往后的三个圈层，就只有极少数人拥有了。

1000

2008 年，著名科技作家凯文·凯利写了一篇文章《一千个铁杆粉丝》(1000 True Fans)，1000 连接圈层就是由它而来的。不过这有个前提，就是你必须是一个创作者。凯文·凯利的观点是：

"任何从事创作或艺术工作的人，例如：艺术家、音乐家、摄影师、工匠、演员、动画师、设计师或作者等，只要能获得一千位忠实粉丝就能维持生活。"

他大概是这么计算的，通过出售创作作品每年从每个铁杆粉丝上获取 100 美元的收入，那么一年大概会有 10 万美元的收入，这足够生活了。今天，获得 1000 个粉丝不算太难，但在前面加上铁杆，就太难了。所谓铁杆，就是不论你创作的是什么，他们都愿意买单。

而我理解的 1000 个铁杆不必是固定的同一批人，也可能是变化的但维持总数是 1000

人，他们只是每年为你不同的作品买单而已，前提是你得有持续的创作能力。

10000

这个层次是拥有一万个关注者（如：微博）或订阅者（如：微信公众号）。

这个量级才算是拥有了培育自己观点和内容种子的一块自留地，在这块土地上你可以播下你的观点，可能有人支持，可能有人反对，更多是有人不置可否，但至少你开始拥有了反馈。若没有这块自留地，你的声音或观点几乎不会在互联网上收到任何反馈，也无法形成有效的讨论和互动。

100000+

自从有了微信公众号，100000+ 现在也是一个神奇的数字了；100000+ 的存在，体现了一个信息、观点与影响力的传递网络。

五种连接圈层，除第一层次"10"的连接是强连接外，其他连接都是弱连接（弱连接的价值在于获取、传递与交换信息）。强连接交流情感，弱连接共享信息。

而建立连接的关键在于：给予。也许并不需要物质上的给予，心理上或是虚拟的给予即可。所以说为什么展现是扩大连接的基础，因为展现即创作表达，创作即给予。另外，建立连接得先提供价值，而且还得源源不断。

关于 PPC 个人发展理论的分享就到这里了，我们总结一下：

- 专业，建立价值内核；
- 展现，提供价值输出；
- 连接，完成价值交换。

专业是价值，展现是支点，连接是杠杆。

最后，补充说明下：虽然本文指出了三个维度，但实际这三个维度并不是均衡发展的，每个人都需要根据自己的具体特点和主观意愿去选择平衡。其实，任何一个维度发展到极致，都会有巨大的价值，但极致，何其难矣。

14　路径选择三视角：定位、自省与多维

记得以前阅读时看到过一个观点，是关于"视角"的，其中说道："视角的选择，对解题的难易，关系重大。"而关于成长，放到程序模型中来类比，就是一道图论题，我们求解的是适合自己的最优路径。

面对这道成长路径的难题，我们可以从哪些视角来求解？我自己找到了下面三个视角。

定位

定位，是一个时间视角，回顾初心，定位未来。

还记得当初为什么选择程序员这个职业吗？如今程序员所在的行业处于发展上升期，薪酬待遇整体高于传统行业，所以各类程序员培训机构如雨后春笋般涌现，流水线般地为各类公司批量供应，这样的批量生产似乎有点把程序员当成了工厂的工人。

而程序员的工作实际更贴近于工匠，既有创造性的工艺性工作，也有模式化的工程性工作。现在，想清楚自己成为程序员的初衷是什么了吗？如果只是为了进入一个相对高薪的行业，得到一份工资高于平均水准的工作，终究是走不了太远的。

很多新手程序员都是刚从学校毕业的，记得在吴多益的一篇关于工程师成长分享的材料上这样说道：

"从小到大的教育，你习惯性被安排：课后作业是 X1、X2，后天必须交；本学期的必修课有 XX、YY，必选的选修课有 ZZ、WW。"

"十几年来你是这样度过的，但现在你已经不在学校了，你要安排你的未来。"

刚入职场的程序员依然保持这个习惯，等着主管来安排。但如果你每天的工作就只是完成被安排好的任务，那么你自己的成长就会非常缓慢，因为主管安排任务时并没有那么多的精力来考虑这些任务是否适合个人的成长发展。这些任务是组织发展的需要，是工作的必需部分。

自己才是职业生涯的管理者，要想清楚自己的发展路径：远期的理想是什么？近期的规划是什么？而今日的任务和功课又是什么？今日的任务或功课哪些有助于近期规划的实现，而近期规划是否有利于实现远期的理想？

为什么今日除了任务外还要有功课？功课是学校里的概念，职场里没有，所以离开学校进入职场后的功课都是自己给自己安排的。任务来自主管的安排，功课来自自己的安排。很多时候等着被安排和主动安排，在未来将产生巨大的差别。

一开始你可能只有模糊的远期理想，也没特别清晰的近期规划，但一定要有足够清晰明确的今日任务和功课，即使在你的主管因为各种原因没给你安排的情况下。虽说方向不太可能一朝就定好，但也不要不管不顾地埋头走路，你需要抬头看路，定期检视，因为如今环境和大势的变化也很快。在边走边看的过程中逐步确定近期的规划，甚至远期的理想。

另外，主管在你职业发展的路上，除了大部分时候给你安排任务，偶尔也可能给你创造机会，而机会出现时你能否抓住，全在今日之功课上。

定位的视角，是关于一条成长的时间路径，它关乎：昨日初心，今日功课，明日机会。

自省

自省，是自我的视角，关乎自身，观察自己成长路上的行为并自我反思。

乔治·海尔迈耶（George Heilmeier），是一位美国工程师和技术管理者，他也是液晶显示技术的主要发明者之一。他在科研领域最著名的事情就是他提出的"海尔迈耶系列问题"：

"你要做什么？不要用术语，清晰地表述你的目标。

这件事现在是怎么做的？现在的做法有什么局限？

谁在关心？你的方法有哪些创新？你为什么觉得你的方法能够成功？

如果你的方法能够成功，它能带来怎样的变化？

你的方法需要花多少钱？需要花费多少资源？要怎样在过程中和结束时进行评估？"

我觉得这一系列问题，用在程序员个人成长上也有异曲同工之妙，因为现在的技术方向和路线太多，即使选定了路线依然会有很多茫然和困惑的时候。如果你想要学习一门新技术或在项目中引入一项技术，就可以试试套用"海尔迈耶系列问题"来自省一番。

- 你学习这项技术的目标是什么？清晰地表述出来。
- 这项技术现在是怎么做的？有什么局限吗？
- 这项技术有什么创新之处？为什么它能够取得成功？要是在项目中引入这项技术，谁会关心？
- 如果这项技术能成功，会带来怎样的变化？
- 采用这项技术的成本、风险和收益比如何？你需要花费多少资源（时间、金钱）？如何去评估它的效果？

程序员有时粗浅地学习并了解了一点新技术，就想着如何应用到真实的项目中。这时用上面的问题来问问自己，如果有回答不上来的，说明你对这项技术掌握并不充分，那就还不足以应用到实际项目里。

除了技术领域，你成长路上的许多行动，都可以此为参考坐标来反思："这项行动的目标清晰吗？行动的方法有可参考的吗，局限在哪？我能有何创新之处？完成这项行动，会给我带来怎样的变化？我要付出多少时间、金钱和精力？在行动过程中我该如何评估？行动结束的标准是什么？"

这就是自省，从埋头做事，到旁观者视角的自我反思。

多维

多维，是一个空间视角，关乎如何选择不同维度的成长路径。

有些时候，程序员写了几年代码，觉得太枯燥乏味，就想转管理岗，比如技术主管之类。从技术到管理似乎就是一条多维度的发展路径，是这样吗？不是的，这不叫多维扩展，而仅仅是从一个维度逃离，转换到另一个维度。

打造多维度竞争力的前提是，要先在一个维度上做得足够好，让其成为你赖以生存的维度。这个维度就是你的核心基础维度，是其他维度得以发展的根基。其中，"足够好"的程度，可能就是指我们常说的"精通"。

关于"精通"的概念，每个人的理解可能会有所不同，但我认为"精通"肯定不是无所不知，而是可以拆解成两个层面：第一，如学校时期学过的《卖油翁》中所说，"无他，惟手熟尔"；第二，在一个领域形成自己的体系和方法论。

第一个层面，表达了在当前维度的不断精进。在精进这个方向上，有一本书和本书主题类似，但更微观一些，偏向于"术"的层面，又有点从"术"悟"道"的意思，叫《程序员修炼之道：从小工到专家》，书里覆盖了一名程序员真正面临的一些问题，比如：

与软件腐烂作斗争

避开重复知识的陷阱

编写灵活、动态、可适应的代码

使你的代码"防弹"

捕捉真正的需求

无情而有效的测试

无处不在的自动化

这些具体问题的解法，就是第一层面。然后逐步上升到了第二层面，它的方法体系，一篇书评中将其称为本书的"哲学"：

本书的哲学将渗入你的意识，并与你自己的哲学交融在一起。它不鼓吹，它只是讲述什么可行，但在讲述中却又有更多的东西到临，我们有时称之为"无名的品质（Quality without a name）"。

当解决完这些问题而你还在程序员的阵地上时，想必你就会让人感受到那种"无名的品质"，此时你也就在当前维度走到了"精通"的门前。在第一层面上你达成了品质和效率，然后在第二个层面上，抽象出了当前维度的"解"，那么你就可以通过"启发式"方法应用到其他维度，具备了向其他维度扩展的基础，以及从一个细分领域到另一个关联领域的"精通"能力。

所谓"启发式"方法，就是"在某个视角里，使用这个规则能够得到一个解，那么你受此启发，也许可以把这个规则用在别的问题上，得到别的解"，而规则就是你在一个维度里抽象出的方法论体系。

当你感觉在技术维度进境迟滞时，可以尝试扩展到英语维度去，接触一手的技术论文或资料，说不定就能获得启发，找到新的技术维度进境之路。拥有多年经验的程序员，已经形成了用工程师思维分析和求解问题。抽象出来看，他们都是对问题领域进行建模，然后再用代码实现求得一个"概率解"。

有人可能会问，编程实现得到的难道不是一个确定的系统或服务吗？为什么是"概率解"？系统或服务是确定的，但解决的问题，如：需求满足率、服务可靠性，却是概率的。每完成一个系统版本的发布，到底多大程度地满足了用户需求，其实是一个概率，这个概率可以通过用户反馈得到一个大概的感知，但你几乎不会得到一个确定的值。而可靠性，相对来说会更可量化，比如在 99.9%～99.99% 之间波动，但也不会是确定的 100%。

程序员的这个求解模型，也可以应用到其他很多与你息息相关的工作生活领域。比如投资理财，把钱存银行定期赚钱的"概率解"无限接近百分百；但买基金、买股票的"概率解"对大部分人来说就完全靠赌和猜了，因为缺乏一个合适的模型去求解。

即使是学习成长本身，也可以用工程模型来求解。这时你的学习维度就需要扩展一下，不局限于你当前的专业领域，还可以了解点神经科学、认知心理学之类的知识，并配合自己的现实情况、作息习惯，去建立你的学习模型，获得最佳学习效果。而学习效果，也是一个"概率解"。虽然你不能知道确切的值，但我想你肯定能感觉出不同模型求解的效果好坏。

简言之，多维的路径，其实是从一个核心基础维度去扩散开的。

最后，我们总结下，在求解成长的最优路径时，视角的不同，其求解的难度差别巨大。我分享了我的三个视角：定位，时间视角；自省，自我视角；多维，空间视角。通过三个不同的视角，探讨了关于"我"与所在现实的时空关系，并从中尝试提炼出一种方法，用于探索最适合自己的成长路径。

成长最优路径，求的依然是一个概率解，只是我认为通过这三个视角去求解，也许概率会更高。你不妨将这个三维度套在自己身上感受一下。

第 4 章

蜕 变 跃 迁

15 工作之余，专业之外："T"形发展路线

程序员的主流成长发展路线，是一个明显的"T"形线路。在纵深方向，当工作到某个阶段后，可能我们就会感到深入不下去了，而且越走越有沉滞的感觉；在横向上，是广度方面，包括技术专业之外的领域，我们也会感觉了解甚少，短板明显。

有时候，要想产生真正的成长转变与发展突破，就不应自我局限于当下的工作内容和技术专业。

工作之余

工作，是技术发展纵深线中很重要的一个实践部分，但因为工作内容和环境的限制，会把你困在一定的阶段，此时工作之余的内容将发挥很关键的作用。

工作之余，你都在做什么？我猜有人会说，工作已经够忙碌了，业余时间就该好好休息和娱乐。的确，有很多人是这样，但也有不少人不是。即使再忙，有些人也喜欢在业余时间做点事情，这可能是一种性格特质，拥有这种性格和热情的人，总是能在忙碌的工作之余安排点其他内容，比如：

1）看看程序设计相关的书、文章和博客；

2）参加一些技术主题论坛或会议；

3）写写技术博客；

4）创建自己的业余项目（Side Project）。

以上前两条是接收和学习知识，第 3 条是总结和提炼知识，最后第 4 条则是实践所学，获得新的技能或加强旧的技能经验。

特别是第 4 条，我认为这是每一个程序员都应该做的事，为什么呢？在现实中切换一次工作环境是有比较高的成本的，开启自己的业余项目能帮助你打破工作内容和环境的限制，做一些你喜欢做，但在工作中还没机会做的事。另一方面，业余项目也是你练习新技术和新技能的最佳试验场，相比直接用真实的项目去实验，承担的风险和压力都要小很多，这样你也就有了机会去接触你想要学会的新技术。

记得几年前，我还参与过一个关于程序员业余项目的活动，那个活动的口号是这样的：

"世界在被代码改变着，而我们在创造着代码。

仅仅是因为好玩，他开发了一款操作系统，连想都没想过，这会让自己有一天成为开源世界的领袖级人物。

只是想创造一个很酷的东西，所以他动手、坚持，因而有了让这个世界上每一个人都可以免费获取人类所有知识的百科全书。

成功者和其他人最大的区别就是，他们真正动手去做了，并且做了下去。"

这也说明了业余项目的积极价值，其实目前也有不少著名的产品来自业余项目的转正，比如：Gmail、Instagram、Slack，甚至包括 Facebook 本身。确实这些闪耀的例子激励着我们去尝试着各种各样的业余项目，但真正能做到像上述例子中那样光彩夺目，只怕这概率也和中头彩差不多了。

如果没有辉煌的成功，那么你做业余项目对自身还有什么积极的意义和价值吗？我想应该有的，你之所以要用自己的业余时间来开启一个业余项目，想必这个项目于你而言，是感兴趣的。全职工作的内容是你的职责，它支付你的账单；业余项目的内容则是你的兴趣，它满足你的好奇和探索之心。

在我学习写程序的前七八年里，业余时间也做了一些练习性质的项目。在 GitHub 之前的时代，我就在 Google Code 上维护了不少于十万行的业余代码之作。后来 GitHub 兴起后，我将代码迁移过来，不断练习重构优化和维护自己的专属工具库，删减了很多冗余代码，又新增了不少，剩下几万行代码。这个过程大约持续了七年，基本每年重构优化一次。每一次重构，都是对以前的否定，而每一次否定又都是一次成长。

在做业余项目中最大的收获是：完整地经历一次创造。这样的经历，对于程序员来说，可能在多年的工作中都不会有太多机会遇到。写程序，实现系统，发布交付，仅仅是创造的一个中间部分，而完整创造的第一步应是确定你要创造什么，明确它，规划它，找出创造它的方向和路径，做出决策，然后才是下定决心去实现它。

一方面，业余项目只能在业余时间做，而业余时间又是那么有限，这样的时间制约决定了你只能走极简路线，保持足够简单，不然可能会陷入膨胀的泥潭，从而导致失败。另一方面，正因为业余项目不会给你带来直接的金钱收益，所以你选择增加的每一个特性，要么让你感觉有意思，要么能磨练提升你的手艺，打磨你的深度。

然而，大部分的业余项目最终都失败了，但这没什么关系，你已经从中收获了趣味与成长。

专业之外

专业是你的核心领域，而专业之外则是你的辅助领域；核心领域属于硬技能领域，辅助领域属于软技能领域，这也是"T"线中的横向延伸部分。

那么该怎样选择辅助的软技能领域呢？如果你的工作之余是在做一件业余项目，那么我想下面这些领域就是你在做业余项目时更感缺乏的技能。

1. 创造与洞察

工程师，是一个创造者，创造模型来解决问题，但又不应该止步于此。

你的业余项目是你的作品，作品是创造出来的，按作品原始的需求是满足作者创造的愿望，但业余项目要能取得成功就需要得到真正的用户，而获取用户就需要洞察，洞察用户的需要。

我记得以前读过一篇博文，来自著名 JavaScript 程序员尼古拉斯·泽卡斯（Nicholas C.Zakas，《JavaScript 高级程序设计》一书作者），他写了几条职业建议，其中第一条就是：

"不要成为做快餐的'厨师'。"

也就是说，不要像外卖接单一样，别人点什么，你就做什么。应该搞清楚你正在做的事情的价值和出发点，你不仅仅是实现代码，还要想想为什么要实现它。当你想到后一步，在实现的过程中就会有更多的洞察。

有自己业余项目的程序员，已经走出了"创造"这一步，但多数还是失败在"洞察"这一步上。

2. 表达与展现

安安静静地写代码固然是不错的，但这不会很直接方便地展现出你的真实能力和水平。

你可能会用 Linus 的 "Talk is cheap, show me the code." 来反驳我。是的，也许在开源的世界，每位个人贡献者都隐藏在网络的另一端，他们只能通过代码来直接交流。但更多的现实是，当别人要来判断你的能力和水平时，通常不是通过你写的代码，而是其他的表达与展现方式。

如果你的代码能给你作证，只有一个可能场景，那就是找到了大量直接使用你代码的用户，这就是成功开源作品的证明。否则，大部分时候你只能说你用代码完成了什么事情，做出了什么作品。

如果，你有好作品，就值得好好地展现，甚至还要不遗余力地推销它。

3. 沟通与决策

一个人的能力再强，也是有限的。当你想做更多、更大的事情时，就不可避免地要借助他人的力量，这时将面临的就是大量的沟通了。

沟通一般有两个目的：一是获取或同步信息；二是达成共识，得到承诺。前者需要的是清晰的表达和传递，后者就需要更深的技巧了。这些技巧说起来也很简单，核心就是换位思考、同理心，外加对自身情绪的控制，但知易行难在沟通这件事上体现得尤其明显。

关于决策，如果都是在好或更好之间的话，那就真没什么纠结的。但现实更多是在优劣相当的情况下做出选择，更多的决策难点发生在取舍之间。程序员能碰到的大部分决策场景都是关于技术的，相对来说还有一些相对客观的标准来掂量，比如通过测试数据来验证技术决策的结果。

而其他方面的更多决策则会让人陷入困境和纠结。如果要问我在这点上获得过怎样的教训，那就是：即使是一个坏的决策也比始终不做决策要好，因为在行动的过程中比"陷"在原地更有可能产生好的改变。

决策和沟通有时是紧密联系的，大量的沟通之后可能产生决策，而决策之后也需要大量沟通来落地实施。

最后总结下，工作之余你可以有多种选择，但若被工作环境所困，导致专业力进境阻碍，可以开启业余项目来突破这种限制；而业余项目带来的诸多益处，从此也为你走向专业之外打开了一个新的视角与空间。

工作之余，专业之外，就是一条"T"线纵横交错发展的路线，当两条线都画得足够长了，在面临成长路上的断层时，才有机会与可能实现跨越。

那么，你的工作之余和专业之外都在忙些什么呢？

16　跨越断层，突破边界：技术发展方向的断层及跨越方法

在前文中定义过程序员的职场阶梯，而阶梯不过就是很多人已经走过的路，我们只需要沿着这条路去持续成长就能爬上还算不低的楼层。只是到了一定楼层后我们会发现虽然上面似乎还有几层，但却看不见上去的楼梯了。因为再往上走的人就不多了，没能成了路，自然也就看不见，这可能就是所谓成长阶梯的断层。

在程序员的成长阶梯上，到了一定阶段，我们可能会面临方向的选择，不同的方向选择意味着不同的路径，会碰到不同的断层，而跨越断层也需要不同的方法。

那我们会面临怎样的方向选择呢？

方向

在我的技术成长路上，我看到了三个方向，正好可以用三个字来表达："高""精""尖"。

"高"指的是"高级（High-grade）"，"精"代表"精确（Precision）"，而"尖"则是"尖端（Advanced）"。这是我所看到的技术人前进的三个主要方向，而这三个方向的走向往往还是互斥的。

高级，说的不是更高级的技术，因为技术之间的横向比较没有高低级之分，比如操作系统、数据库、网络编程、机器学习等技术，没法比出个高下。这里的"高级"，如其英文是更高等级的意思，是职位和人的级别。而往高等级走的技术人，离"精"自然只能越来越远，毕竟站得高就只能看得广，而很难看得精确了。

精确，就是把一门技术做到真正的精通。现在技术的分工越来越细，能精通一两个细分领域已实属不易。而要做到精，其实越往后付出越多，且提升会变得越来越慢。都到 95 分了，再往后每提升 1 分都需要付出艰辛的努力。走到细微深处，就很难再看得远、看得广了。

尖端，似乎听起来像"精"的极致，其实不然，这完全是另一条路。"高"与"精"，是工业界的实践之路，而"尖"是理论界的突破之路。只有能推进人类科技进步的技术才称得上尖端，就如 IT 界历史上著名的贝尔实验室里的科学家们做的工作。

"高""精""尖"三个字，代表三个方向，三条路，且各有各的机遇与风险。在三条路的岔路口，工作多年的你若止步不做选择，也许就止于一名普通的程序员或资深的技术人。若你选择往高处走，高处不胜寒，一旦落下，你知道再也回不去了；而走向精深之处，沿着技术的河流，溯根回源，密林幽幽，林声鸟不惊，一旦技术的潮流改了道，你知道你可能会迷失；而尖端之路，或者有朝一日一鸣惊人，青史留名，或者一生碌碌。人工智能的

发展史上，曾有一段时间找错了路，让学界止步不前，而这一段时间就是走尖端之路的学者们二十年的岁月。

"高"是往宏观走，"精"是往微观走，"尖"是突破边界。

这三条路，"高"和"精"的方向在业界更常见，而"尖"不是工业界常规的路，毕竟业界拥有类似贝尔实验室这样机构的公司太罕见，所以"尖"的路线更多在学术界。因而后面我们主要探讨"高"和"精"两个方向的路径断层与跨越方法。

高

高的两条典型路线如下：

- 程序员—架构师—技术领导者
- 程序员—技术主管—管理者

往高处走，每一次角色的转变，都是断层。有时候，公司里到了一定级别的程序员就会被冠以架构师的称号，但工作的实质内容依然是资深程序员平时做的事，如：一些关键系统的设计和实现，解决一些困难的技术问题。

这些工作中的确有一部分也算是架构师的内容，但如果不能认识到架构师工作内容的实质，再往高处走也很难实现断层的跨越。架构工作的实质是创造一个模型，来连接、匹配关于业务、技术和团队之间的关系。

其中的"业务"属于架构师工作内容中的领域建模；"技术"是匹配领域模型的技术实现模型；"团队"是关于个体之间如何组合的结构，需要满足个体技术能力与技术实现模型的匹配。由这三个元素连接和匹配构成的模型中，"业务"是变化最频繁的，其次是"团队"，而变化频次最低的反倒是"技术"。

每一个元素发生变化，都意味着架构模型需要去适应这种变化，若适应不了，模型就需要升级。而常见的组织架构调整，也就意味着"团队"的沟通路径变化了，因为康威定律（系统设计的通信结构和设计系统的团队组织的沟通结构是一致的）的缘故，必然带来架构模型的适应性变化调整。

透过具体的实质再往高处抽象到本质，你会发现架构工作的本质是通过模型调优生产关系，从而提高生产效率和生产力。这是一条杠杆之路，通过找到其中的关键支点去放大输出，扩大价值。

在架构模型三元素中，技术本身就是一种杠杆，而团队和业务是价值支点。

曾经，技术的"草莽时期"（20 世纪 70 到 90 年代），是一个英雄辈出的年代。两个人可以创造 Unix、C 语言，一个人可以发明 Linux，也可以写出 Foxmail。掌握了技术，就可能创造历史，那时技术的杠杆很高。

如今，是技术的成熟时期，个体英雄少了，更多是需要团队和集团军作战的方式。如果你是技术的绝世高手（精得极致），那你也需要找到一支契合你技能的场景与队伍，加入进去。此时个人的技术杠杆也许不像曾经那么高，但你们这个队伍还是有机会创造历史的。

前几年，Facebook 曾收购了一家叫 WhatsApp 的公司，花了 190 亿美元。这家公司当时仅 50 人，其中一半是技术人员，这应该是近年来用技术杠杆撬动价值之最了吧。

在 WhatsApp 这个例子中的价值支点是什么？是产品（业务），连接用户、形成网络。技术本身的价值通过这个产品业务形态支点，在每个活跃用户身上得到了放大。

而另一个价值支点，是借助团队，但这只适合高级别的技术人员，比如：技术管理者或架构师。但团队也需要创造真正的价值，这样才能实现利用杠杆放大价值的效果。在商业环境下，任何一种产品业务形态最终能实现价值，都会存在一个价值网络。这个网络中覆盖了各种角色，技术只是其一，若要找到最好的价值支点，那么通常会在离价值来源比较近的地方。

技术像是一根棍子，能发挥多大价值，取决于棍子本身的品质和运用的方式。而往高处走的技术人，要跨越这条路径的断层，就要认清这个价值网络，并找到最适合技术发挥的价值点。

精

精的路线是一条"专家"之路。

我在前文中定义过"专家"，专家就是某个领域中你绕不过去的人。这个定义中包含两个点，一个是领域，另一个是绕不过去。第一点表达了某个范围，第二个则模糊地表达了这个范围的大小，绕不过去其实是一个很大的范围了。

比如，若你处在物理学领域，牛顿就是你绕不过去的人，之后是爱因斯坦。而在计算机领域，图灵定义了计算机的边界，也是这个领域你绕不过去的人。但这样的天才人物，百年来才出一个，如果都要达到这个水平才算是专家，可能就太难了，从而失去了指导意义。

如今反思，其实用这两点来定义专家也是可以的，只是我们需要更清晰地明确领域和量化范围。大至国家、社会、行业，小到公司、团队、小组，都有自己关于专家的定义。

好些年前，我最早在小组内研究引入 Java NIO 的技术来编写网络程序，也读了一些相关的书和开源框架代码（Mina、Netty），后被周围同事戏称为 Java NIO 的专家。这就是用领域（Java NIO 是一个很细分的技术领域）加范围（局限于周围组内几个同事，他们要解决 NIO 的网络编程问题都绕不过我）定义专家的方式。

因而，像前面说的爱因斯坦、牛顿、图灵，他们既是行业（学科维度）范围内的，也是世界（地理维度）范围内的专家。而公司内的专家职级定义，其范围无非就是与公司经营相关的某个领域，其大小无非就是公司组织架构的某一层级之内。

走向专家之路，就是精确地找到、建立你的领域，并不断推高壁垒和扩大边界的过程。

那么如何建立属于自己的、更大范围内且具备足够识别性的领域？这就是"精"的路径中的非连续性断层问题。曾经读过一篇吴军的文章，谈到了工程师成长中的类似问题，他用了一个公式来描述解法：

"成就 = 成功率 × 事情的量级 × 做事的速度"

在连续的成长阶段，我们的成长主要体现在不断提升做事的熟练度，也就是上述公式中的速度和成功率，但这两个指标到了一定的熟练阶段后就会碰到物理极限。实际情况是，一个资深的工程师的速度甚至不会比一个初级工程师快两倍，但成功率可能会高几倍，甚至十倍，这就是传说中的一个顶十个的程序员，但离极限也差不远了。

而要成为传说中以一敌百的程序员，只有一个可能，他们做的事情和其他人不在一个量级上，比如现实中 Linus 这样的人。所以，一直做同样的事，都是写代码，也可以跨越断层，但关键是，你写的代码体现在什么量级的事情上。

有句话是这么说的，问题的量级变了，逻辑就不一样了。作为程序员，我们会有直观的感受，当用户量级越过一定的门槛后，我们编写、维护和部署程序系统的方式就会发生本质的变化。而提升量级最难的问题在于我们要放下曾经熟悉的方式和习惯，站在更高的维度去看更大量级的事情，并且找到适合这个量级的合适解决方案。

面临成长路上的非连续断层，以及角色之间的无形壁障，该如何跨越断层，突破边界？我们着重从成长路线的两个方向："高"和"精"，提供了分析和解法。

- 高的路线，需要借助技术的杠杆，认清所处的价值网络，找到合适的价值点，撬动更大的价值；
- 精的路线，在做事情的成功率和速度接近自己的极限后，只能去提升事情的量级，才能发挥出专家的价值。

明晰了不同路线的价值方向，但每个人脚下的路都是具体的、不同的，我们跨越的方式也不会一样。在成长的路上，你碰到了断层没？又是如何跨越的？

17　成长蓝图，进化跃迁：做自己的 CEO 确立成长战略

回顾过去，我们会清晰地看见走过来的路线，但面向未来我们又该如何走下去？但凡过往，皆为序章，过去不可变，未来才是希望，而如何去规划并管理好未来的成长进化之路，才是我们当下面临的主要任务。

我们先从一个高度抽象的维度来看看这条成长之路。

成长路线

结合我自己的经历、思考与总结，我将走过的路和未来的路概括成如图 17-1 所示路线图。

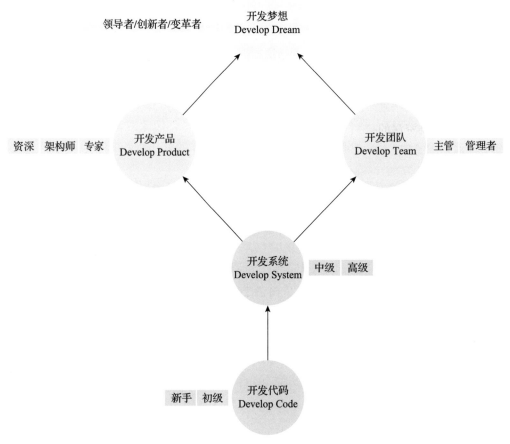

图 17-1　程序员成长路线图

图中描述了好几个阶段，在从一个阶段到下一个阶段时，都会经历一次转折。

开发代码（Develop Code）

从刚走出学校到进入职场成为一名新手程序员，在最初的一两年内，你可能都处在这个阶段。不停地大量写代码，为各类系统的"大厦"添砖加瓦，像块海绵一样，把自己吸得满满的，朝 9 晚 24 地工作与学习，并不时自嘲为"码农"。

这个阶段，你为生存所需（迫），会强烈地渴望成长。

开发系统（Develop System）

三五年后，你可能从初级、中级成长到了高级，此时你不再仅仅是写代码搬砖，而是开始负责起或大或小的整个系统。这时，你最关心的是如何用最好的技术方案，去开发、优化和完善系统。

开发产品（Develop Product）

从高级走向资深、专家或架构师，你会发现你的技术执行技能已经优化到了相当的程度，这时往前多走一步，关注你所实现的系统所属的产品，会让你打开新的空间，找到更有效率和效果的实现路径，减少无用功。

而且在技术的世界里，有很多面向开发者的技术型产品，而最适合承担起产品经理角色的就应该是各类资深的技术专家和架构师了。

开发团队（Develop Team）

当你选择走上技术主管之路并转变为一名管理者，那么人和团队将成为你的主要开发对象，而不再是代码了，这是成为管理者的必经之路。

开发梦想（Develop Dream）

梦想这个东西也会随着岁月与你相伴成长，梦想实际永远在前方，它只是不断引领着你往前走。梦想相对而言是一个"虚幻"的概念，它可能需要产品作为载体，也需要团队来一起开发创造。如此，梦想会引发你向一名创新者或领导者的方向跃迁。比如，十多年前，刚毕业时，我的梦想是成为一名架构师，如今已然实现。

以上这张图只是帮你看清从过去到未来的一条路，但如何走好这条路，就需要另一个视角维度的蓝图了。

战略蓝图

战略这个词，通常会和组织、公司关联在一起；试想下，如果把人比作一家公司，那么这家"公司"的战略该如何确定？

在分析战略之前，我们需要先分析下公司的业务。为了更好地分析清楚公司的主要业务，这里借鉴下咨询公司爱用的商业分析模型：波士顿矩阵。实际有很多不同的分析模型，我只是觉得这个最简单，比较适合像个人这样的小小微"公司"。

波士顿矩阵模型，把公司业务分成下面四类：

- 现金牛业务
- 明星业务
- 问题业务
- 瘦狗业务

现金牛业务，比较形象地表达了它是产生现金的业务。比如谷歌的搜索业务、微软的Windows 操作系统，都是它们的现金牛业务，有很高的市场占有率，但成长率相对就比较低了。

就个人而言，现金牛业务自然是一份稳定的工作，产生现金，维持个人生活的基本面，当然稳定之外越高薪越好。程序员这个职业就是很好的现金牛业务，行业繁荣，工作也比较稳定，专注于这个业务，不断提升薪资水平，这就是：活在当下。

明星业务，比较形象地表达了这是很有前景的新兴业务，已经走上了快速发展的轨道。比如：亚马逊的云计算（AWS）就是它的未来之星。而个人呢？如果你的现金牛业务（级别和薪资）已经进入行业正态分布的前 20%，那么再继续提升的难度就比较大了。

个人的明星业务是为未来 5 到 10 年准备的，就是现在还并不能带来稳定的现金流但感觉上了轨道的事。于我而言，是投资理财。人到中年，除了劳动性收入，资产性收益将作为很重要的补充收入来源，而当资本金足够大时，很可能就是未来的主要收入来源。当你开始在考虑未来的明星业务时，这就是：活在未来。

问题业务，比较形象地表达了还有比较多问题的业务领域，面临很多不确定性，也就是还没走上正轨。将来到底是死掉，还是成为新的明星业务，现在还看不清楚。比如谷歌的无人驾驶、机器人等业务领域都属于此类。

就个人而言，可能是一些自身的兴趣探索领域。对我来说，目前就是写作和英语，即使写作已经开了专栏，但并不算是稳定可靠的收入来源，主要还是以兴趣驱动，投入时间，不断探索，开拓新的维度，这就是：活在多维。

瘦狗业务，比较形象地表达了一些食之无味、弃之可惜的业务。瘦狗业务，要么无法产生现金流，要么产生的现金流不断萎缩。今日之瘦狗，也许是昨日的明星或现金牛，比如诺基亚的功能机。

就个人而言，行业在发展，技术也在进化，曾经你赖以为生的"现金牛"技能，可能过几年后就会落后，逐渐变成了"瘦狗"，无法果断地放弃旧技能、开发新技能，可能就如诺基亚一般在新的时代被淘汰。固守瘦狗业务，那就是：活在过去。

业务模型构成了你的蓝图，而对你的各种业务进行与时俱进地布局与取舍，这就是战略。

进化跃迁

明晰了路线，掌握了蓝图，该如何完成你的成长进化跃迁呢？

跃迁是量子力学里的概念，指电子吸收能量后，突然跳到更高的能量级，这种不连续、跳跃的突变，我们称之为"跃迁"。我借用了这个概念来类比成长，从如上定义中有几个关键点：

- 吸收能量
- 更高能量级
- 非连续跳跃

个人成长的跃迁也需要能量，在这里能量就是知识、技能和能力。完成"能量"的积累就需要持续地学习和实践行动，而持续行动又靠什么来驱动？内心的自驱力，这是稳定有效的驱动力来源，若没有自我驱动的力量是不太可能带来持续行动的。

学习行动计划、养成行动习惯都是为了提升行动的效率，行动积累了足够的"能量"后，就向更高能量级跳跃。这里更高的能量级是对知识和能力的更高维度抽象的比喻，比如：知识模型和技能体系，就比孤立的知识点和技能拥有更高的能量级。

而第三个关键点：非连续跳跃，说明这样的进化有突变的特征。而个人知识的积累与能力的提升，其实都是比较缓慢而连续的，非连续的跳跃其实体现在机会和运气上。合适的机会若没能降临，你就没法完成跃迁。

连续的成长积累是你能掌控的部分，而跃迁的机会、运气则属于概率成分，你的努力可能一定程度上提高了概率，但它并不能导致必然的跃迁结果发生。即使机会没能到临，努力过后也许有无奈，也该当无悔了。

从开发代码到开发梦想，你可以画出一张你的成长路线图，从而走上进化跃迁的道路；上了路后，接着你可以利用工程师的思维模式和商业工具模型，建立一个你的成长战略蓝图去指导你如何走这条路。剩下的，就让你的努力、选择和运气来帮助你完成不断的跃迁变化吧。

| 第二篇 |

程 序 之 术

这篇以"程序之术"为名，却并非讲具体的技术，而是从以程序编码
为中心的前后三个视角去探讨一些通用的程序技术问题。

"编码前"我们主要考虑的是选型技术，如何表达程序设计和架构等；
"编码中"我们考虑写什么代码，如何写好代码；"编码后"我们总会
碰到 Bug，它们有什么共通之处？又该如何避免？

所以，这篇"程序之术"追求的是一些通用场景下的程序编码之术，
它不限于语言，而是更关乎你的程序设计与编码思维。

第 5 章

编　码　前

18　架构与实现：抓住它们的核心和本质

把一种想法、一个需求变成代码，这叫"实现"，而在此之前，技术上有一个过程称为设计，设计中有个特别的阶段叫"架构"。

程序员在成长的很长一段路上，一直是在"实现"，当有一天，需要承担起"架构"的责任时，可能会有一点搞不清两者的差异与分界。

是什么

架构是什么？众说纷纭。

架构（Architecture）一词最早源自建筑学术语，后来才被计算机科学领域借用。以下是其在维基百科（Wikipedia）中的定义：

"架构是规划、设计和构建建筑及其物理结构的过程与产物。在计算机工程中，架构是描述功能、组织和计算机系统实现的一组规则与方法。

Architecture is both the process and the product of planning, designing, and constructing buildings and other physical structures. In computer engineering, "computer architecture" is a set of rules and methods that describe the functionality, organization, and implementation of computer systems."

在建筑学领域，有一组清晰的规则和方法来定义建筑架构。但可惜，到目前为止，在计算机软件工程领域并没有如此清晰的一组规则与方法来定义软件架构。

好在经过多年的实践，行业里逐渐形成了关于软件架构的共同认知：软件系统的结构与行为设计。而实现就是围绕这种已定义的宏观结构去开发程序的过程。

做什么

架构做什么？很多人会感觉糊里糊涂的。

我刚获得"架构师"称号时，也并不很明确架构到底在做什么，交付的是什么。后来通过不断在工作中反思、实践和迭代，我才慢慢搞清楚架构工作和实现工作的差异与分界线。

从定义上，你已知道架构是一种结构设计，但它同时可能存在于不同的维度和层次上：

- 高维度：指系统、子系统或服务之间的切分与交互结构。
- 中维度：指系统、服务内部模块的切分与交互结构。
- 低维度：指模块组成的代码结构、数据结构、库表结构等。

在不同规模的团队中，存在不同维度的架构师，但不论工作在哪个维度的架构师，他们的工作包括以下 4 个共同点：

1）确定边界：划定问题域、系统域的边界。

2）切分协作：切分系统和服务，目的是建立分工与协作，并行以获得效率。

3）连接交互：在切分的各部分之间建立连接交互的原则和机制。

4）组装整合：把切分的各部分按预期定义的规则和方法组装整合为一体，完成系统目标。

有时，你会认为架构师的职责是交付"一种架构"，而这"一种架构"的载体通常又会以某种文档的形式体现，所以很容易将架构师的工作误解为写文档。实际上，架构师的交付成果是一整套决策流，文档仅仅是交付载体，而且仅仅是过程交付产物，最终的技术决策流是体现在线上系统的运行结构中。

而对于实现，你应该已经很清楚是在做什么了。但我在这里不妨更清晰地分解一下。实现的最终交付物是程序代码，但这个过程中会发生什么？一般会有下面 6 个方面的考虑：选型评估、程序设计、执行效率、稳定健壮、维护运维、集成部署。

如表 18-1 所示为其对应的详细内容：

表 18-1 程序实现的各方面考虑

考虑方面	详细内容	
选型评估	选库，选框架，选 API	
程序设计	逻辑	流程、分支
	控制	策略；并行串行、同步异步
	数据	结构、状态、存取
执行效率	运行时间、响应时长、吞吐总量	
稳定健壮	异常处理、边界条件	
维护运维	维护	易读、易理解、易修改
	运维	监控、日志、配置、变更、兼容
集成部署	提供库	依赖复杂度、便利性、易用性、升级管理
	提供服务	调用管理、监控统计、服务 SLA

我以交付一个功能需求为例讲述这个过程。

实现一个功能，可能全部自己徒手做，也可能选择一些合适的库或框架，再从中找到需要的 API。

确定了合适的选型后，需要从逻辑、控制与数据这三个方面进一步考虑程序设计：

- 逻辑，即功能的业务逻辑，反映了真实业务场景流程与分支，包含大量业务领域知识。
- 控制，即考虑业务逻辑的执行策略，哪些可以并行执行，哪些可以异步执行，哪些地方又必须同步等待结果并串行执行。
- 数据，包括数据结构、数据状态变化和存取方式。

开始编码实现时，你要进一步考虑代码的执行效率，如需要运行多长时间？要求的最大等待响应时间能否满足？并发吞吐能力如何？运行的稳定性和各种边界条件、异常处理是否考虑到了？上线后，出现 Bug，相关的监控、日志能否帮助快速定位？是否有动态线上配置和变更能力可以快速修复一些问题？新上线版本时，你的程序是否考虑了与老版本的兼容问题等？

最后，你要思考开发的代码是以什么形态交付。如果是提供一个程序库，则需要考虑相关的依赖复杂度和使用便利性，以及未来的升级管理。如果是提供服务，就需要考虑服务调用的管理、服务使用的统计监控，以及相关的 SLA 服务保障承诺。

以上，就是我针对整个实现过程总结的一个思维框架。如果你每次写代码时，都能有一个完善的思维框架，相信会写出更好的代码。这个思维框架是我在过去多年的编程经验中逐步形成，并经过多年实践认证的相对完整的框架，希望能对你有所帮助。

"实现"作为一个过程，就是不断地交付代码流。完成的每一行代码，都包含了上面这些方面的考虑，而这些方面的所有判断也是一整套决策流，然后固化在了一块块的代码中。

因为实现是围绕架构来进行的，所以架构的决策流在先，一定程度上决定了实现决策流的方向与复杂度，而架构决策的失误，后续会成倍地放大实现的成本。

关注点

在架构与实现的过程中，有很多很多的点值得关注，若要选择一个核心点，会是什么？

架构的一个核心关注点，如果只能是一个点，我想有一个很适合的字可以表达：熵。"熵"是一个物理学术语，在热力学中表达系统的混乱程度，最早是"信息论之父"克劳德·艾尔伍德·香农借用了这个词，并将其引入了信息科学领域，用以表示系统的混乱程度。

软件系统或架构，不像建筑物会因为时间的流逝而自然损耗腐坏，它只会因为变化而腐坏。一开始清晰整洁的架构与实现随着需求的变化而不断变得浑浊、混乱。这也就意味着系统的"熵"在不断增高。

这里我用一个图展示软件系统"熵"值的生命周期变化，如图 18-1 所示。

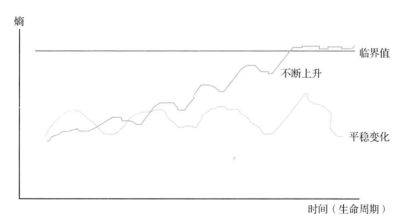

图 18-1 软件系统"熵"值示意图

系统只要是活跃的，"熵"值就会在生命周期中不断波动。需求的增加和改变，就是在不断增加"熵"值（系统的混乱程度）。但软件系统的"熵"有个临界值，当达到并超过临界值后，软件系统的生命也基本到头了。这时，你可能将迫不得已采取一种行动：重写或对系统做架构升级。

如果你不关注、也不管理系统的"熵"值，它就会一直升高，达到临界点，届时你就不得不付出巨大的代价来进行系统架构升级。

而实现中重构与优化的动作则是在不断进行减"熵"，做出平衡，让系统的"熵"值在安全的范围内波动。

那么，实现的核心关注点，也就呼之欲出了，我们也可以用一个字表达：简。

简，是简单、简洁、简明、简化，是在做减法，但不是简陋。关于实现的全部智慧都浓缩在了这一个字里，它不仅减少了代码量，也减少了开发时间，减少了测试时间，减少了潜在 Bug 的数量，甚至减少了未来的维护、理解与沟通成本。

架构关注复杂度的变化，自然就会带来简化，而实现则应当顺着把"简"做到极致。

断裂带

架构与实现之间，存在一条鸿沟，这是它们之间的断裂带。

断裂带出现在架构执行过程中，落在文档上的架构决策实际上是静态的，但真正的架构执行过程却是动态的。那么，架构师要如何准确地传递架构决策？开发实施的效果又如何能与架构决策保持一致？当执行过程中出现实施与决策的冲突，就需要重新协调沟通讨论以取得新的一致。

当系统规模比较小时，有些架构师一个人就能把全部的设计决策在交付期限内开发完成，这就避免了很多沟通协调的问题。好些年前，我就曾这样做过一个小系统的架构升级改造，但随着系统越来越大，慢慢就需要几十人的团队来分工协作。光是准确传递决策信息，并维持大体的一致性，就是一件非常有挑战的工作了。

当系统规模足够大了，没有任何架构师能够把控住全部的细节。在实践中，我的做法是定期对系统的状态做快照，而非去把握每一次大大小小的变化，因为那样直接会让我过载。通过快照，我会发现很多细节，有些也许和我当初想的完全不一样。

面对我发现和掌握的所有细节，我需要做一个判断，决定哪些细节上的问题会是战略性的，然后将自己有限的时间和注意力放在这样的战略性细节上。而其他大量的实现细节也许和我想的不同，但只要没有越出顶层宏观结构定义的边界即可。系统是活的，控制演化的方向是可行的，而妄图掌控演化过程的每一步是不现实的。

关注与把控边界，这就比掌控整个领地的范围小了很多，再确认领地中的战略要地，那么掌控的能力也就有了支撑。架构与实现的鸿沟会始终存在，在这条鸿沟上选择合适的地方建设桥梁，建设桥梁的地方必是战略要地。

等效性

可架构升级中，经常有人会问一个问题："这个架构能实现吗？"

其实，这根本不是一个值得疑惑的问题。相对于建筑架构，软件架构过程其实更像是城市的规划与演变过程。有一定历史的城市，慢慢都会演变出所谓的旧城和新城，而新城相对于旧城，就是一次架构升级的过程。城市规划师会对城市的分区、功能划分进行重新定位与规划。一个旧城所拥有的所有功能，如：社区、学校、医院、商业中心，难道新城会没有，或者说"实现"不了吗？

架构升级，仅仅是一次系统的重新布局与规划，成本和效率的重新计算与设计，"熵"的重新分布与管理。近些年，微服务架构火了，很多人都在将曾经的单体应用架构升级到微服务架构。以前能实现的功能，换成微服务架构也可以实现，只是编写代码的方式不同，信息交互的方式也不同。任何架构的可实现性，是完全等效的，但实现本身却不是等效的，不同的人或不同的团队可实现性的可能、成本、效率是绝对不等效的。

最后归纳下：架构是关注系统结构与行为的决策流，而实现是围绕架构的程序开发过程；架构核心关注系统的"熵"，而实现则顺应"简"；架构注重把控系统的边界与"要塞"，而实现则是建立"领地"；所有架构的可实现性都是等效的，但实现的成本、效率绝不会相同。

文中提到，架构和实现之间有一条断裂带，而让架构与实现分道扬镳的原因有：

- 沟通问题：如信息传递障碍。
- 水平问题：如技术能力不足。
- 态度问题：如偷懒走捷径。
- 现实问题：如无法变更的截止日期。

以上都是架构执行中需要面对的问题，你还能想到哪些？

19　模式与框架：认清它们的关系和误区

在学习程序设计的路上，你一定会碰到"设计模式"，或者给你启发，或者让你疑惑，并且你还会发现在不同的阶段遇到它，感受是不同的。而"开发框架"呢？似乎已是现在写程序的必备品。那么框架和模式又有何不同？它们有什么关系？在程序设计中又各自扮演什么角色呢？

设计模式

设计模式，最早源自 GoF 那本已成经典的《设计模式：可复用面向对象软件的基础》一书。软件设计模式也是参考了建筑学领域的经验，早在建筑大师克里斯托弗·亚历山大

（Christopher Alexander）的著作《建筑的永恒之道》中，已给出了关于"模式"的定义：

"每个模式都描述了一个在我们的环境中不断出现的问题，然后描述了该问题的解决方案的核心，通过这种方式，我们可以无数次地重用那些已有的成功的解决方案，无须再重复相同的工作。"

而《设计模式》一书借鉴了建筑领域的定义和形式，书中是这么说的：

"本书中涉及的设计模式并不描述新的或未经证实的设计，我们只收录那些在不同系统中多次使用过的成功设计；尽管这些设计不包括新的思路，但我们用一种新的、便于理解的方式将其展现给读者。"

虽然该书采用了清晰且分门别类的方式讲述各种设计模式，但我相信很多新入门的程序员在看完该书后还是会像我当年一样有困扰，无法真正理解也不知道这东西到底有什么用。

早年我开始学习 Java 和面向对象编程，并尝试编写 JSP 程序，当我把一个 JSP 文件写到一万行代码时，心中很是困扰，然后上网大量搜索到底怎样写 JSP 才是对的。之后，我就碰到了《设计模式》一书，读完后略有所悟，但再去写程序时，反而更加困扰了。

因为学"设计模式"之前，写程序时无所顾忌，属于拿剑就刺，虽无章法却还算迅捷。在学了一大堆"招式"后反而变得有点瞻前顾后，每次出剑都在考虑招式用对没，挥剑反倒滞涩不少。有人说："设计模式，对于初窥门径的程序员，带来的麻烦简直不逊于它所解决的问题。"回顾往昔，我表示深有同感。

后来回想，那个阶段我把《设计模式》用成了一本"菜谱"配方书。但如果没做过什么菜只是看菜谱，也只能是照猫画虎，缺少好厨师的那种能力——火候。初窥门径的程序员其实缺乏的就是这样的"火候"能力，所以在看《设计模式》时必然遭遇困惑。而这种"火候"能力源自大量的编程设计实践，在具体的实践中抽象出模式的思维。

"设计模式"是在描述一些抽象的概念，甚至还给它们起了一些专有名字，这又增加了一道弯儿、一层抽象。初窥门径的程序员，具体的实践太少，面临抽象的模式描述时难免困惑。而经验积累到一定程度的程序员，哪怕之前没看过《设计模式》，他们也能基于经验直觉地用起某种模式。

前面说过我刚学习编程时看过一遍《设计模式》，看完后反而带来更多的干扰，不过后来倒也慢慢就忘了。好些年后，我又重读了一遍，竟然豁然开朗起来，因为其中一些模式我已经在过往的编程中使用过很多次，另一些模式虽未碰到，但理解起来已不见困惑。到了这个阶段，其实我已经熟练掌握了从具体到抽象之间切换的思维模式，设计模式的"招数"看来就亲切了很多。

在我看来，模式是前人解决某类问题方式的总结，是一种解决问题域的优化路径。但引入模式也是有代价的。设计模式描述了抽象的概念，也就在代码层面引入了抽象，它会导致代码量和复杂度的增加。而衡量应用设计模式是否值得，这也是程序员"火候"能力另一层面的体现。

有人说，设计模式是招数；也有人说，设计模式是内功。我想用一种大家耳熟能详的武功来类比：降龙十八掌。以其中一掌"飞龙在天"为例，看其描述：

"气走督脉，行手阳明大肠经商阳……此式跃起凌空，居高下击，以一飞冲天之式上跃，双膝微曲，提气丹田，急发掌劲取敌首、肩、胸上三路。"

以上，前半句是关于内功的抽象描述，后半部分是具体招数的描述，而设计模式的描述表达就与此有异曲同工之妙。所以，设计模式是内功和招数并重、相辅相成的"武功"。

当你解决了一个前人从没有解决的问题，并把解决套路抽象成模式，你就创造了一招新的"武功"，后来的追随者也许会给它起个新名字叫：某某模式。

开发框架

不知从何时起，写程序就越来越离不开框架了。

记得我还在学校时，刚学习 Java 不久，那时 Java 的重点是 J2EE（现在叫 Java EE 了），而 J2EE 的核心是 EJB。当我用"JSP+EJB+WebLogic（EJB 容器）+Oracle 数据库"搭起一个 Web 系统时，感觉终于掌握了 Java 的核心。后来我去一家公司实习，发现那里的前辈们都在谈论什么 DI（依赖注入）和 IoC（控制反转）等新概念。他们正在把老一套的 OA 系统从基于 EJB 的架构升级到一套全新的框架上，而那套框架包含了一堆我完全没听过的新名词。

然后有前辈给我推荐了一本书，《J2EE Development Without EJB》。看完后我十分沮丧，因为我刚刚掌握的 Java 核心技术 EJB 还没机会出手就已过时了。

从那时起，我开始知道了框架（Framework）这个词，然后学习了一整套基于开源框架的程序开发方式，知道了为什么 EJB 是重量级的，而框架是轻量级。当时 EJB 已步入暮年，而框架的春天才刚要来临（彼时最有名的框架正好也叫 Spring），如今框架已经枝繁叶茂，遍地开花。

现在的编程活动会大量应用框架，而框架就像是给程序员定制的开发脚手架。一个框架是一个可复用的设计组件，它统一定义了高层设计和接口，使得从框架构建应用程序变得非常容易。因此，框架可以算是打开"快速开发"与"代码复用"这两扇门的钥匙。

在如今这个框架遍地开花的时代，正因为其过于好用、易于复用，所以也可能被过度利用。

在 Java 中，框架很多时候就是由一个或一些 jar 包组成的。早在前几年（2012 年左右）我接触到一个 Web 应用系统，当尝试去拷贝一份工程目录时，我意外发现居然有接近500M 大小，再去看依赖的 jar 包竟多达 117 个，着实吓了一跳。在拷贝目录的过程中，我在想："如今的程序开发是不是患上了框架过度依赖症？"

我想那时应该没有人能解释清楚为什么这个系统需要依赖 117 个 jar 包之多，也许只是为了完成一个功能，引入了一个开源框架，而这个框架又依赖了其他 20 个 jar 包。

有时候，框架确实帮我们解决了大部分的"脏活""累活"，如果运气好，这些框架的质量很高或系统的调用量不大，那么它们可能也就从来没引发过什么问题，我们也就不需要了解它们是怎么去解决那些"脏活""累活"的。但若不巧，哪天某个框架在某些情况下出现了问题，在搞不懂框架原理的情况下，就总会有人惊慌失措。

如今，框架带来的束缚在于，同一个问题，会有很多不同框架可供选择。如何了解、评估、选择与取舍框架，成了新的束缚。

一些知名框架都是从解决一个特定领域问题的微小代码集合，发展到提供解决方案、绑定概念、限定编程模式，并尝试不断通用化来扩大适用范围。

这样的框架自然不断变得庞大、复杂、高抽象度。

我一直不太喜欢通用型的框架，因为通用则意味着至少要适用于大于两种或以上的场景，场景越多我们的选择和取舍成本越高。另外，通用意味着抽象度更高，而现实是越高的抽象度，越不容易理解。例如，人生活在三维世界，理解三维空间是直观的，完全没有抽象，理解四维空间稍微困难点，而五维或以上理解起来就很困难了。

框架，既是钥匙，也是枷锁，既解放了我们，也束缚着我们。

两者关系

分析了模式，解读了框架，那么框架和模式有什么关系呢？

框架和模式的共同点在于，它们都提供了一种问题的重用解决方案。其中，框架是代码复用，模式是设计复用。

软件开发是一种知识与智力的活动，知识的积累很关键。框架采用了一种结构化的方式来对特定的编程领域进行规范化，在框架中直接就会包含很多模式的应用、模式的设计概念、领域的优化实践等，它们都被固化在了框架之中。框架是程序代码，而模式是关于这些程序代码的知识。

比如像 Spring 这样的综合性框架的使用与最佳实践，就隐含了大量设计模式的套路，即使是不懂设计模式的初学者，也可以按照这些固定的编程框架写出符合规范模式的程序。但写出代码完成功能是一回事，理解真正的程序设计又是另外一回事了。

小时候，我看过一部漫画叫《圣斗士》。程序员就像是圣斗士，框架是"圣衣"，模式是"流星拳"，但最重要的还是自身的"小宇宙"啊。

20　设计与视图：掌握系统设计的多种维度和展现视图

大学时，我在机械设计课程时学习了"三视图"。三视图是观测者从三个不同位置观察同一个空间几何体所画出的图形，是正确反映物体长宽高尺寸正投影的工程图，在工程设计领域十分有用。三视图是精确的，任何现实世界中的立体物都必然能被"三视图"投影到二维的平面，有了这张图就能准确制作出相应的机械零部件。

但在软件设计领域，则有较大的不同，软件系统是抽象的，而且维度更多。20 世纪 90 年代，软件行业诞生了 UML（Unified Modeling Language，统一建模语言）——一种涵盖软件设计开发所有阶段的模型化与可视化支持的建模语言。

从 UML 的出现就可以知道，软件先驱们一直在不懈地努力，使软件系统设计从不可直观感受触摸的抽象思维空间向现实空间进行投影。

UML 是一种类似于传统工程设计领域"三视图"的尝试，但却又远没有达到"三视图"的精准。虽然 UML 没能在工程实施领域内广泛流行起来，但其提供的建模思想给了我启发，让我一直在思考应该有哪些维度的视图，才能很好地表达一个软件系统的设计。

而在多年的工程实践中，我逐渐得到了一些维度的视图，下面就以我近些年一直在持续维护、设计、演进的系统（京东咚咚）为例来简单说明下。

组成视图

组成视图，表示系统由哪些子系统、服务、组件部分构成。

2015 年，我写过一篇关于咚咚的文章：《京东咚咚架构演进》。当时我们团队对系统进行了一次微服务化的架构升级，而微服务的第一步就是拆分服务，并表达清楚拆分后整个系统到底由哪些服务构成，所以有了图 20-1 所示的这张系统服务组成图。

每一类服务提供逻辑概念上比较相关的功能，而每一个微服务又按照如下两大原则进行了更细的划分：

- 单一化：每个服务提供单一内聚的功能集。
- 正交化：任何一个功能仅由一个服务提供，无提供多个类似功能的服务。

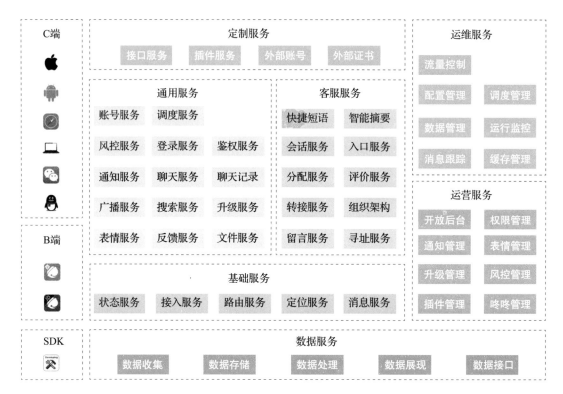

图 20-1　组成视图示例

    如上，就是我们系统的服务组成视图，用于帮助团队理解整体系统的宏观组成，以及个人的具体工作内容在整个系统中的位置。

    了解了服务的组成，进一步自然就需要了解服务之间的关系与交互。

交互视图

    交互视图，表示系统或服务与外部系统或服务的协作关系，也即：依赖与被依赖。

    由于咚咚系统的业务场景繁多，拆分出来的服务种类也比较多，交互关系复杂。所以可以像地图一样通过不同倍率的缩放视角来表达和观察服务之间的交互关系。

    如图 20-2，是一张宏观大倍率的整体交互视图示例。它隐藏了内部众多服务的交互细节，强调了终端和服务端，以及服务端内部交互的主要过程。这里依然以地图作类比，它体现了整体系统主干道场景的运动过程。而每一个服务本身，在整体的交互图中，都会有其位置，有些在主干道上，有些则在支线上。

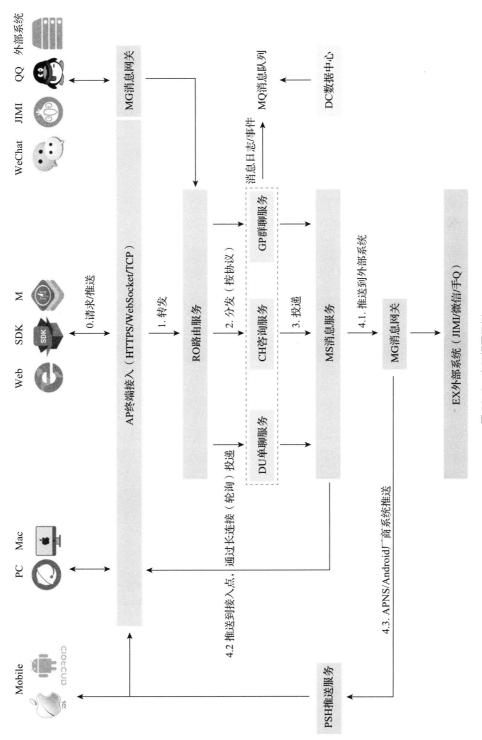

图 20-2　交互视图示例

如果我们把目光聚焦在一个服务上，以其为中心的表达方式，就体现了该服务的依赖协作关系。所以，可以从不同服务为中心点出发，得到关注点和细节更明确的局部交互细节图，而这样的细节图一般掌握在每个服务开发者的脑中。当我们需要写关于某个服务的设计文档时，这样的局部细节交互图也应该是必不可少的。

在逻辑的层面了解了服务间的协作与交互后，则需要进一步了解这些服务的部署环境与物理结构。

部署视图

部署视图，表示系统的部署结构与环境。

部署视图，从不同的人员角色出发，关注点是不一样的，不过从应用开发和架构的角度来看，会更关注应用服务实际部署的主机环境、网络结构和其他一些环境元素依赖。如图 20-3 是强调服务部署的机房结构、网络和依赖元素的部署图示例。

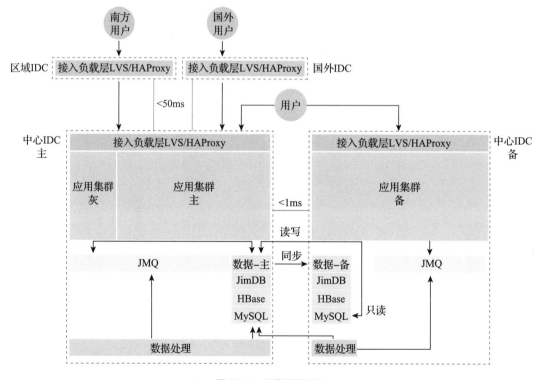

图 20-3 部署视图示例

部署视图本身也可以从不同的视角来画，这取决于你想强调什么元素。上面这张示例图强调的是应用部署的 IDC 及其之间的网络关系，和一些关键的网络通信延时指标。因为这些内容可能影响系统的架构设计和开发实现方式。

至此，组成、交互和部署图更多是表达系统的宏观视图：关注系统组合、协作和依存的关系。但还缺乏关于系统设计或实现本身的表达，这就引出了流程和状态两类视图。

流程视图

流程视图，表示系统内部实现的功能和控制逻辑流程。

可能有人喜欢用常见的流程图来表示系统设计与实现的流程，但我更偏好使用 UML 的序列图，个人感觉更清晰些。

如图 20-4 是咚咚消息投递的一个功能逻辑流程表达，看起来就像是 UML 的序列图，但并没有完全遵循 UML 的图例语法（主要是我习惯的画图工具不支持）。而且，我想很多人即使是程序员也并不一定会清楚地了解和记得 UML 的各种图例语法，所以这里用文字做了补充说明，重点想把逻辑表达清楚。

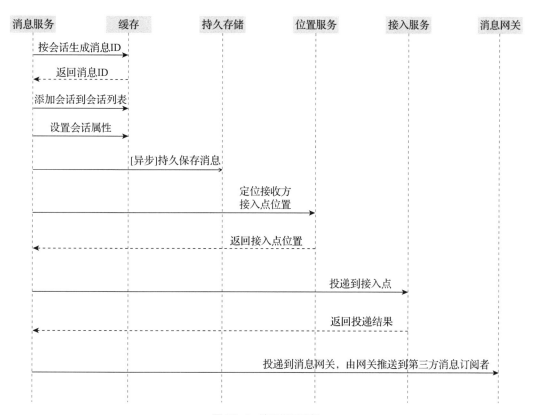

图 20-4　流程视图示例

　　逻辑流程一般分两种：业务与控制。有些系统业务逻辑很复杂，而有些系统业务逻辑不复杂但请求并发很高，导致对性能、可靠与稳定的要求高，所以控制逻辑就复杂了。这两类复杂的逻辑处理流程都需要表达清楚，而图 20-4 就是对业务功能逻辑的表达示例。

　　除了逻辑流程的复杂性，系统维持的状态变迁很可能也是另一个复杂性之源。

状态视图

　　状态视图，表示系统内部管理了哪些状态以及状态的变迁转移路径。

　　像咚咚这样的 IM 消息系统，就自带一个复杂的状态管理场景：消息的已读 / 未读状态。它的复杂性体现在，它本身就处在一个不可控的分布式场景下，在用户的多个终端和服务端之间，需要保持尽可能的最终一致性。

　　为什么不能满足绝对严格的最终一致性？如图 20-5 所示，IM 的"已读 / 未读"状态需要在用户的多个终端和服务端之间进行分布式的同步。按照分布式 CAP 原理，IM 的业务场景限定了 AP 是必须满足的，所以 C 自然就是受限的了。

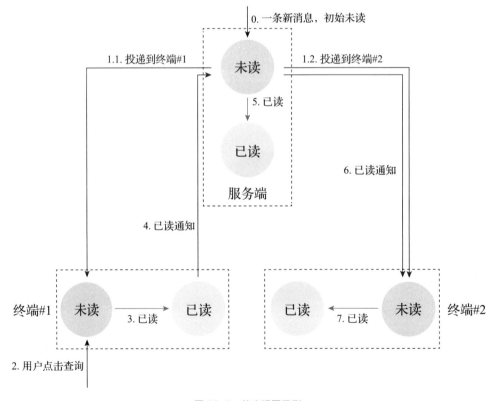

图 20-5　状态视图示例

　　所有的业务系统都一定会有状态，因为那就是业务的核心价值，并且这个系统只要有用户使用，就会产生用户行为，而行为导致系统状态的变迁。比如，IM 中用户发出的消息，用户的上下线等都是行为引发的状态变化。

　　无状态服务相比有状态的服务和系统要简单很多，一个系统中不是所有的服务都有状态，只会有部分服务需要状态，我们的设计仅仅是围绕在，如何尽可能地把状态限制在系统的有限范围内，控制其复杂性的区域边界。

　　至此，关于软件系统设计，我感觉通用的维度与视图就这些，但每个具体的系统可能还有其独特的维度，也会有自己独有的视图。

　　用更系统化的视图去观察和思考，想必也会让你得到更成体系化的系统设计。

第6章

编　码　中

21　分类：工业级编程的代码特征

编程，就是写代码，那么在真实的行业项目中你会编写哪几类代码呢？回顾我曾经写过的各种系统代码，按代码的作用，大概可以分为如下三类：

- 功能
- 控制
- 运维

如果你想提高编程水平，写出优雅的代码，那么就必须要清晰地认清这三类代码。

功能代码

功能代码，是实现需求的业务逻辑代码，反映真实业务场景，包含大量领域知识。

一个程序软件系统，拥有完备的功能性代码仅是基本要求。因为业务逻辑的复杂度决定了功能性代码的复杂度，所以要把功能代码写好，最难的不是编码本身，而是搞清楚功能背后的需求并得到正确的理解。之后的编码活动，就仅是一个"翻译"工作了：把需求"翻译"为代码。

当然，"翻译"也有自己独有的技术和积累，并不简单。而且"翻译"的第一步要求是"忠于原文"，也即真正地理解并满足用户的原始需求。可这个第一步的要求实现起来就很困难。

为什么弄清楚用户需求很困难？因为从用户心里想要的，到他最后得到的之间有一条长长的链条，如下所示：

用户心理诉求→用户表达需求→产品定义需求→开发实现→测试验证→上线发布→用户验收

需求信息源自用户的内心，然后通过表达显性地在这个链条上传递，最终固化成了代码，以程序系统的形态反馈给用户。

但信息在这个链条中的每个环节都可能出现偏差与丢失，即使最终整个链条上的各个角色都貌似达成了一致，完成了系统开发、测试和发布，但最终可能发现没有满足用户的真实需求，或者是开发人员理解错了用户需求。

因为我近些年一直在做即时通信产品（IM），所以在这儿我就以微信这样一个大家都熟悉的即时通信产品为样本说明。

微信里有个功能叫：消息删除。你该如何理解这个功能背后的用户心理诉求呢？用户进行删除操作的期待和反馈又是什么呢？从用户发消息的角度，我理解其删除消息可能的诉求有如下几种：

1）消息发错了，不想对方收到。

2）消息发了后，不想留下发过的痕迹，但期望对方收到。

3）消息已发了，对于已经收到的用户就算了，未收到的最好就别收到了，控制其传播范围。

对于第一点，微信提供了两分钟内撤回的功能；而第二点，微信提供的删除功能正好满足；第三点，微信并没有满足。我觉着第三点其实是一个伪需求，它其实是第一点不能被满足情况下用户的一种妥协。

用户经常会把他们的需要，表达成对你的行为的要求，也就是说不真正告诉你要什么，而是告诉你要做什么。所以你才需要对被要求开发的功能进行更深入的思考。有时，即使是日常高频使用的产品背后的需求，你也未必能很好地理解清楚，而更多的业务系统其实离你的生活很远，努力理解业务及其背后用户的真实需求，才是写好功能代码的基本能力。

程序存在的意义就在于实现功能，满足需求。而一直以来我们习惯于把完成客户需求作为程序开发的主要任务，当功能实现了便感觉已经完成开发，其实这仅仅是第一步。

控制代码

控制代码，是控制业务功能逻辑代码执行的代码，即业务逻辑的执行策略。

编程领域熟悉的各类设计模式，都是在讲关于控制代码的逻辑。而如今，很多这些常用的设计模式基本都被各类开源框架固化了进去。比如，在 Java 中，Spring 框架提供的控制反转（IoC）、依赖注入（DI）就固化了工厂模式。

通用控制型代码由各种开源框架来提供，使程序员被解放出来专注写好业务功能逻辑。而现今分布式领域流行的微服务架构，各种架构模式和最佳实践也开始出现在各类开源组件中。比如微服务架构模式下关注的控制领域，包括：通信、负载、限流、隔离、熔断、异步、并行、重试、降级等。以上每个领域都有相应的开源组件代码解决方案，而进一步将控制和功能分离的"服务网格（Service Mesh）"架构模式则做到了极致，控制和功能代码甚至运行在了不同的进程中。

控制代码，都是与业务功能逻辑不直接相关的，但它们和程序运行的性能、稳定性、可用性直接相关。提供一项服务，功能代码满足了服务的功能需求，而控制代码则保障了服务的稳定可靠。

有了控制和功能代码，程序系统终于能正常且稳定可靠地运行了，但难保不出现异常，这时最后一类"运维"型代码便要登场了。

运维代码

运维代码，就是方便程序检测、诊断和运行时处理的代码。它们的存在，才让系统具备了真正工业级的可运维性。

最常见的检测诊断性代码，应该就是日志了，打日志太过简单，因此我们通常也就疏于考虑。其实即使是打日志也需要有意识的设计，评估到底应该输出多少日志，在什么位置输出日志，以及输出什么级别的日志。

检测诊断代码有一个终极目标，就是让程序系统完成运行时的自检诊断。这是完美的理想状态，却很难在现实中完全做到。

因为它不仅仅受限于技术实现水平，也与实现的成本和效益比有关。所以，我们可以退而求其次，至少在系统异常时具备主动运行状态汇报能力，由开发和运维人员来完成诊断分析，这也是我们常见的各类系统或终端软件提供的机制。

在现实中，检测诊断类代码经常不是一开始就主动设计的。生产环境上的程序系统可能会偶然出现异常或故障，而因为一开始缺乏检测诊断代码输出，所以很难找到真实的故障原因。你只有一步步去寻找真实原因，检测诊断代码也就是这么被一次又一次地追加并逐渐完善起来了。

如果一开始你就进行有意识地检测诊断设计，后面就会得到更优雅的实现。有一种编程模式：面向切面编程（AOP），通过早期的有意设计，可以把相当范围的检测诊断代码放入切面之中，和功能、控制代码分离，保持优雅的边界与距离。

而对于特定的编程语言平台，比如 Java 平台，有字节码增强相关的技术，可以完全干净地把这类检测诊断代码和功能、控制代码彻底分离。

运维类代码的另一种类，是方便在运行时对系统行为进行改变的代码。通常这一类代码提供方便运维操作的 API 服务，甚至还会有专门针对运维提供的服务和应用，例如：备份与恢复数据、实时流量调度等。

功能、控制、运维这三类代码，在现实的开发场景中的优先级也是这样依次排序。有时你可能仅仅完成了第一类功能代码就迫于各种压力上线发布了，但你要在内心谨记，少了后两类代码，将来可能会出现很严重的后果。而一个满足工业级强度的程序系统，这三类代码，一个也不能少。

而对三类代码的设计和实现，越是优雅的程序，这三类代码在程序实现中就越是能看出明显的边界。为什么需要边界？因为，"码以类聚，人以群分"。功能代码易变化，控制代码固复杂，运维代码偏烦琐，这三类不同的代码，不仅特征不同，而且编写它们的人（程序员）也可能分属不同群组，有足够的边界与距离才能避免耦合与混乱。

而在程序这个理性世界中，优雅有时就是边界与距离。

22　权衡：更多？更好？更快？

几年前，我为团队负责的整个系统写过一些公共库，有一次同事发现这些库里存在一个 Bug，并告诉了我出错的现象。于是，我便去修复这个 Bug，最终只修改了一行代码，但一上午就这么过去了。

一上午只修复了一个 Bug，而且只改了一行代码，到底发生了什么？时间都去哪里了？以前觉得自己写代码很快，怎么后来越来越慢了？我认真地思考了这个问题，开始认识到编写代码有三个选择方向：

- 写得多，但粗放；
- 写得好，且精益；
- 写得快，并平衡。

多与粗放

粗放，在软件开发这个年轻的行业里其实没有确切的定义，但在传统行业中确实存在相近的概念可供类比，比如"粗放经营"。百科词条中对"粗放经营"的定义如下：

粗放经营（Extensive Management），泛指技术和管理水平不高，生产要素利用效率低，产品粗制滥造，物质和劳动消耗高的生产经营方式。

若把上面这段话里面的"经营"二字改成"编程"，就可很明确地道出了我想表达的粗放式编程的含义。

一个典型的粗放式编程场景大概是这样的：需求到开发人员手上后，他们开始编码，编码完成，人肉测试，没问题后快速发布到线上，然后进入下一个迭代。

我早期参与的大量项目的过程都与此类似——不停地重复接需求，快速开发，发布上线。在这个过程中，我只是在不停地堆砌功能代码，每天产出的代码量不算少，但都很类似，也很粗糙。这样的过程持续了很长一个阶段，一度让我怀疑：这样大量而粗放地写代码到底有什么作用和意义？

后来读到一个故事，我逐渐明白这个阶段是必要的，它因人、因环境而异，或长或短。而那个给我启发的故事，是下面这样的。

有一个陶艺老师在第一堂课上说：他会把班上学生分成两组，一组的成绩将会以最终完成的陶器作品数量来评定；而另一组，则会以最终完成的陶器品质来评定。

在交作业的时候，一个很有趣的现象出现了："数量"组如预期那样拿出了很多作品，但出乎意料的是质量最好的作品也全部是由"数量"组制作出来的。

按"数量"组的评定标准，他们似乎应该忙于粗制滥造大量的陶器，但实际情况是他们每做出一个垃圾作品，都会吸取上一次制作的错误教训，然后在做下一个作品时进行改进。

而"品质"组一开始就追求完美的作品，他们花费了大量的时间从理论上不断论证如何才能做出一个完美的作品，而到了最后拿出来的东西，似乎只是一堆建立在宏大理论上的陶土。

读完这个故事，我陷入了沉思，感觉故事里制作陶器的情况和编程提升之路如此类似。很显然，"品质"组的同学一开始就在追求理想上的"好与精益"，而"数量"组同学的完成方式则似我早期堆砌代码时的"多与粗放"，但他们正是通过做得多、不断尝试、快速迭代，最后取得了更好的结果。

庆幸的是，我在初学编程时，就是在不断通过编程训练来解答一个又一个书本上得来的困惑；后来工作时，则是通过不断写程序来解决一个又一个工作中遇到的问题。看到书上探讨各种优雅的代码之道、编程的艺术哲学，那时的我完全不知道该如何得到这座编程的"圣杯"，只能看着自己写出的蹩脚代码，然后继续不断去重复制作下一个丑陋的"陶器"，不断尝试，不断精进。

《黑客与画家》书里说："编程和画画近乎异曲同工。"所以，看那些成名画家的作品，如果按时间顺序来排列展示，你会发现每幅画所用的技巧都是建立在上一幅作品学到的东西之上；如果某幅作品特别出众，你往往也能在更早期的作品中找到类似的版本。而编程的精进过程也是类似的。

总之，这些故事和经历都印证了一个道理：**在通往"更好"的路上，总会经过"更多"这条路。**

好与精益

精益，也是借鉴自传统行业里的一个类比——精益生产。

精益生产（Lean Production），简言之，就是一种以满足用户需求为目标，力求降低成本、提高产品的质量、不断创新的资源节约型生产方式。

若将定义中的"生产"二字换成"编程"，也就道出了精益编程的内涵。它有几个关键点——质量、成本与效率。但要注意：在编程路上，如果一开始就像"品质"组同学那样去追求完美，也许你就会被定义为"完美"的品质绊住，而忽视了制作的成本和效率。

因为编程的难点是，无论你在开始动手编程时看过多少有关编程理论、方法、哲学与艺术的书，一开始你还是无法领悟到什么是编程的正确方法及什么是"完美"的程序。毕竟纸上得来终觉浅，绝知此事要躬行。

曾经，还在学校学习编程时，有一次老师布置了一个期中课程设计，我很快完成了这个课程设计中的编程作业。而另一位同学，刚刚看完了那本经典的《设计模式》书。他尝试用书里学到的新概念来设计这个编程作业，并且又用 UML 画了一大堆交互和类图，去推导设计的完美与优雅。然后兴致勃勃地向我（因为我刚好坐在他旁边）讲解他的完美设计，我若有所悟，觉得里面确实有值得我借鉴的地方，就准备吸收一些我能听明白的东西，重构一遍已经写好的作业程序。

后来，这位同学在动手实现他的完美设计时，发现程序越写越复杂，交作业的时间已经不够了，只好借用我的不完美的第一版代码改改凑合交了。而我在这第一版代码基础上，按新领悟正确思路进行重构和改进，最终得到的代码相对于那位同学自然更加"完美"。

所以，别被所谓"完美"的程序困扰，只管先去盯住你要用编程解决的问题，把问题解决，把任务完成。

编程，其实一开始哪有什么完美，只会不断变得更好。

工作后，我做了大量的项目，发现这些项目都有很多类似之处。每次，即使项目已上线，我也必然重构项目代码，提取其中可复用的代码，然后在下一个项目中使用。循环往复，一直干了七八年。每次提炼重构，都是一次从"更多"走向"更好"的过程。我想，很多程序员都有类似的经历吧？

回到开头修改 Bug 的例子。我用半天的时间改一个 Bug，似乎效率并不算高，这符合精益编程的思路吗？先来回顾一下用半天改这个 Bug 的过程。

由于出问题的那个公共库是我半年前开发的，所以发现那个 Bug 后，我花了一些时间来回忆整个公共库的代码结构设计。由于这个 Bug 出现的场景比较罕见，不然也不至于线上运行了很久都没人发现，所以我深入研究了一下。这属于重要但不紧急的任务。因此，我没有立刻着手去修改代码，而是先在公共库的单元测试集中新写了一组单元测试案例。单元测试构建了该 Bug 的重现场景，并顺利让单元测试运行失败了，之后我再开始去修改代码，并找到了出问题的那一行，修改后重新运行了单元测试集，并顺利看见了测试通过的绿色进度条。

作为一个公共库，修改完成后我还要为本次修改更新发布新版本，还要编写对应的文档，并上传到 Maven 仓库中，这样才算完成全部工作。回想这一系列的步骤，我发现时间主要花在了构建重现 Bug 的测试案例场景中，有时为了构建一个测试场景，编写代码的难度可能比开发功能本身更大。

为修改一个 Bug 付出的进行额外单元测试的时间成本，算一种浪费吗？虽说这确实提高了代码的修复成本，但也带来了程序质量的提升。按前面精益的定义，这似乎是矛盾的，但其实更是一种权衡与取舍。

就是在这样的过程与反复中，我渐渐形成了属于自己的编程价值观：世上没有完美的解决方案，任何方案总是有这样或那样一些因子可以优化。一些方案可能面临的权衡取舍会少些，而另一些方案则会更纠结一些，但最终都要做取舍。

以上，也说明了一个道理：**"好"不是完美，"好"是一个过程，一个不断精益化的过程。**

快与平衡

当做了足够多，并且到了足够好的时候，自然就能做到更快了。

影视作品里，总是用一种敲击键盘的高速度来表达黑客高手编程的快。但实际编程最大的瓶颈在头脑，而非手指。如前，程序员反复提取、重构与优化的代码，最后就成了自己专属的工具箱和脚手架。遇到类似的问题、场景，要么直接就能复用，要么稍微改改也能使用，这样才能做到快。

这就是会有不要重复发明轮子说法的原因。我们要把宝贵的思考力用在新的问题上，而非已经解决的问题上。为什么需要尽早并经常性地重构代码？扔（重构删除）掉一些代码，就是扔掉负担，然后走得更轻松，留下（重构复用）另一些代码，会让未来的我们走得更快。

有时，我还会看几年前的代码。刚开始几年，我老是骂自己太蠢，怎么当年写这么蠢的代码？再过了一些年，偶尔我会暗赞当年还是有聪明的时候，比如对于一些当时就思考、理解很费力的地方居然留下了注释，还故意写了一些看起来很"蠢"但是很容易阅读和理解的代码，而不是写一些"聪明"（不聪明的普通人基本看不懂）的代码。当时的这些"蠢"反而让后来的我去改进、修复和重构代码能更快。

吴军在一篇介绍世界十大博物馆的文章里写到西班牙马德里的普拉多博物馆，其中有戈雅的两幅玛哈像——《裸体的玛哈》和《穿衣的玛哈》。

画中的玛哈是一位公爵的情妇，公爵请戈雅为这位美女画像。这位美女颇为风骚，就对戈雅讲："给我画一幅裸体的吧"。戈雅就认认真真画起来，当然画得很好，快画好时，这位公爵提出要看一眼情妇的画像。吓得戈雅把那幅裸体的赶快藏了起来，一夜之间凭着想象又画了一幅穿上衣服的。于是就有了裸体的和穿衣的两个版本。当然，由于前者是很长时间精雕细琢出来的，后者是一夜赶出来的，因此从水平上讲，穿衣的版本远不如裸体的版本。

通常，对于一个匠人，比如像戈雅这样的大画家，他们能做得很好，也能做得很快，具体如何选择取决于他们追求的是好的极致，还是快的极致，或者二者的平衡（又快又好）。

编程的背后是交付程序系统，交付关心的有三点：功能多少，质量好坏，效率快慢。真实的编程环境下，你需要在三者间取得平衡，哪些部分可能是多而粗放的交付，哪些部分是好而精益的完成，同时还要考虑效率快慢（时间）的需求。

编程路上，"多"是"好"与"快"的前提，而"好"或"快"则是你的取舍。

23 态度：写克制的代码

虽然代码可能你已经写得不少了，但要真正提高代码水平，其实还需要多读代码。就像写作，写得再多，不多读书，思维和认知水平其实也是很难提高的。

代码读得多了，慢慢就会感受到好代码中有一种味道和品质——克制。但也会发现另一种代码，它也会散发出一种味道——炫技。

炫技

什么是炫技的代码？我先从一个读代码的故事说起。

几年前我因为工作需要，去研究一个开源项目的源代码。这是一个国外知名互联网公司开源的工具项目，据说已在内部孵化了 6 年之久，这才开源出来。从其设计文档与代码结构来看，它高层设计的一致性还是比较好的，但到了源代码实现上就显得凌乱了，而且存在一些炫技的痕迹，具体来说就是关于状态机的使用。状态机程序本身是不符合线性逻辑思维的，有点类似 goto 语句，程序执行会突然发生跳转，所以理解状态机程序的代码要比一般程序困难些。除此之外，它的状态机程序实现又是通过自定义的内存消息机制来驱动，这又额外添加了一层抽象复杂度。

而在我看来，状态机程序最适合的场景是一种真实领域状态变迁的映射。那什么叫真实领域状态呢？比如，红绿灯就表达了真实交通领域中的三种状态。而在网络编程领域，状态机被广泛应用在网络协议解析上，表达解析器当前的运行状态。

但凡使用状态机来表达程序设计实现中引入的"伪"状态的，往往都添加了不必要的复杂性，这就有点炫技的感觉了。但是我还是能常常在一些开源项目中看到一些过度设计和实现的复杂性，而这些项目往往还都是一些行业内头部大公司开源的。

在程序员的成长路径上，攀登公司的晋升阶梯通常会采用同行评审制度，而作为技术人更容易倾向性地关注项目或工程中的技术含量与难点。这样的制度倾向性，有可能导致人为制造技术含量，也就是炫技了。就像体操运动中，你完成一个高难度动作，能加的分数有限，而一旦搞砸了，付出的代价则要惨重很多。所以，在比赛中高难度动作都是在关键且合适的时刻才会选择的。同样，项目中的炫技未必能加分，还有可能导致减分，比如导致维护与理解成本变高。

而除了增加不必要的复杂性外，炫技的代码中也更容易出 Bug。

刚工作的那一年，我在广东省中国银行写过一个小程序，就是给所有广东省中国银行的信用卡客户发邮件账单。由于当时广东中行信用卡刚起步，第一个月只有不到 10 万客户，所以算是小程序。

这个小程序就是个单机程序，为了方便业务人员操作，我写了一个 GUI 界面。这是我第一次用 Java Swing 库来写 GUI，为了展示发送进度，后台线程每成功发送一封邮件，都会通知页面线程更新进度条。

为什么这么设计呢？因为那时我正在学习 Java 线程编程，感觉这个技术很高端，而当时的 Java JDK 都还没标配线程 concurrent 包。所以，我选择用线程间通信的方案来让后台发送线程和前端界面刷新线程通信，这就有了一股浓浓的炫技味道。

之后，就出现了界面动不动就卡住等一系列问题，这是因为没考虑到各种线程提前通知、遗漏通知等情况，代码也越改越难懂。其实后来想想，用共享状态、定时轮询即可满足需要，而且代码实现会简单很多，出 Bug 的概率也小了很多。

回头想想，成长的路上不免见猎心喜，手上拿个锤子看到哪里都是钉子。

炫技是因为你想表达得不一样，就像平常说话，你要故意引经据典去彰显自己有文化，但效果不一定好，因为我们更需要的是平实、易懂的表达。

克制

在说克制之前，先说说什么叫不克制——写代码的不克制。

刚工作的第二年，我接手了一个比较大的项目中的一个主要子系统。在熟悉了整个系统后，我开始往里面增加功能，当时有点受不了原系统设计分层中的 DAO（Data Access Object，数据访问对象）层，那是基于原生的 JDBC 封装的。每次新增一个 DAO 对象都需要复制粘贴一串看起来很类似的代码，难免生出厌烦的感觉。

当时开源框架 Hibernate 刚兴起，我觉得它的设计理念优雅，代码写出来也简洁，所以就决定用 Hibernate 的方式来取代原本的实现。原来的旧系统里有好几百个 DAO 类，这说多不多，说少也不少，而重新实现整个 DAO 层，让我连续加了一周的班。

这个替换过程，是个纯粹的体力活，我做完这些还没来得及松口气就又出现了新问题：Hibernate 在某些场景下出现了性能问题。陆陆续续把这些新问题处理好，着实让我累了一阵子。后来反思这个决策感觉确实不太妥当，替换带来的好处仅仅是每次新增一个 DAO 类时少写几行代码，却带来很多未知的风险。

那时年轻，有激情，对新技术充满好奇与冲动。其实对于新技术，即使我知道、了解熟悉甚至深谙，也需要克制，要等待合适的时机。这让我想起了电影《勇敢的心》中的一个场景，是战场上华莱士看着对方冲过来，高喊："Hold！Hold！"新技术的应用，也需要等待一个合适的出击时刻，也许是应用在新的服务上，也许是下一次架构升级。

不克制的一种形态是容易做出臆想的、通用化的假设，而且我们还会给这种假设安一个非常正当的理由：扩展性。不可否认，扩展性很重要，但扩展性也应当来自真实的需求，而非假设将来的某天可能需要扩展，因为扩展性的反面就是设计抽象的复杂性及代码量的增加。

那么，如何才是克制的编程方式？我想可能有这样一些方面：

- 克制地编码，是每次写完代码都去反思和提炼它，确保代码是直观的、可读的、高效的。
- 克制的代码，是站在远远的地方去看屏幕上的代码，即使看不清代码的具体内容，也能感受到它的结构是干净整齐的，而非"意大利面条"似的混乱无序。
- 克制地重构，是每次看到"坏"代码不是立刻就动手去改，而是先标记它，然后通读代码，掌握全局，重新设计，最后再等待一个合适的时机，来一气呵成地完成重构。

总之，克制是不要留下多余的想象，是不炫技、不追新，且恰到好处地满足需要，是一种平实、清晰、易懂的表达方式。

克制与炫技，匹配与适度，代码的技术深度未必体现在技巧上。有句话是这么说的："看山是山，看水是水；看山不是山，看水不是水；看山还是山，看水还是水。"转了一圈回来，机锋尽敛，大巧若拙，深在深处，浅在浅处。

24　进化：从"调试""编写"到"运行"的编程三阶段演进

刚开始学编程写代码时，总会碰到一些困惑。比如，曾经就有刚入行的同学问我："写程序是想到哪写到哪，边写边改边验证好，还是先整体梳理出思路，有步骤、有计划地分析后，再写更好？"

老实说，我刚入行时走的是前一条路，因为没有什么人或方法论来指导我，都是自己摸索。十多年后，再回溯编程之路，总结编程的进化过程，发现大概经历了下面三个阶段。

阶段一：调试代码 Debugging

编程，是把用自然语言描述的现实问题，转变为用程序语言来描述并解决问题的过程；翻译，是把一种语言的文字转变为另一种语言的文字的过程。所以我想，编程和翻译应该是有相通之处的。多年前，我曾偶然读到一篇关于性能的英文文章，读完不禁拍案叫绝，就忍不住想翻译过来。那是我第一次尝试翻译长篇英文，老实说翻得很痛苦，断断续续花了好几周的业余时间。那时的我，之于翻译，就是一个初学者。

初次翻译，免不了遇到不熟悉的单词或词组，一路磕磕碰碰地查词典或网上搜索。一些似乎能理解含义的句子，却感觉无法很好地用中文来表达，如果直白地译出来感觉又不像正常的中文表达方式。

刚开始写代码，对语法掌握得不熟，对各种库和 API 不知道，不了解，也不熟悉。一路写代码，翻翻书，查查百度，搜搜 API 文档，好不容易写完一段代码，却又不知道能否执行，执行能否正确。

小心翼翼地点击 Debug 按钮开始了单步调试之旅，一步步验证所有的变量或执行结果是否符合预期。如果出错了，则要查找是在哪一步开始或哪个变量出错的。一段不到一屏的代码，足足单步走了半小时，反复改了好几次，终于顺利执行完毕，按预期输出了执行结果。

如果不是自己写的全新的代码，而是接手别人的代码，而且没有文档，仅由前辈简单给你介绍两句，你就只能开始 Debug 的单步调试之旅，以便一步步搞清代码运行的所有步骤和内部逻辑。根据你接手代码的规模，这个阶段可能持续数天到数周不等。

这就是编程第一阶段——调试代码 Debugging 时期。这个时期或长或短，也许你曾经为各种编程工具或 IDE 提供的高级 Debug 功能激动不已，但如果你不逐渐降低使用 Debug 功能的频率，那么你可能很难走入第二阶段。

阶段二：编写代码 Coding

翻译讲究"信、达、雅"，编码亦如此。

那么何谓"信、达、雅"？它是由我国清末新兴启蒙思想家严复提出的，他在《天演论》的"译例言"中讲道：

译事三难：信、达、雅。求其信已大难矣，顾信矣，不达，虽译犹不译也，则达尚焉。

1. 信

信，指不违背原文，不偏离原文，不篡改，不增不减，要求准确可信地表达原文描述的事实。这条应用在编程上就是：程序员需要深刻地理解用户的原始需求。虽然需求很多时候来自需求（产品）文档，但需求（产品）文档上写的并不一定真正体现了用户的原始需求。关于用户需求的"提炼"，早已有流传甚广的"福特之问"。

福特：您需要一个什么样的更好的交通工具？

用户：我要一匹更快的马。

用户说需要一匹更快的马，如果你真的跑去"养"更壮、更快的马，那么后来用户需求又变了，说要让马能在天上飞，你可能就傻眼了，只能拒绝用户说："这需求不合理，技术上实现不了。"可见，用户所说的也不可"信"矣。只有真正挖掘并理解了用户的原始需求，最后通过编程实现的程序系统才是符合"信"的标准的。

但这条修行路几乎没有止境，因为要做到"信"的标准，编写行业软件程序的程序员需要在一个行业长期沉淀，只有这样才能慢慢搞明白用户的真实需求。

2. 达

达，指不拘泥于原文的形式，表达通顺明白，让读者对所述内容明达。

"达"应用在编程上就是程序的可读性、可理解性和可维护性。

按严复的标准，只满足"信"的翻译，还不如不译，至少还需要满足"达"才算尚可。

同样，只满足"信"的程序虽然能准确地满足用户的需要，但没有"达"则很难维护下去。因为程序固然是写给机器去执行的，但其实最终是给人看的。

所有关于代码规范和风格的编程约束都是在"达"的标准范围内。个人可以通过编程实践用时间来积累经验，逐渐达到"达"的标准。但在一个团队中，程序员们的代码风格差异如何解决？这就像一本书由一群人来翻译，你会发现每个人翻译的文字风格都有差异，所以我是不太喜欢读由一群人一起翻译的书的。

一些流行的解决方案是：多沟通，深入理解别人的代码思路和风格，不要轻易、盲目地修改。经过多年实践证明，这个方法在现实中走得并不顺畅。

随着微服务架构的流行，倒是提供了另一种解决方案：每个服务对应一个唯一的负责人（Owner）。长期由一个人来维护的代码，就不会那么容易腐烂，因为一个人不存在沟通问题。而一个人所能"达"到的层次，完全由个人的经验水平和追求来决定。

3. 雅

雅，指选用的词语要得体，追求文章本身的古雅，简明优雅。

"雅"的标准应用在编程上已经从技艺层面上升到了艺术的追求层面，这当然是很高的要求与自我追求了，难以强求。只有先满足"信"和"达"，你才有余力来追求"雅"。

举个例子来说明从"达"到"雅"的追求差异。

下面是一个程序片段，同一个方法，实现完全一样的功能，都符合"信"的要求；而方法很短小，命名也完全符合规范，可理解性和维护性都没问题，符合"达"的要求；差别就在对"雅"的追求上。

```
private String generateKey(String service, String method) {
    String head = "DBO$";
    String key = "";
```

```
int len = head.length() + service.length() + method.length();
if (len <= 50) {
    key = head + service + method;
} else {
    service = service.substring(service.lastIndexOf(".") + 1);
    len = head.length() + service.length() + method.length();
    key = head + service + method;
    if (len > 50) {
        key = head + method;
        if (key.length() > 50) {
            key = key.substring(0, 48) + ".~";
        }
    }
}

return key;
}
```

该方法的目标是生成一个字符串 key 值，传入两个参数——服务名和方法名，然后返回 key 值，key 的长度受外部条件约束不能超过 50 个字符。方法实现不复杂，很短，看起来也还不错，分析下其中的逻辑：

1）key 由固定的头（head）+service（全类名）+method（方法）组成，若小于 50 字符，直接返回。

2）若超过 50 字符限制，则去掉包名，保留类名，再判断一次，若此时小于 50 字符则返回。

3）若还是超过 50 字符限制，则连同类名一起去掉，保留头和方法再判断一次，若小于 50 字符则返回。

4）最后，如果有个特别长的方法名，没办法，只好暴力截断到 50 个字符并返回。

这个实现最大限度地保留了生成的 key 中的全部有用信息，对超过限制的情况依次按信息重要程度的不同进行丢弃。这里只有一个问题，这个业务规则只有 4 个判断，进行了三次 if 语句嵌套，还好这个方法比较短，可读性还不成问题。而现实中，很多业务规则比这复杂得多，以前看过一些 if 嵌套多达 10 层的，方法也长得要命。当然一开始没有嵌套那么多层，只是后来随着时间的演变，业务规则发生了变化，慢慢增加了。之后接手的程序员就按照这种方式继续嵌套下去，慢慢演变至此，到我看到的时候就有 10 层了。

程序员有一种编程的惯性，特别是进行维护性编程时。一开始接手一个别人做的系统，不可能一下了解和掌控全局。当要增加新功能时，在原有代码上添加逻辑，很容易保持原来程序的写法惯性，因为这样写更安全。

　　所以对于一个 10 层嵌套 if 的业务逻辑方法实现来说，第一个程序员也许只写了 3 层嵌套，感觉还不错，也不失简洁。后来写第 4～6 层的程序员则是懒惰不愿再改，到了写第 8～10 层的程序员时，基本就是不敢再乱动了。

　　那么如何让这个小程序在未来的生命周期内更优雅地演变下去？下面是另一个版本的实现：

```
private String generateKey(String service, String method) {
    String head = "DBO$";
    String key = head + service + method;
    // head + service(with package) + method
    if (key.length() <= 50) {
        return key;
    }

    // head + service(without package) + method
    service = service.substring(service.lastIndexOf(".") + 1);
    key = head + service + method;
    if (key.length() <= 50) {
        return key;
    }

    // head + method
    key = head + method;
    if (key.length() <= 50) {
        return key;
    }

    // last, we cut the string to 50 characters limit.
    key = key.substring(0, 48) + ".~";
    return key;
}
```

从嵌套变成了顺序逻辑，这样可以为未来的程序员留下优雅编程的惯性方向。

阶段三：运行代码 Running

　　编程相对于翻译，其超越"信、达、雅"的部分在于：翻译出来的文字能让人读懂、读爽就够了；但代码写出来还需要运行，只有这样才能产生最终的价值。

　　写程序追求的是"又快又好"，并且写出来的代码要符合"信、达、雅"的标准，而"快""好"则是指运行时的效率和效果。为准确评估代码的运行效率和效果，每个程序员可能都需要深刻记住并理解图 24-1 这幅关于程序延迟数字的图。

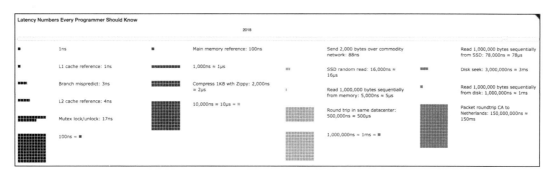

图 24-1　每个程序员都应该知道的延迟数字

只有深刻记住并理解了程序运行各环节的效率数据，才有可能准确地评估程序运行的最终效果。当然，上面图 24-1 只是最基础的程序运行效率数据，实际的生产运行环节会需要更多的基准效率数据才可能做出更准确预估。

说一个例子。我曾经所在团队的一个高级程序员和我讨论要在所有的微服务中引入一个限流开源工具。这对于他和我们团队来说都是一个新东西，如何进行引入后线上运行效果的评估呢？

第一步，他去阅读资料和代码搞懂该工具的实现原理与机制并清晰地描述出来；第二步，对该工具进行效果测试，又称功能可用性验证；第三步，进行基准性能测试（又叫基准效率测试，即 Benchmark），以确定符合预期的标准。

做完上述三步，他拿出一个该工具的原理性描述说明文档、一份样例使用代码和一份基准效率测试结果，如表 24-1 所示。

表 24-1　基准效率测试结果

阈值	请求数	成功数	成功率	偏差率
1	933 438	1	0.0001%	0%
100	933 392	100	0.0107%	0%
1 000	926 283	1 002	0.1070%	0.2%
10 000	934 065	10 015	1.0722%	0.15%
100 000	1 004 906	100 228	9.9739%	0.228%
1 000 000	1 794 058	1 001 529	55.8248%	0.1529%
1 000 001	11 664 957	11 664 957	100.0000%	1066.4948%
10 000 000	11 123 276	11 123 276	100.0000%	11.2328%

表 24-1 的倒数第 2 行，当阈值设置为 100 万而请求数也超过 100 万时，就会产生很大偏差。这是一个很奇怪的测试结果，但如果心里对各种基准效率数据有谱的话，会知道这绝不会影响线上服务的运行。因为我们的服务主要由两部分组成——RPC 和业务逻辑。而 RPC 又由网络通信加上编解码序列化组成。服务都是 Java 实现的，而目前 Java 中最高效且吞吐最大的网络通信方式是基于 NIO 的方式，而我们服务使用的 RPC 框架正是基于 Netty（一个基于 Java NIO 的开源网络通信框架）的。

我曾经单独在一组 4 核的物理主机上进行过 Java 原生 NIO 与 Netty v3 和 v4 两个版本的基准性能对比，经过 Netty 封装后，大约有 10% 的性能损耗。在报文为 1KB 大小时，原生的 Java NIO 在当时的测试环境下能达到的 TPS（每秒事务数）的极限为 5 万出头（极限，就是继续加压，但 TPS 不再上升，CPU 也消耗不上去，延时却在增加），而 Netty 在 4.5 万左右。增加了 RPC 的编解码后，TPS 极限下降至 1.3 万左右。

所以，实际一个服务在类似基准测试的环境下单实例所能承载的 TPS 极限不可能超过 RPC 的上限，因为 RPC 是没有包含业务逻辑部分的。加上不算简单的业务逻辑，我能预期的单实例真实 TPS 只有 1000～2000。

因此，上面 100 万的阈值偏差是绝对影响不到单实例服务的。当然最后我们也搞明白了，100 万的阈值偏差来自于时间精度的大小，那个限流工具采用了微秒作为最小时间精度，所以只能在百万级的范围内保证准确。

通过上述例子我想说明：一个程序员要想精确评估程序的运行效率和效果，就得自己动手做大量的基准测试。

基准测试和性能测试不同。性能测试都是针对真实业务综合场景的模拟，测试的是整体系统的运行；而基准测试是开发人员自己做来帮助准确理解程序运行效率和效果的方式，当测试人员在性能测试中发现了系统的性能问题时，开发人员才可能一步步拆解，根据基准测试的标尺效果找到真正的瓶颈点，否则大部分的性能优化都是靠猜测。

到了这个阶段，一段代码写出来，基本就在你头脑中跑过一遍了。等上线进入真实生产环境，你就可以拿真实的运行数据和头脑中的预期做对比了，如果差距较大，那可能就说明存在问题，值得你去分析和思考。

对于本章开头那个问题有答案了吗？在第一阶段，你是想到哪就写到哪；到了第三阶段，无论写到哪，一段鲜活的代码都会成为你想的那样。

你现在处在编程的哪个阶段？

25　技艺：从技术到艺术

"编程是门艺术"，这个说法由来已久。

在朱赟的公众号（嘀嗒嘀嗒）中读过一篇文章——《设计是门逻辑学，然后才是美学》，文中说作者漂洋过海追寻艺术，老师却说："设计不是艺术！"。如果设计都不是艺术，那么编程还能是艺术吗？

艺术

艺术到底是什么？

我一直没有仔细想过这个问题，只好求助于网络。维基百科（Wikipedia）上的定义是：

艺术是具有智能思考能力的动物（人类），借由各种形式及工具来表达其情感与意识形态，所产生的形态泛称为艺术。

而在《设计是门逻辑学，然后才是美学》这篇文章中，作者的观点是：

设计是实现别人的需要，艺术是自我表达的需要。

这和维基百科的说法相近，核心都在于表达。而目前公认的艺术分类有八大种：文学、绘画、音乐、舞蹈、雕塑、建筑、戏剧和电影。这些都是人类自古以来创造的，其中最年轻的艺术门类当属"电影"了，其作品承载了作者的情感和意识形态。而所有被公认的艺术门类，显然它们的最终作品呈现出的艺术表达形态更容易被普通人感受到，直接作用于人们的视觉、听觉和触觉感官。

关于编程是一门艺术这个概念，到底是什么时候钻入程序员头脑中的呢？

比如，《UNIX 编程艺术》，这是一本讲述 UNIX 专家们在创造 UNIX 过程中形成的理念和文化，那么技术文化是艺术吗？还有另一本程序员心中的圣经《计算机程序设计艺术》，这本书我们都知道，却几乎没读过。这是一套讲述算法，并基于数学来推导和论证算法的基础书籍，那么算法是艺术吗？

编程的直接产物是代码，代码是面向程序员的，而非普罗大众。编程的间接产物是信息产品，在当下这个信息时代，信息产品的形态是多样化的，可以是你手机上的 App，也可以是你时常打开的电视。

一切和电子相关的东西，在当下或多或少都和编程有关，但我们发现，在这些间接产物中，找不出一样可以严肃归为艺术的。即使是神化的乔布斯时代，我们给予的最大赞誉也只是苹果的每件产品都像艺术品一般，仅仅是"像"，"像"可以无限逼近，但毕竟还不是。

所以，相对而言，编程和设计一样是实现别人的需要，写作更多是实现自我表达的需要。编程受限于程序语言的表达能力，是不可能像自然语言那样的，因此编程的受众只可能是程序员们。

虽然面向大众的艺术，很多大众也表示看不懂，但至少能感受到，而编程艺术则只有程序员才可能感受到。

技术

程序员的日常编程工作就是编写代码，完成相应功能，满足别人的需要。

在这个过程中不小心就还会制造一些 Bug，程序员也不知道这些 Bug 是怎么变出来的，就像你天天在家做饭，不知道怎么厨房里就多了那么多"小强"。美食也不属于公认的艺术门类，但时不时我们会听到美食艺术的说法，这一点倒是和编程艺术很像。

若是在你创造美食的过程，时不时冒出些小强，你还会有感受艺术的心思吗？程序员大部分时候都是在不断地解决源源不绝的 Bug，这个过程与艺术无关，只与技术有关，技术越练越好，Bug 也就越来越少。Bug 少为我们能腾出精力和心思时，我们才能去感受编程的艺术性。

编程的艺术源于技术，没有技术则艺术就会成为无源之水无根之木，所以那些冠以"艺术"之名的程序类书籍其实讲的都是技术或者技术原则与文化的关系。

而关于编程最基础的技术当然是写好代码，而对于如何写好代码这件事，以前我看过王垠写过的一篇长文《编程的智慧》，其中的观点我都认同，这包括下面一些方面：

- 反复推敲代码；
- 写优雅的代码；
- 写模块化的代码；
- 写可读的代码；
- 写简单的代码；
- 写直观的代码；
- 写无懈可击的代码；
- 正确处理错误；
- 正确处理 null 指针；
- 防止过度工程。

其中关于推敲代码这一点，我的感触最深：

看一个作家的水平，不是看他发表了多少文字，而要看他的废纸篓里扔掉了多少。

我觉得这个理论也适用于编程。好的程序员，他们删掉的代码比留下来的要多很多。

我曾经自己维护了一个项目，其中包括一些样板代码、称手的小工具等。每一年我都会抽业余时间对这个工程做一次重构，一些代码随着技术的发展而过时了，一些则被重新实现变得更简洁了。每年的一次回顾，是对过去自己的审视，其中对代码的推敲会带来新的成长，这个过程我曾经持续了大约七年。

在技术成长到一定阶段后，有些程序员就会开始不满足于仅实现别人的需要，也会在代码里尝试自我表达。最基础且最明显的表达方式是为代码签名，打上自己的标签。

图 25-1 所示是一段雷军当年的签名代码，要是他二十年多前没有为这段汇编代码签名，我们今天哪里知道这会是雷军写的，并在这里评头论足？有很多程序员不会为自己的代码签名，连机器生成的代码都会自动生成签名，而一份没有签名的代码是缺乏艺术最基本的要素"自我"的，永远停留在艺术的门槛之外。

```
; RI.ASM  Revision 2.12       [ July 12, 1994 ]
; Revision        equ      'V2.12 '
;
; ***************************************************************
; *                                                             *
; *  RAMinit  Release 2.0                                       *
; *  Copyright (c) 1989-1994 by Yellow Rose Software Co.        *
; *  Written by Mr. Leijun                                      *
; *                                                             *
; *  Function:                                                  *
; *     Press HotKey to remove all TSR program after this program *
; *                                                             *
; ***************************************************************
```

图 25-1　雷军代码签名

另一些程序员则不止于此，比如 Redis 的作者 @Antirez 会在 Redis 启动控制后台时看到下面图 25-2 所示的启动画面，这个程序用字符打印出来的 Logo 无关乎任何功能和别人的需要，只是作者的自我表达而已。

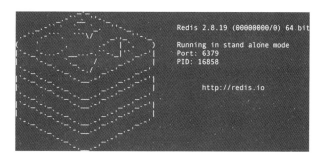

图 25-2　Redis 启动 Logo

而另外一段代码中（见图 25-3），单元测试通过后的输出中每个 case 会有一个笑脸，这会为调测代码的过程增加点点暖意。

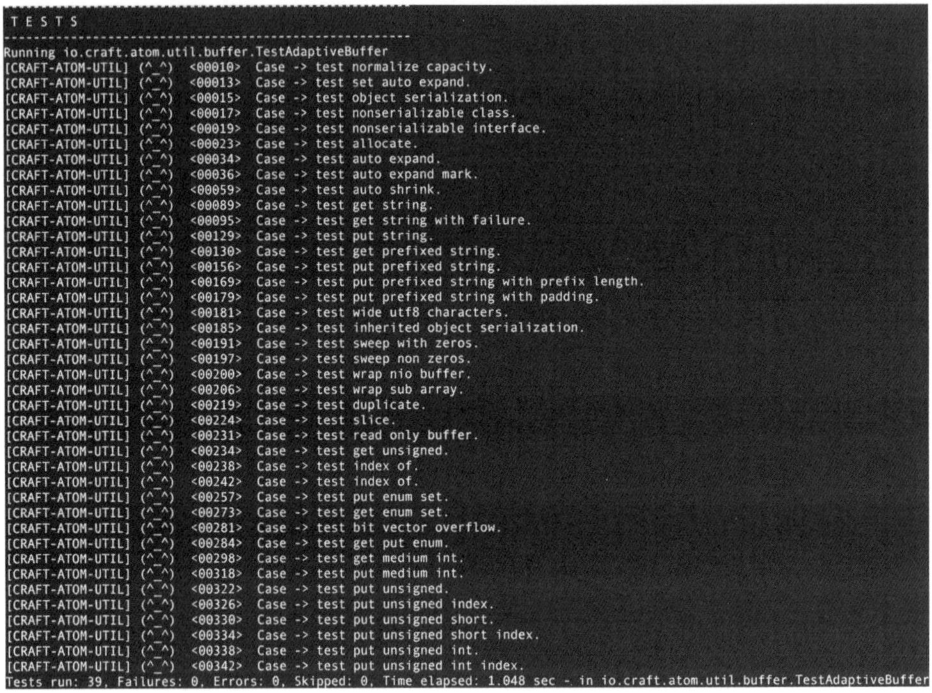

```
TESTS
-------------------------------------------------------
Running io.craft.atom.util.buffer.TestAdaptiveBuffer
[CRAFT-ATOM-UTIL] (^_^)  <00010>  Case -> test normalize capacity.
[CRAFT-ATOM-UTIL] (^_^)  <00013>  Case -> test set auto expand.
[CRAFT-ATOM-UTIL] (^_^)  <00015>  Case -> test object serialization.
[CRAFT-ATOM-UTIL] (^_^)  <00017>  Case -> test nonserializable class.
[CRAFT-ATOM-UTIL] (^_^)  <00019>  Case -> test nonserializable interface.
[CRAFT-ATOM-UTIL] (^_^)  <00023>  Case -> test allocate.
[CRAFT-ATOM-UTIL] (^_^)  <00034>  Case -> test auto expand.
[CRAFT-ATOM-UTIL] (^_^)  <00036>  Case -> test auto expand mark.
[CRAFT-ATOM-UTIL] (^_^)  <00059>  Case -> test auto shrink.
[CRAFT-ATOM-UTIL] (^_^)  <00089>  Case -> test get string.
[CRAFT-ATOM-UTIL] (^_^)  <00095>  Case -> test get string with failure.
[CRAFT-ATOM-UTIL] (^_^)  <00129>  Case -> test put string.
[CRAFT-ATOM-UTIL] (^_^)  <00130>  Case -> test get prefixed string.
[CRAFT-ATOM-UTIL] (^_^)  <00156>  Case -> test put prefixed string.
[CRAFT-ATOM-UTIL] (^_^)  <00169>  Case -> test put prefixed string with prefix length.
[CRAFT-ATOM-UTIL] (^_^)  <00179>  Case -> test put prefixed string with padding.
[CRAFT-ATOM-UTIL] (^_^)  <00181>  Case -> test wide utf8 characters.
[CRAFT-ATOM-UTIL] (^_^)  <00185>  Case -> test inherited object serialization.
[CRAFT-ATOM-UTIL] (^_^)  <00191>  Case -> test sweep with zeros.
[CRAFT-ATOM-UTIL] (^_^)  <00197>  Case -> test sweep non zeros.
[CRAFT-ATOM-UTIL] (^_^)  <00200>  Case -> test wrap nio buffer.
[CRAFT-ATOM-UTIL] (^_^)  <00206>  Case -> test wrap sub array.
[CRAFT-ATOM-UTIL] (^_^)  <00219>  Case -> test duplicate.
[CRAFT-ATOM-UTIL] (^_^)  <00224>  Case -> test slice.
[CRAFT-ATOM-UTIL] (^_^)  <00231>  Case -> test read only buffer.
[CRAFT-ATOM-UTIL] (^_^)  <00234>  Case -> test get unsigned.
[CRAFT-ATOM-UTIL] (^_^)  <00238>  Case -> test index of.
[CRAFT-ATOM-UTIL] (^_^)  <00242>  Case -> test index of.
[CRAFT-ATOM-UTIL] (^_^)  <00257>  Case -> test put enum set.
[CRAFT-ATOM-UTIL] (^_^)  <00273>  Case -> test get enum set.
[CRAFT-ATOM-UTIL] (^_^)  <00281>  Case -> test bit vector overflow.
[CRAFT-ATOM-UTIL] (^_^)  <00284>  Case -> test get put enum.
[CRAFT-ATOM-UTIL] (^_^)  <00298>  Case -> test get medium int.
[CRAFT-ATOM-UTIL] (^_^)  <00318>  Case -> test put medium int.
[CRAFT-ATOM-UTIL] (^_^)  <00322>  Case -> test put unsigned.
[CRAFT-ATOM-UTIL] (^_^)  <00326>  Case -> test put unsigned index.
[CRAFT-ATOM-UTIL] (^_^)  <00330>  Case -> test put unsigned short.
[CRAFT-ATOM-UTIL] (^_^)  <00334>  Case -> test put unsigned short index.
[CRAFT-ATOM-UTIL] (^_^)  <00338>  Case -> test put unsigned int.
[CRAFT-ATOM-UTIL] (^_^)  <00342>  Case -> test put unsigned int index.
Tests run: 39, Failures: 0, Errors: 0, Skipped: 0, Time elapsed: 1.048 sec - in io.craft.atom.util.buffer.TestAdaptiveBuffer
```

图 25-3 单元测试中的笑脸

进一步回归到源代码本身，代码同时兼顾主观和非主观。

编码非主观的方面就包括要创建好代码必须遵循的“硬”规范，如设计模式、项目结构、公共库的使用等。虽然这些概念奠定了高质量、可维护代码的基础，但正是程序员间使用的不同的技术与工具的细微差别、微妙的风格选择——对齐方式、命名、空格使用、语境利用、语法高亮甚至 IDE 的选择——真正使代码清晰、可维护和容易理解，同时也使代码更好地表达其意图、功能和用法。

任何人都可以遵循设计模式或其他一些“硬”规范来编写代码，但有艺术追求的程序员会以自己的方式来填充代码的细节，使代码变得清晰、简洁、易懂，这很重要。正如每个人都可以从一件艺术品中体会到独一无二的意义一样，不管代码的架构和设计怎样，每个程序员或代码阅读者可能也会从代码的命名和其他约定习俗中推断出不同的含义。

就像图 25-4 所示的整齐的代码声明块一样，没有语法或硬性的风格要求程序员要这样写。我只是觉得这样更符合视觉感受，更容易清晰分辨。而这一点 Poul-Henning Kamp 曾在 ACM Queue 上发表文章提出了一个有意思的观点：

很多编程语言的风格源于 ASCII 字符集，基于打字机的终端。编程语言没有利用现代设备的图形属性和选项。虽然代码是按照清晰的英语语法格式编写的，但它并不是英文句子。事实上，它更像数学和表格。

```
private final    Queue<NioByteChannel>           newChannels       = new ConcurrentLinkedQueue<NioByteChannel>()
private final    Queue<NioByteChannel>           flushingChannels  = new ConcurrentLinkedQueue<NioByteChannel>()
private final    Queue<NioByteChannel>           closingChannels   = new ConcurrentLinkedQueue<NioByteChannel>()
private final    Map<String, NioByteChannel>     udpChannels       = new ConcurrentHashMap<String, NioByteChannel>();
private final    AtomicReference<ProcessThread>  processThreadRef  = new AtomicReference<ProcessThread>()
private final    NioByteBufferAllocator          allocator         = new NioByteBufferAllocator()
private final    AtomicBoolean                   wakeupCalled      = new AtomicBoolean(false)
private final    NioChannelIdleTimer             idleTimer
private final    NioConfig                       config
private final    Executor                        executor
private          IoProtocol                      protocol
private volatile Selector                        selector
private volatile boolean                         shutdown          = false

// ~
```

图 25-4　整齐的代码声明块

而有时还会有些看起来明显不符合"好"代码规范的代码编写方式。图 25-5 所示的代码中，if 语句后面把多句代码写在了一行，但从整体上看，这样一个短小的方法，其表现形式可让阅读者立刻捕捉到。方法内部有四个分支，两种正常分支，两种异常分支，每行代码一个分支情况。

```
@Override
public void send(Message msg, SLA sla) {
    List<UID> tos = msg.getTos();

    if (tos == null || tos.size() == 0) { throw new IllegalArgumentException("Can not send, because msg has no receiver."); }
    if (sla == SLA.CACHE) { asySend(sendEs, deliverEs, msg, sla);         return; }
    if (sla == SLA.LOST)  { asySend(sendLostEs, deliverLostEs, msg, sla);  return; }
    throw new UnsupportedOperationException("SLA not supported, sla=" + sla);
}
```

图 25-5　多行代码写在一行

上面这些随手拈来的例子，都是作者有意为之，正是在这些微妙的个人风格，体现了作者自我的表达。

技艺

单独说编程艺术是不完整的，编程更多是从技术走向艺术。

编程艺术是开在枝头的鲜花，而技术是支撑花朵的枝与根。在技术和艺术之间实际存在一道很高的门槛，艺术是一种自我表达，但自我表达却未必是艺术。关于这一点，我们说个大家耳熟能详的人——毕加索，他说："我十多岁就能画得像拉斐尔那么好了。"毕加索到底有没有说过这句话，我没去考证，但他的作品至少说明了一些事实。拉斐尔是文艺复兴时期的写实派画家，他的素描和油画像如图 25-6 所示。而毕加索十多岁时候的素描和油画是这样的，如图 25-7 所示。

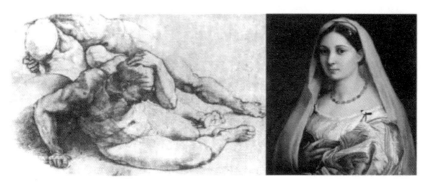

图 25-6　拉斐尔的画作

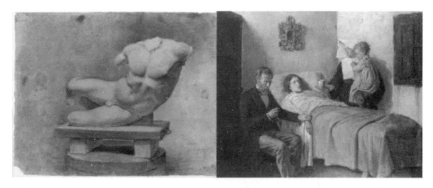

图 25-7　毕加索的画作

写实是毕加索绘画的基础技术，而其后期的抽象主义才是他的艺术自我表达，两者相辅相成。

虽然，我也不太看得懂毕加索后期的抽象作品，但毕加索相对于大众的距离依然比编程相对于大众的距离更近。编程的艺术之花也许就像花中的"满天星"，永远只是配角，只有追寻艺术的程序员方能感受到满天星所营造的那份梦幻。

编程是完成功能，编程是解决 Bug，编程是打磨技能，编程是修炼心性，最后编程才成了艺术。

第7章

编　码　后

26　Bug 的空间属性：环境依赖与过敏反应

只要代码被写出来，就会有一个长期伴随你的"同伴"——Bug，它就像程序里的寄生虫。不过，Bug 最早真的是一只虫子。

1947 年，哈佛大学的计算机哈佛二代（Harvard Mark Ⅱ）突然停止了运行，程序员在电路板编号为 70 的中继器触点旁发现了一只飞蛾。然后把飞蛾贴在了计算机维护日志上，并写下了首个发现 Bug 的实际案例。程序错误从此被称为 Bug。

这只飞蛾也就成了人类历史上的第一个程序 Bug。

回想一下，在编程路上你遇到得最多的 Bug 是哪类？我的个人感受是被测试或产品经理要求修改和返工的 Bug。这类 Bug 都来自于对需求理解的误差，其实属于沟通理解问题，我并不将其归类为真正的技术性 Bug。

技术性 Bug 可以从很多维度分类，而我习惯于从 Bug 出现的"时空"特征角度来分类。在这个角度 Bug 可划为如下两类：

- 空间：环境过敏。
- 时间：周期规律。

我们先看看 Bug 的空间维度特征。

环境过敏

环境，即程序运行时的空间与依赖。

程序运行的依赖环境是很复杂的，而且一般没那么可靠，总是可能出现这样或那样的问题。我经历过一次因为运行环境导致的故障案例：一开始系统部分功能出现时不时不可用的情况；不久之后，不停地接到系统的报警短信。

这是一个大规模部署的线上分布式系统，从一开始能感知到的个别系统功能异常到逐渐演变成大面积的报警和业务异常，这让我们陷入了一个困境：到底异常根源在哪里？为了迅速恢复系统功能的可用性，我们先把线上流量切到备用集群，然后紧急动员全体团队成员各自排查其负责的子系统和服务，终于找到了原因。只是因为有个别服务器容器的磁盘故障，导致写日志阻塞，进程挂起，然后引发调用链路处理上的连锁雪崩效应，其结果就是整个链路上的系统都在报警。

互联网企业多采用普通的 PC Server 作为服务器，而这类服务器的可靠性大约在 99.9%，换言之就是，出故障的概率是千分之一。在服务器上，实际出问题概率最高的就是机械硬盘。

Backblaze 2014 年发布的硬盘统计报告指出，根据对其数据中心 38 000 块硬盘（共存储 100PB 数据）的统计，消费级硬盘前三年出故障的概率是 15%。而在一个规模足够大的分布式集群部署上，比如 Google 这种百万级服务器部署规模上，几乎每时每刻都有硬盘故障发生。

我们的部署规模自然没有 Google 那么大，但如果运气不好，正好赶上系统碰上磁盘故障，而程序的编写又并未考虑硬盘 I/O 阻塞导致的挂起异常问题，就会引发连锁效应。这就是程序编写时缺乏对环境问题的考虑进而引发的故障。人有时换了环境，会产生一些从生理到心理的过敏反应，程序亦然。运行环境发生变化，程序就会出现异常现象，我称其为程序过敏反应。

以前看过一部美剧《豪斯医生》，有一集是这样的：一个手上出现红色疱疹的病人来到豪斯医生的医院，豪斯医生根据病症初步诊断为对某种肥皂产生了过敏，然后开了片抗过敏的药。病人吃过药后疱疹症状就减轻了。但一会儿后，病人开始出现呼吸困难兼并发哮喘，豪斯医生立刻给病人注射了 1cc 肾上腺素，之后病人呼吸开始变得平稳。但不久后病人又出现心率过速现象，而且很快心跳便停止了。经过一番抢救后，最终又回到原点，病人手上的红色疱疹开始在全身出现。

这个剧情表现了在治疗病人时发生的身体过敏反应，然后引发了连锁效应的问题，这和我之前描述的例子有相通之处：开始都是局部的小问题，之后引发程序过敏反应，最后导致连锁效应。

过敏在医学上的解释是："有机体将正常无害的物质误认为是有害的东西。"而我对"程序过敏反应"的定义是："程序将存在问题的环境当作正常环境进行处理，从而产生异常。"而潜在的环境问题通常就成了程序的"过敏原"。

该如何应对这样因环境过敏引发的 Bug 呢？

应对之道

应对环境过敏，自然要先从了解环境开始。

不同的程序部署和运行环境千差万别，有的可控，有的不可控。比如，服务器端运行的环境，一般都在数据中心（IDC）机房内网中，相对可控；而客户端运行的环境是在用户的设备上，存在不同的品牌、不同的操作系统、不同的浏览器等情况，多种多样，故不可控。

环境那么复杂，你需要了解到何种程度呢？我觉得你至少必须了解与程序运行直接相关联的那一层环境。怎么理解呢？以后端 Java 程序的运行为例，Java 是运行在 JVM 中的，那么 JVM 提供的运行时配置和特性就是你必须关心的一层环境。而 JVM 可能是运行在 Linux 操作系统或者是像 Docker 这样的虚拟容器中，那么 Linux 或 Docker 这一层，理论上你可以不必过于关心，当然，学有余力去了解这一层次自是更好的。

前文案例中提到的磁盘故障已经到了硬件的层面，这个环境层次比操作系统还低一层，这也属于我们该关心的？虽说故障的根源是磁盘故障，但直接连接程序运行的那一层其实是日志库依赖的 I/O 特性，这才是我们团队应该关心但实际却被忽略掉的部分。

同理，现今从互联网到移动互联网，几乎所有的程序系统都和网络有关，所以网络环境也必须是你关心的。但网络本身也有很多层次，而对于在网络上面开发应用程序的你我来说，可以把网络抽象为一个层次，只用关心网络距离延时及应用程序依赖的具体平台相关网络库的 I/O 特性。

当然，如果能对网络的具体层次有更深刻的理解，自然也是更好的。事实上，如果你和一个对网络具体层次缺乏理解的人一起调试两端的网络程序，碰到问题时，经常会发现沟通不在一个层面上，产生理解困难。

了解了环境，也难免出 Bug。因为我们对环境的理解是渐进式的，不可能一下子就完整掌握。当出现了因为环境产生的过敏反应时，收集足够多相关的信息才能帮助快速定位和解决问题，这就是前面《分类：工业级编程的代码特征》一文中"运维"类代码需要提供的服务。

　　收集信息，不仅局限于直接依赖的环境的配置和参数，还受用户输入数据的影响。真实场景确实大量存在这样的情况：同样的环境只针对个别用户发生异常过敏反应。

　　有一种药叫抗过敏药，那么也可以有一种代码叫"抗过敏代码"。在收集了足够的信息后，你才能编写这样的代码。因为现实中，程序最终会运行在一些一开始你可能没考虑到的环境中。收集到了这样的环境信息，你才能写出针对这种环境的"抗过敏代码"。

　　这样的场景针对客户端编程特别常见，比如客户端针对运行环境编写的自检测和自适应代码。检测和适应范围包括 CPU、网络、存储、屏幕、操作系统、权限、安全等各方面。这就属于环境抗过敏类代码。

　　服务端相对来说环境一致性和可控性更好，但面临的环境复杂性更多体现在"三高"要求上，即高可用、高性能、高扩展。针对"三高"要求，服务器端程序生产运行环境的可靠性并不如你想象的那么高，虽然平时的开发、调试中你可能很难遇到这些环境故障，但在大规模分布式程序系统中，面向失败设计编写的代码（Design For Failure）则是服务端的"抗过敏代码"了。

　　总结一下：空间即环境，有程序运行和依赖两种环境；环境是多维度、多层次的，对环境的理解越全面、越深入，出现空间类 Bug 的概率就越低；对环境的掌控有广度和深度两个方向，更有效的方法是先广度全面了解，再同步与程序直接相连的一层去深度理解，最后逐层深入，各个击破。

　　文章开头的第一只飞蛾 Bug，按我的分类方式就应该属于空间类 Bug 了，空间类 Bug虽然麻烦，但若单独出现，相对有形（异常现场容易捕捉）；如果加上时间的属性，就变得微妙多了。

　　接下来，我将继续为大家分析 Bug 的时间维度特征。

27　Bug 的时间属性：周期特点与非规律性

　　在上一篇文章中，我说明了技术性 Bug 可以从很多维度分类，而我习惯于从 Bug 出现的'时空'特征角度来分类，并且讲解了 Bug 的空间维度特征：程序对运行环境的依赖、反应及应对。

　　接下来我再继续分析 Bug 的时间维度特征。

　　有了时间属性，Bug 的出现就是一个概率性问题了，它体现出如下特征。

周期特点

周期特点是指 Bug 按一定频率出现的特征。这类 Bug 因为会周期性复现，相对还是容易捕捉和解决的。呈现此类特征比较典型的 Bug 一般是资源泄漏问题。比如，Java 程序员都不陌生的 Out Of Memory 错误就属于内存泄漏问题，而且一定会周期性出现。

在我刚参加工作不久时，就碰到这么一个周期性出现的 Bug。它的特殊之处在于，出现 Bug 的程序已经稳定运行了十多年了，突然某天就崩溃（进程 Crash）了。而程序的原作者早已不知去向，十多年下来想必也已换了好几代程序员对其进行维护了。

一开始项目组内经验丰富的高工认为这只是一个意外事件，毕竟这个程序已经稳定运行了十多年了，而且检查了一遍程序编译后的二进制文件，更新时间都还停留在那遥远的十多年前。所以，我们先把程序重启起来让业务恢复，重启后的程序又恢复了平稳运行，但只是平稳了一天，第二天上班没多久进程又莫名地崩溃了，我们再次重启，但没多久后就又崩溃了。这下没人再认为这是意外了，肯定有 Bug。

当时想想能找出一个隐藏了这么多年的 Bug 还挺让人兴奋的，就好像发现了埋藏在地下久远的宝藏。

寻找这个 Bug 的过程有点像《盗墓笔记》中描述的盗墓过程：项目经理（三叔）带着两个高级工程师（小哥和胖子）连续奋战了好几天，而我则是个新手，主要负责"看门"，在他们潜入、跟踪、分析、探索的过程中，我就盯着那个随时有可能崩溃的进程，一崩掉就重启。他们"埋伏"在那里，系统崩溃后抓住现场，定位到对应的源代码处，最后终于找到了原因并顺利修复。

依稀记得，最后定位到的原因与网络连接数有关，也是属于资源泄漏的一种，只是因为过去十多年交易量一直不大且稳定，所以没有显现出来。但在我参加工作那年（2006年），中国股市悄然引来一场有史以来最大的牛市，这个处理银行和证券公司之间资金进出的程序的"工作量"突然出现了爆发性增长，从而引发了该 Bug。

我可以理解 20 世纪 90 年代初那个编写该服务进程的程序员，他难以预料到当初写的用者寥寥的程序，在十多年后的某一天会服务于成上千万的用户。

周期性的 Bug 虽然乍一看很难解决，但它总会重复出现，就像可以重新倒带的"案发现场"，找到真凶也就简单了。案例中这个 Bug 隐藏的时间很长，但它所暴露出的周期特点很明显，解决起来也就没那么困难了。

那种这次出现了，但不知道下次会在什么时候出现的 Bug 才是大麻烦。

非规律性

没有规律性的 Bug，才是真正让人抓狂的 Bug。

曾经我接手过一个系统，是一个典型的生产者、消费者模型系统。系统刚接过来我就发现一个比较明显的性能瓶颈问题：生产者的数据来自数据库，生产者按规则提取数据，经过系统产生一系列的转换渲染后发送到多个外部系统。这里的瓶颈就在数据库上，生产能力不足，从而导致消费者"饥饿"。

问题比较明显，我们先优化 SQL，但效果不佳，遂改造设计实现，在数据库和系统之间增加一个内存缓冲区从而缓解了数据库的负载压力。缓冲区的效果，类似大河之上的堤坝，旱时积水，涝时泄洪。引入缓冲区后，生产者的生产能力得到了有效保障，生产能力高效且稳定。

本以为至此解决了该系统的瓶颈问题，但在生产环境中运行了一段时间后，系统表现为速度时快时慢，这时真正的 Bug 才显形。

这个系统有个特点，就是属于 I/O 密集型。消费者要与多达 30 个外部系统进行并发通信，所以猜测导致系统性能不稳定的 Bug 就在此，于是我把目光锁定在了消费者与外部系统的 I/O 通信上。既然锁定了怀疑区域，接下来就该用证据来证明，并给出合理的解释了。一开始假设在某些情况下触碰到了阈值极限，当达到临界点时程序性能急剧下降，不过这还停留在假设阶段，接下来必须量化验证这个推测。

那时的生产环境不太方便直接进行验证测试，所以我在测试环境进行了模拟，即用一台主机模拟外部系统，一台主机模拟消费者。模拟主机上的线程池配置等参数完全保持和生产环境一致，以模仿一致的并发数。通过不断改变通信数据包的大小，发现在数据包接近 100KB 大小时，两台主机之间直连的千兆网络 I/O 达到满负载。

于是，再回头去观察生产环境的运行状况，当一出现性能突然急剧下降的情况时，立刻分析了生产者的数据来源。其中果然有不少大报文数据，有些甚至高达 200KB，至此基本确定了与外部系统的 I/O 通信瓶颈。解决办法是增加数据压缩功能，以牺牲 CPU 换取 I/O。

增加了压缩功能重新上线后，问题依然存在，系统性能仍然时不时急剧降低，而且 Bug 的出现很没有时间规律，但关联上了一个"嫌疑犯"：它的出现和大报文数据有关，这样复现起来就容易多了。I/O 瓶颈的怀疑被证伪后，只好对程序执行路径增加大量跟踪调试诊断代码，其中包含每个步骤的时间度量。

在完整的程序执行路径中，对每个步骤的代码块的执行时间独立求和，其结果仅有几十毫秒，最高也就在一百毫秒左右，但多线程执行该路径的汇总平均时间达到了 4.5 秒，这比预期值整整高了两个量级。通过这两个时间度量的巨大差异，我意识到线程执行该代码的时间其实并不长，但花在等待 CPU 调度的时间似乎很长。

那么是 CPU 达到了瓶颈吗？通过观察服务器的 CPU 消耗，得知平均负载并不高。只好再次分析代码实现机制，终于在数据转换渲染子程序中找到了一段可疑的代码实现。为了验证疑点，再次进行实验测试：用 150KB 的线上数据报文作为该程序的输入，单线程运行了一下，发现耗时居然接近 50 毫秒，我意识到这可能是整个代码路径中最耗时的一个代码片段。

由于这个子程序来自之前程序员的遗留代码，包含一些稀奇古怪且复杂的渲染逻辑判断和业务规则，很久没人动过了。仔细分析了其中的实现，发现基本就是大量的文本匹配和替换，还包含一些加密、Hash 操作，这明显是一个 CPU 密集型的函数。那么在多线程环境，运行这个函数大概平均每个线程需要多少时间呢？

先从理论上来分析，我们的服务器是 4 核，设置了 64 个线程，那么理想情况下同一时间可以运行 4 个线程，而每个线程执行该函数约为 50 毫秒。这里我们假设 CPU 要用 50 毫秒才进行线程上下文切换，那么这个调度模型就被简化了。第一组 4 个线程会立刻执行，第二组 4 个线程会等待 50 毫秒，第三组会等待 100 毫秒，依此类推，第 16 组线程执行时会等待 750 毫秒。平均下来，每组线程执行前的等待时间应该是在 300 到 350 毫秒之间。这只是一个理论值，实际运行测试结果，平均每个线程花费了 2.6 秒左右。

实际值比理论值慢一个量级，这是为什么呢？因为上面理论的调度模型简化了 CPU 的调度机制，在线程执行过程所用的 50 毫秒中，CPU 将发生多次的线程上下文切换。50 毫秒对于 CPU 的时间分片来说，实在是太长了，因为线程上下文的多次切换和 CPU 争夺带来了额外的开销，导致在生产环境上，实际的监测值达到了 4.5 秒，因为整个代码路径中除了这个非常耗时的子程序函数外，还有线程同步、通知和 I/O 等操作。

分析清楚后，通过简单优化该子程序的渲染算法，从近 50 毫秒降低到 3～4 毫秒后，整个代码路径的线程平均执行时间下降到 100 毫秒左右。收益是明显的，该子程序函数性能得到了 10 倍的提高，整体执行时间也从 4.5 秒降低为 100 毫秒，性能提高了 45 倍。

至此，这个非规律性的 Bug 得到了解决。

虽然案例中最终解决了 Bug，但用的方法却非正道，更多依靠的是一些经验性的怀疑与猜测，再反过来求证。这样的方法局限性非常明显，完全依赖程序员的经验，然后就是运气了。如今再来反思，一方面由于是刚接手的项目，所以我对整体代码库不够熟悉；另一方面也说明当时对程序性能的分析工具了解有限。

而更好的办法应该是采用工具，比如直接引入代码 Profiler 等性能剖析工具，以便准确找到有性能问题的代码段，从而避免看似有理却无效的猜测。

面对非规律性的 Bug，最困难的是不知道它的出现时机，但一旦找到它重现的条件，解决起来就没那么困难了。

神出鬼没

能称得上神出鬼没的 Bug 只有一种——海森堡 Bug（Heisenbug）。

这个 Bug 的名字来自量子物理学的"海森堡不确定性原理"，其认为观测者观测粒子的行为会最终影响观测结果。所以，我们借用这个效应来指代那些无法进行观测的 Bug，也就是在生产环境下不经意出现，费尽心力却无法重现的 Bug。

海森堡 Bug 的出现场景通常都和分布式的并发编程有关。我曾经在写一个网络服务端程序时就碰到过一次海森堡 Bug。这个程序在稳定性负载测试时，连续跑了十多个小时才出现了一次异常，然后在之后的数天内再没有出现过。

第一次出现时捕捉到的现场信息太少，然后增加了更多诊断日志后，却怎么测 Bug 都不出现了。最后是怎么定位到的？还好那个程序的代码量不大，我就天天反复盯着那些代码，好几天过去还真就灵光一现发现了一个逻辑漏洞，而且从逻辑推导，这个漏洞如果出现的话，其场景和当时测试发现的情况是吻合的。

究其根源，该 Bug 复现的场景与网络协议包的线程执行时序有关。所以，一方面 Bug 比较难复现；另一方面通过常用的调试和诊断手段，诸如插入日志语句或是挂接调试器，往往会修改程序代码，或是更改变量的内存地址，或是改变其执行时序，这都影响了程序的行为，如果正好影响到了 Bug，就可能诞生一个海森堡 Bug。

关于海森堡 Bug，一方面很少有机会碰到，另一方面随着你编程经验的增加，掌握了很多编码的优化实践方法，也会大大降低其出现的概率。

每一个 Bug 都是具体的，每一个具体的 Bug 都有具体的解法，但所有 Bug 的解决之道只有两类：事后和事前。

事后，就是指 Bug 出现后容易捕捉现场并定位解决的方法，比如第一类具有周期特点的 Bug。但对于没有明显重现规律，甚至神出鬼没的海森堡 Bug，靠抓现场重现的事后方法就比较困难了。针对这类 Bug，更通用和有效的方法就是在事前进行预防与埋伏。

之前在讲编程时说过一类代码——运维代码，它们提供就像人体血液中的白细胞，可以帮助发现、诊断甚至抵御 Bug 的"入侵"。

而为了得到一个更健康、健壮的程序，运维类代码需要写到何种程度？这就涉及编程的"智慧"领域了，这其中充满了权衡选择。

程序员不断地和 Bug 对抗，正如医生不断地和病菌对抗。不过 Bug 的存在意味着这是一段活着的、有价值的代码，而死掉的代码也就无所谓 Bug 了。

28 Bug 的反复出现：为什么我们总是重蹈覆辙？

Bug 除了时间和空间两种属性外，还有一个特点是和程序员直接相关的。在编程的路上，想必你也曾犯过一些形态各异但本质重复的错误，导致一些 Bug 总是以不同的形态反复出现。在你懊恼之时，不妨试着反思一下：为什么你总会写出有 Bug 的程序？而且同类型的 Bug 还会反复出现？

重蹈覆辙

重蹈覆辙的错误，老实说我经历过不止一次。也许每次具体的形态可能有差异，但仔细究其本质却是类似的。想要写出没有 Bug 的程序是不可能的，因为所有的程序员自身能力水平都有局限性。而我所经历的重蹈覆辙型错误，总结下来大概都可以归为以下三类原因。

粗心大意

人人都会犯粗心大意的错误，因为这就是"人"这个系统的普遍固有缺陷（Bug）之一。所以，作为人的程序员一定会犯一些因为粗心大意而导致的非常低级的 Bug。比如：条件 if 后面没有大括号导致的语义变化，==、= 和 === 的数量差别，++ 或 -- 的位置，甚至因为的有无在某些编程语言中带来的语义差别。即使通过反复检查也可能有遗漏，而自己检查自己代码会更难发现这些缺陷，这和自己不容易发现自己所写文章中的错别字是一个道理。

心理学家汤姆·斯塔福德（Tom Stafford）曾在英国谢菲尔德大学研究拼写错误，他说："当你在书写的时候，你试图传达想法，这是非常高级的任务。而在做高级任务时，大脑将简单、零碎的部分（拼词和造句）概化，这样就会更专注于更复杂的任务，比如将句子变成复杂的观点。"

而在阅读时，他解释说："我们不会抓住每个细节，相反，我们吸收感官信息，将感觉和期望融合，并且从中提炼意思。"如果我们读的是他人的作品，就能帮助我们用更少的脑力更快地理解作品要表达的含义。

但当我们验证自己的文章时，我们知道自己想表达的东西是什么。因为我们预期这些含义都存在，所以很容易忽略某些感官（视觉）表达上的缺失。我们眼睛看到的，在与我们脑子里的印象交战。这便是我们对自己的错误视而不见的原因。

写程序时，我们是在进行一项复杂任务时，比如将复杂的需求或产品逻辑翻译为程序逻辑，还要补充上程序固有的非业务类控制逻辑。因而，一旦我们完成了程序，再来复审写好的代码，这时我们预期的逻辑含义都预先存在脑子中，同样也就容易忽略掉某些视觉感官表达上的问题。

从进化角度看，粗心写了错别字还看不出来，不是因为我们太笨，而是因为进化上的权衡优化选择。

认知偏差

"认知偏差"是重蹈覆辙类错误的最大来源。

曾经，我就对 Java 类库中的线程 API 产生过认知偏差，导致反复出现问题。Java 自带线程池有三个重要参数：核心线程数（core）、最大线程数（max）和队列长度（queues）。我曾想当然地以为当核心线程数不够了，就会继续创建线程达到最大线程数，此时如果还有任务需要处理但已经没有线程了就会放进队列等待。

但实际 Java 并不是这样工作的，类库的实现是核心线程满了就会进队列等待，直到队列也满了再创建新线程直至达到最大线程数的限制。这类认知偏差曾带来线上系统的偶然性异常故障，然后还怎么都找不到原因。因为这进入了我的认知盲区，我以为的和真正的现象之间的差异一度让我困惑不解。

还有一个来自生活中的小例子，虽然不是关于程序的，但本质是一样的。

现在很多媒体文章有好多是像下面这样用"空穴来风"这个成语：

他俩要离婚了？看来空穴来风，事出有因啊！
物价上涨的传闻恐怕不是空穴来风。

第一句用的是成语原意：指有根据、有来由，"空"发三声读 kǒng，意同"孔"。

第二句是表达：没有根据和由来，"空"发一声读 kōng。第二种用法是一种新解，很多名作者和普通大众沿用已久，约定俗成，所以又有辞书与时俱进增加了这个新的义项，允许这两种完全相反的解释并存，自然发展，这在语义学史上也不多见。

而程序上有些 API 的定义与"空穴来风"的问题类似：一个 API 可以表达两种完全相反的含义和行为。然而这样的 API 就很容易引发认知偏差导致的 Bug，所以在设计和实现API 时我们要避免这种情况的出现，要提供单一原子化的设计。

熵增问题

熵增，是借用了物理热力学的比喻，用于表达更复杂混乱的现象；程序规模变大、复杂度变高之后，再去修改程序或添加功能会更容易引发未知的 Bug。

腾讯曾经分享过 QQ 的架构演进变化，到了 3.5 版本，QQ 的用户在线规模进入亿时代，此时在原有架构下新增了一些功能，比如：

"昵称"长度增加一半,需要两个月;

增加"故乡"字段,需要两个月;

最大好友数从 500 变成 1000,需要三个月。

后端系统的高度复杂性和耦合作用导致即使增加一些小功能,也可能带来巨大的牵连影响,所以一个小改动才需要数月时间。

我们不断进行架构升级,本质就在于随着业务和场景功能的增加,去控制程序系统整体"熵"的增加。而复杂且耦合度高(熵很高)的系统更容易滋生 Bug。

吸取教训

为了避免重蹈覆辙,我们有什么办法来吸取曾经因犯错得来的教训吗?

优化方法

粗心大意的问题可以通过开发规范、代码风格、流程约束、代码评审和工具检查等工程手段来加以避免。还可通过补充单元测试,即在运行时做一个正确性后验,反过来去发现这类我们视而不见的低级错误。

认知偏差,一般没什么太好的自我发现机制,但可以依赖团队和技术手段来纠正。每次因掉坑得到的经验教训和团队内部分享,一些静态代码扫描工具提供的内置优化实践,都可以用来发现与认知产生碰撞的偏差。

熵增问题,业界不断迭代更新流行的架构模式就是为解决这个问题。比如,微服务架构相对曾经的单体应用架构模式,就是通过增加开发协作、部署测试和运维上的复杂度来换取系统开发的敏捷性。在协作方式、部署运维等方面付出的代价都可以通过提升自动化水平来降低成本,但只有编程活动是没法自动化的,只能依赖程序员来完成,而每个程序员对复杂度的驾驭能力是有不同上限的。

所以,微服务本质上就是将一个大系统的熵增问题,局部化在一个又一个的小服务中。而每个微服务都有一个熵增的极限值,这个极限值一般要低于该服务负责人的驾驭能力上限。对于一个熵增接近极限的微服务,服务负责人就需要及时重构优化,降低熵的水平。而高水平和低水平程序员负责的服务本质差别在于熵的大小。熵增问题若不及时重构优化,最后可能会付出巨大的代价。

某名牌汽车曾陷入的"刹车门"事件,就是因为其汽车动力控制系统软件存在缺陷。为追查其原因,在 18 个月中,有 12 位嵌入式系统专家受原告诉讼团所托对该汽车品牌的产品的动力控制系统软件(主要是 2005 年的凯美瑞)源代码进行深度审查。最后得到三类软件缺陷：

- 非常业余的结构设计；
- 不符合软件开发规范；
- 对关键变量缺乏保护。

第一类属于熵增问题，导致系统规模不断变大、变复杂，结果程序员因驾驭不了而失控；第二类属于开发过程的认知与管理问题；第三类才是程序员实现上的水平与粗心大意问题。

塑造环境

为了修正真正的错误，而不是头痛医头、脚痛医脚，我们需要更深刻地认识问题的本质，再来开"处方"。

在亚马逊（Amazon），严重的故障需要写一个 COE（Correction of Errors）文档，这是一种帮助总结经验教训、加深印象、避免再犯的形式。其目的也是帮助认识问题的本质，修正真正的错误。

但这个东西和 KPI 之类的挂上钩以后，就会引起 COE 的数量变少的负面作用，但真正的问题并没有减少，只是被隐藏了。而其正面的效应，如总结经验、吸取教训、找出真正问题等，就会被大大削弱。

而在软件系统开发和维护上，真正需要的是建立和维护有利于程序员及时暴露并修正错误，挑战权威和主动改善系统的低权力距离文化氛围，这其实就是推崇扁平化管理和"工程师文化"的关键所在。

一旦系统出了故障，非技术背景的管理者通常喜欢用流程、制度甚至价值观来应对问题，而技术背景的管理者喜欢从技术本身去解决问题。我觉着两者需要结合，站在更高的维度去考虑问题：规则、流程或评价体系的制定所造成的文化氛围，对于错误是否以及何时被暴露、如何被修正有着决定性的影响。

我们常与错误相伴，查理·芒格说：世界上不存在不犯错误的学习或行事方式，只是我们可以通过学习，比其他人少犯一些错误，也能够在犯了错误之后，更快地纠正错误。但既要过上富足的生活又不犯很多错误是不可能的。实际上，生活之所以如此，是为了让你们能够处理错误。

人固有缺陷，程序固有 Bug，吸取教训避免重蹈覆辙，除了不断提升方法，也要创造环境。你觉得呢？

| 第三篇 |

成 长 之 道

"成长之道"是一个过于泛化的概念，我根据程序员的角色特性将其
分解成下面几个具体的维度：

- 工程方法
- 计划体系
- 习惯养成
- 精进模式
- 展现方式

"工程方法"对应我们专业领域的思维升级；"计划体系"是成长的基
础元素；"习惯养成"和"精进模式"讲述了我们学习进步的一些有
效方法；而"展现方式"是让你的成长表达出来和被发现的必要手段。

这一篇的目标是让你走上高效的成长之道，如果你有这个愿望并已经
开始付出行动了，希望本篇内容能让你走得更快且更坚定。

第 8 章

工程的方法

29　安全与效率：工程技术的核心

这一章我们谈谈工程，但不是具体的工程技术，而是抽象的工程之道。

做了很多年的工程，开发了各种各样的系统，写了无数的代码，说起这一切，我们都在谈些什么？

我们谈过程，从需求工程到开发流程，从编码规范到同行评审，从持续集成到自动部署，从敏捷开发到极限编程；我们谈架构，从企业级到互联网，从面向服务架构（SOA）到微服务架构（Microservice）；我们谈复杂性，从高并发到高性能，从高可用到高可靠，从大数据到大容量。

那么对于这一切，你感觉这里面的核心是什么？

核心

核心，意味着最重要，一切复杂的工程技术方案都是围绕着它来运转的。

在深入核心之前，我们先讲一个电力行业的故事。虽说电力项目我没做过，但电站大概的工作原理在中学物理课上就已经学过了，原理很简单。虽理论上是这么说，但现实中看到那些大规模的电站后，还是感觉很复杂。

故事是这样的：记得一次物理课上，主讲老师进门后掏出一堆零件放在讲台上。一盏酒精灯、一个小水壶、一个叶片、一个铜光闪闪的小电机、一个小灯泡。老师将这些组装好后往壶里倒了些水，点燃酒精灯，不一会儿水开了，从壶嘴里喷出了蒸汽，带动叶片旋转，然后小灯泡就亮了。

老师说："这就是电厂。如果烧的是煤炭，这就是燃煤电厂；如果烧的是天然气，这就是燃气电厂；如果获得热能的方式是核裂变，这就是核电厂；如果带动叶片的能量来自从高处流向低处的水流，这就是水电厂。"

你们或许会问："那我们看到的电站怎么这么复杂?"答案其实很简单，电站需要复杂系统的目的，一是为了确保安全（Safety），二是为了提高效率（Efficiency）。安全与效率的平衡，是所有工程技术的核心。

听完这个故事，我觉着所谓"大道至简"大概就是这样吧。

安全

安全之于信息工程技术领域，包括了"狭义"和"广义"两个方面，如图 29-1 所示。

狭义的安全就是传统信息安全领域的"安全攻防"范畴，比如，客户端的跨站脚本攻击（XSS）、服务端数据库的 SQL 注入、代码漏洞以及针对服务可用性的拒绝服务攻击（DDoS）等。这个方面的"安全"含义是信息技术行业独有的。前面电站例子中的"安全"更多是"广义"层面的。

程序技术上的"广义"安全，我将其划分为三个方面：开发、运维和运行。

安全开发就是为了保障交付的程序代码是高质量、低 Bug 率、无漏洞的。从开发流程、编码规范到代码评审、单元测试等，都是为了保障开发过程中的"安全"。

安全运维，就是为了保障系统在线上的变化过程中不出意外，无故障。但无故障是个理想状态，现实中总会有故障产生，当其发生时最好是用户无感知的或是影响范围有限的。

安全

狭义	安全攻防	XSS跨站脚本
		CSRF跨站请求伪造
		SQL注入
		Code代码漏洞
		DDoS拒绝服务
	安全开发	开发流程
		编码规范
		代码评审
		单元测试
广义	安全运维	自动部署
		资源隔离
		操作规范
		操作日志
		版本管理
		灰度发布
	安全运行	峰值应对：限流
		高可靠性：健壮
		高可用性：冗余

图 29-1　工程"安全"的狭义和广义分类

通过自动部署可避免人为的粗心大意，资源隔离可保障程序故障影响在局部范围内；当一定要有人参与操作时，操作规范和日志保证了操作的标准化和可追溯性；线上程序的版本化管理与灰度发布机制，保障了代码 Bug 出现时的影响局部化与快速恢复能力。

安全运行，就是为了应对"峰值"等极端或异常运行状态，提供高可靠和高可用的服务能力。

效率

效率，从程序系统的角度看，同样是从"开发""运维"和"运行"三个方面来考虑的；如图 29-2 所示。

效率			
开发效率	架构		Monolith单体应用
			SOA面向服务架构思想
			Microservice微服务架构实践
	工具		源码管理
			代码模板
			开发框架
			持续集成
运维效率	检查		自动巡检
			信息汇总：多维度
	诊断		实时计算：及时性
			关联分析：因果性
			智能告警
	处理		恢复：重启，隔离
			变更：配置，回滚
			限制：断路，限流
运行效率	更多	负载均衡	LVS
			HAProxy
			Nginx
	更快	算法策略	并行化：MapReduce，Fork/Join
			异步化：MQ
			无锁化：Lock Free
			非阻塞：NIO/AIO
		缓存缓冲	Redis
			Memcached
			Buffer

图 29-2 "效率"的划分

开发效率，可以从"个体"和"群体"两个方面来看。

个体，就是程序员个人了，其开发效率除了受自身代码设计与编写能力的影响，还要受其利用工具的水平影响。更好的源码管理工具与技巧可以避免无谓的冲突与混乱；代码模板与开发框架能大幅度提升代码产出效率；而持续集成工具体系有助于快速推进代码进入可测试状态。

群体，就是一个团队，其开发效率最大的限制经常是架构导致的。如果你在一个工程项目上写过几年代码，多半会碰到这样一种场景：代码库越来越大，而功能越改越困难。明明感觉是一个小功能变化，也要改上好几天，再测上好几天。这通常都是架构的问题，导致了团队群体开发效率的下降。

以后台服务端架构技术演进的变化为例，从单体应用到面向服务架构的思想，再到如今已成主流的微服务架构实践，它最大的作用在于有利于大规模开发团队的并行化开发，从而提升团队整体的效率。理想情况下，每个微服务的代码库都不大，变化锁闭在每个服务内部，不会影响其他服务。

微服务化一方面提升了整体的开发效率，但因为服务多了，部署变复杂了，所以降低了部署的效率（部署效率可以通过自动化的手段来得到弥补，而开发则没法自动化）；另一方面，每个微服务都是一个独立的进程，从而在应用进程层面隔离了资源冲突，提升了程序运行的"安全"性。

运维效率，可以从"检查""诊断"和"处理"三个方面来看。

一个运行的系统，是一个有生命力的系统，并有其生命周期。在其生命周期内，我们需要定期做检查，得到系统"生命体征"的多维度信息数据汇总，以供后续进行诊断分析。

运行系统的"体征"数据是实时变化的，而且数据来源是多层次的，从底层的网络、操作系统、容器到运行平台（如 JVM）、服务框架与应用服务。当异常"体征"指标出现时，很难简单地判断到底哪个才是根本原因，这就需要通过关联的因果性分析来得出结论，最后智能地发出告警，而不是被告警淹没。

准确诊断之后，才能进行合适处理。和治病不同，大部分故障都可以通过常见的处理手段解决，极少存在所谓的"不治之症"。而常见的线上处理手段有如下三类：

- 恢复：通过重启或隔离来清除故障、恢复服务；
- 变更：修改配置或回滚程序版本；
- 限制：故障断路或过载限流。

运行效率的关键就是提高程序的"响应性"，若是服务还包括"吞吐量"。

程序运行的高效率，也即高响应、高吞吐能力，所有的优化手段都可以从下面两个维度来分类：更多和更快。

负载均衡器让更多的机器或进程参与服务，并行算法策略让更多的线程同步执行。异步化、无锁化和非阻塞的算法策略让程序执行得更快，缓存与缓冲让数据的读写更快。

有时在某些方面，"安全"和"效率"之间是相互冲突的，但工程技术的艺术性就恰恰体现在这冲突中的平衡上。

打个比方，如果你的程序就跑在你开的车上，那么"安全"特性会让你开得更放心，"效率"特性会让你开得更带劲。

做了多年程序工程的你，是如何看待工程的核心本质？

30　规模与协作：量级变了，逻辑就不一样了

在学校时，你学习编程，只需要写写课程作业的代码。但你想过真正的行业里，公司中的规模化开发方式是怎样的吗？《安全与效率》一文中我讲过电站的例子，编写课程作业的代码就像搭建的"酒精灯电站"，而工业级的规模化开发才是建设"真实电站"的方式。

工业级规模化的程序系统开发包括了一系列的过程，而这一系列的过程的起点是"需求"。

需求与调度

需求，有时会有很多不同的表达形式，包括客户的诉求、用户的请求、老板的要求，但这些可能都不是真正的需求。

客户的诉求，更多来自传统甲、乙方关系的场景，在软件工程中有一个子工程——需求工程——对客户的诉求进行分析和提炼，并转化为需求文档。用户的请求，更多来自互联网 toC 的场景，通过洞察大量用户请求中的共性去提炼并转化为真正的产品需求。老板的要求，更多是因为老板也可能是你的产品用户之一，但这个用户的特殊之处在于，他为这个产品买单。所以，他的要求无论合理与否都能很容易变成需要开发的需求。

正因为需求的来源多，表达形式也多，所以真实情况是"需求"总是源源不绝，但是真正的需求往往隐藏在这些诉求、请求与要求的表象之下。这是关于"需求"的第一个困难点。如果我们总是能找出真正的需求，那么也许需求也就没那么多了。但现实往往是我们不能做到这一点，所以需求过载的场景就会常常发生。这时，你就会面临第二个困难：如何对过多的需求进行排序？

为什么需要排序？因为我们要在有限的资源下达到如下目标：

- 最大化用户、客户和老板的整体满意度；
- 最大化价值与产出，将最多的资源投入到最有价值的需求上。

只有当用户需求被快速满足时，他们才会感到满意。但在资源有限的条件下，我们不可能让所有用户的需求都被快速满足。面对这样的矛盾，我们也许可以学习、借鉴操作系统的资源调度策略。

我用了多年的 Mac 和 iPhone，发现它们与同等资源配置的 Windows 和 Android 机相比，在满足用户使用响应性方面要好得多，特别是在使用了几年之后，这种差距会更明显。

在同等硬件资源配置下，Mac 和 iPhone 表现得更好，可能是其操作系统的资源调度策略实现更优秀。通常，操作系统需要同时执行多个应用程序，它的执行调度策略就会在多个应用程序间不停切换，有如下几种常见的调度策略：

1）先来先执行；

2）执行起来最快的先执行；

3）占用资源最少的先执行；

4）释放资源最多的先执行；

5）高优先级的先执行。

当资源充足，只用策略 1 就足够了，但更多情形下需要综合后 4 种策略。比如：老板的要求天生自带高优先级，需要先执行；而一些小需求，优先级不高，但执行快，占用资源少，随着它们排队的等待时间延长，优先级可以逐步提升，以免消耗完用户的等待耐心，形成负面评价。

当用户同时运行的应用程序确实太多时，操作系统发现资源无论如何调度都不够了，此时它会通过资源消耗监视器来提示用户主动停掉一些同时运行的应用，而最后的底线是操作系统主动杀掉一些应用程序以释放资源，以保障系统正常运转下去。那么我们在调度需求时，是否也能以透明的资源消耗监视的方式来提示用户主动控制需求或选择"杀"掉需求，而且不降低用户的满意度呢？

需求调度，可以像操作系统一样运转，形成一个规模化的需求调度体系，并通过多种调度策略来平衡需求的响应性和投入产出的价值。

设计与开发

紧接需求之后的过程是设计与开发。

刚成为程序员时你可能会习惯于一个人完成系统开发，自己做架构设计、技术选型、代码调测，最后发布上线，但这只适合代码量在一定范围内的开发模式。在一定范围内，你可以从头到尾全程实现，并对系统的每一处细节都了如指掌，但当系统规模变大后，就会需要更多的人共同参与，整个设计和开发的模式就完全不一样了。

一定规模的系统下面会划分为多个子系统，子系统又可能由多个服务构成，而每个服务又有多个模块，每个模块包含多个对象。比如，我现在所在团队负责的产品就由数个系统、十数个子系统、上百个服务构成，这样规模的系统就不太可能靠一个人来设计，而是在不同的层次上由不同的人来共同参与设计并开发完成。

规模化的设计思路，一方面是自顶向下去完成顶层设计。顶层设计主要做两件事：一是建立系统的边界。系统提供什么？不提供什么？以怎样的形式提供？二是划定系统的区域。也就是系统的层次是什么样的？怎么划分？它们之间的通信路径如何设计？

我曾读到万维钢一些关于"足球与系统"的文章，其中感慨原来系统的顶层设计和足球运动十分类似。按文中所说，足球的科学踢法是："球员必须建立区域（zone）的观念，每个球员都有一个自己的专属区域"，通过区域的跑位来形成多样化的传球路线配合。

而系统的区域划分，也是为了让系统内部各部分之间的耦合降低，从而让开发人员在属于自己的区域内更自由地发挥。而在区域内的"控球""传球"与"跑位"，就更多属于开发人员个体能力的发挥，这个过程中区域的大小、边界都可能发生变化，进而导致区域之间的通信路径也跟随变化。这样的变化，就属于自底向上的演化过程。

所以，规模化设计思路的另一面就是要让系统具备自底向上的演化机能。因为，自顶向下的设计是前瞻性的设计，但没有人能做到完美的前瞻性设计；而自底向上的演化机能，是后验性的反应，它能调整修复前瞻性设计中可能的盲点缺陷。

我曾经看过一个视频，名字是"梅西的十大不可思议进球"，视频里的每一个进球都体现了梅西作为超级明星球员的价值，而在前面提及的文章中，有一个核心观点："普通的团队指望明星，最厉害的球队依靠系统"。其实二者并不矛盾，好的系统不仅依靠"明星"级的前瞻顶层设计，也指望"明星"级的底层演化突破能力。

所以，一个规模化的系统既要靠前瞻的设计视野，也依赖后验的演化机能，这样才可能将前瞻蓝图变成美好现实。

测试与运维

完成了设计与开发之后，系统将进入测试阶段，测试通过后将发布上线并进入运行与维护阶段。

在前面需求、设计与开发阶段的规模化过程中，都存在一个刚性扩展的问题，也就是说，如果提出的需求数量扩大一倍，那么对接、分析和提炼需求的人员理论上也要扩大一倍；如果提炼出的需要进入开发的需求也翻倍，相应开发人员只增长一倍那已经算是理想情况了，这需要系统的正交与解耦性做得相当完美，所有的开发都能并行工作，不产生沟通协调的消耗。但真实不会那么完美，需求的产生与爆发很可能是一种脉冲式的，而企业一般会维持满足需求平均数量的开发人员，当需求进入脉冲高峰时，开发资源总是不够，然后就会过载，进入疯狂加班模式。

开发完成后，进入测试与线上运维的循环阶段，这个阶段与前面阶段的不同之处在于：需求提炼、设计开发基本都只能由人来完成，而测试、运维的很多步骤可以通过制作工具来自动化完成。所以，这个阶段随着规模化实际可以成为一个柔性扩展的阶段。

但它从来不是一开始就是柔性的，因为制作工具也要考虑成本。比如，在我做的这个系统的早期，其架构简单、部署规模也很小，基本所有的测试与运维工作都是通过人来完成的，而且效率也不算低，唯一的问题是对测试人员而言，大量的工作都是低水平的重复，不利于个人成长。

随着后来业务的快速增长，系统增长越过某个规模临界点，这时人的负载基本饱和，效率已没法提升，制作工具是唯一的出路。你可能或多或少都知道一些现代化的工业流水线的知识，而在软件开发过程中，"测试与运维"的运转体系是最可能接近工业流水线方式的。

因此，以测试为例进行规模化的最佳方式就是打造一条"测试机器"流水线，其"测试机器"的三个核心点为：流程规则、工具系统和规范共识。

围绕这三个核心点，我们再来看看"测试机器"如何打造。

从开发提测，机器自动下载提测版本分支代码，进行构建编译打包，实施代码规范性检查测试，通过后发布测试环境，进行分层次的各类自动化专项测试。比如，用户终端层、通信协议层、服务接口层、数据存储层的各项测试全部通过后，生成相应的测试报告，进入下一步发布流程。这就是测试体系的流程，而"规则"就是其中定义的各种测试项检查约束。

上述流程中涉及的"工具系统"包括代码规范检查工具、终端 UI 的自动化测试工具、通信协议与服务端接口调用的模拟工具、数据一致性校验工具、测试报告生成工具、测试 Bug 统计分析与收敛趋势等可视化展现工具等。

"规范共识"是整个团队对这个流程环节、具体规则的定义及 Bug 分类等达成的共识，这决定了这台"测试机器"运转的协调性与效率。

测试通过后，发布到线上就进入了运维阶段，行业里已经有大量的关于 DevOps 的内容，而它的本质就是打造一台"运维机器"，这和我上面描述的"测试机器"运转类同，只是有不同的规范共识、流程规则和工具系统，这里不再赘述了。

到了规模化的测试与运维阶段，看一个团队的水平，就是看这台"机器"的制作水准与运转效率。

在程序系统的开发过程中，当系统的大小和复杂度到了一定的规模临界点时，就会发生从量到质的转变，规模不同，相应的需求调度、设计开发、测试运维的过程也就不同了。

量级变了，逻辑就不一样了。

31　科学与系统：发现最优解法，洞察问题本质

写了多年代码，做了很多的工程，不停地完成项目，但如果你一直仅停留在重复这个过程层面，那么就不会得到真正的成长与提高。你得从这些重复的过程中提炼出真正解决问题的工程思维，用其来指导未来的工程实践。

什么是工程思维？我从自己过往经验中提炼出的理解是：一种具备科学理论支撑，并成体系的系统化思维。做了多年的软件开发工程，碰到和解决了数不清的问题，最终我发现这些问题可以归为以下两类：

1）可以简单归因的问题：属于直接简单的因果关系；

2）难以简单归因的问题：属于间接复杂的因果关系。

上面的描述可能有点抽象，那具体该怎么理解呢？下面我分别举两个例子：线上有个Bug，找到了有问题的代码片段，需要一个优化实现方案来解决，这就是第一类问题，原因和结果非常明确清晰；线上老是出故障，而且总反复出意外故障，对于这个结果，它的原因就很难简单归因了，这就属于第二类问题。

对于这两类问题，我想讲两种不同的思维框架下提供的解法。

科学与理论

第一类问题，现象清晰，归因明确，那么解决它唯一的难处就是为这个问题找到最优的解决方案。求解最优化问题，就需要科学与理论的支持，即科学思维。

先讲一个其他行业的故事——造船工程。很早以前，关于应该造多大的船，人们都是靠感觉摸索的。后来（19世纪中期）有个叫布鲁内尔（Brunel）的英国工程师意识到，船应该尽可能造得大些，于是他设计了当时世界上最大的船。这是一艘挑战当时工业极限的船，该设计甚至还引发了当时社会激烈的辩论。

　　布鲁内尔的目标是建造一艘足够大的船，大到无须中途停留，直接能从英国开到印度。那么如此远的航程就需要有装载足够的货物与燃料（那时的燃料主要就是煤）的能力。而支撑他设计背后的理论却很简单，船的装载能力是体积决定的，跟船尺寸的立方成正比，而船航行受到的阻力则是和船底的面积成正比。所以，船越大，装载能力越大，但单位载重量的动力消耗却下降了，这就是为什么布鲁内尔要尽可能地造大船。

　　这就是科学理论给予造船工程的方向指引。吴军老师也曾在《计算机科学与工程的区别》里指出：

　　科学常常指出正确的方向，而工程则是沿着科学指出的方向建设道路；在工程中必须首先使用在科学上最好的方法，然后再做细节的改进。

　　我做在线客服系统时碰到一个问题，这个问题和滴滴打车的匹配问题非常类似，打车是人和车的匹配，而咨询客服是人和客服的匹配。抽象来看，这个匹配的算法并不复杂，但因为涉及非常具体且烦琐的业务规则，实现起来就有特别多的业务逻辑，导致性能出现问题。这就是软件工程现实中的第一类问题，需要找到优化方案。

　　对于这类问题的解法，就是先用计算机科学理论来分析其性能的复杂度边界与极限，而咨询分配就是在 N 个客服里进行挑选匹配，每次只匹配一个人，所以理论复杂度的极限是 $O(N)$。只要 N 有限大，那么匹配的性能最坏情况就是清晰的。

　　理论分析给出了边界，工程实现则是建设道路，这就需要在边界里找到最短路径。在客服匹配问题的工程实现中考虑问题的方式是：最坏的情况是每次匹配都要遍历 N 次，最好的情况是 1 次，那么实现方案评估就是尽可能让最好的情况发生的概率最大化。假如你的实现方案 90% 的场景概率都发生在最好情况下，10% 的场景发生在最坏情况，那么整体性能表现可能就比最坏情况高至少一到数个量级。实际提高多少，这取决于 N 的大小。

　　而另一个工程实现考虑的维度是：如果每次匹配中都有 M 个高消耗操作，那么进一步的优化方式就是如何减少 M 的个数或降低每次操作的消耗。

　　这就是用科学思维来指导工程实践，科学理论指出方向、探明边界，工程实践在边界的约束范围内修通道路，达成目标。正如前面故事中所讲，按造船理论，船往大的方向走也有其极限，因为除了能源利用率等经济性外，越大的船对建造、施工和运营等也会带来边际成本的提高，所以也就没法一直往大的方向造，这就是工程现实的约束。

　　所以，理论的意义不在于充当蓝图，而在于为工程设计实践提供有约束力的原理；而工程设计则依循一切有约束力的理论，为实践做切实可行的筹划。

　　简言之，科学理论确定了上限，工程实践画出了路线。

系统与反馈

第二类问题，结果明确，但归因很难，那么找到真正的原因就是第一个需要解决的难点。这时，我们就需要用另一种思维方式——系统思维。

回到前面举的例子，线上总是出故障，而且反复出意外故障。如果简单归因，查出导致故障的直接原因，会发现是代码写得不严谨，实现过程有不少漏洞和问题，仔细看就能分析出来，但触发条件罕见且不容易测出来，于是提出解决方案是增加代码评审（Code Review）流程来保障上线代码的质量。

代码评审是我从业多年来遇到的一个非常有意思的问题，大家都觉得它有用，也都说好，但很多时候就是执行不下去。因为它不是一个简单问题，而是一个系统问题。万维钢在《线性思维与系统思维》这篇文章里给出了一些系统问题的典型特征，其中有两条是这样说的：

- 多次试图解决一个问题，却总是无效；
- 新人来了就发现问题，老人一笑了之。

我待过的很多公司和团队，都想推行代码评审，最后都无果而终，反而是一些开源项目搞得有声有色。在那篇文章里，其对系统的定义是："所谓系统，就是一个由很多部分组成的整体，各个部分互相之间有联系，作为整体又有一个共同的目的。"简单想想就会发现公司项目所在的"系统"和开源项目所在的"系统"构成完全不同，而且目的也不同。

一个系统中可以有若干个正反馈回路和若干个负反馈回路，正反馈回路让系统或增长或崩溃，目的是偏离平衡，负反馈回路则尽力保持系统的平衡。

对你想要解决的这个问题而言，可能有一个回路正在起主导的作用。如果你能发现在系统里起主导作用的回路是什么，你就抓住了系统的主要矛盾，就找到了问题的关键所在。

曾有行业大牛之前所在的公司有很好的代码评审传统和流程规范要求，他自己也坚决支持代码评审。后来去了另一个差不多规模的同行公司，进入到团队后想推行代码评审时，却遭遇了巨大的阻力，不止是"老人一笑了之"，甚至被公开反对。显然，对于代码评审这个问题，他经历的前后两家公司拥有完全不同的正、负反馈回路，以其个体之力想要去改变已有的反馈回路，这是相当艰难的。

我自己也曾在团队做过一些尝试，但一直找不到合适的建立正反馈回路的方法。引入严格的代码评审流程，其负反馈回路立刻发挥作用：更多的工作量、更多的加班等。对于负反馈，团队会立刻感知到，而其正反馈回路发挥作用带来的好处被感知却需要一定的时间。另一方面，建立新的回路或者摆脱当前的循环回路，还需要额外的能量来源——激励。

在解决系统问题，建设正反馈回路上也有过成功的样本。比如，在公司层面要求工程师产出专利，这对个体来说就是额外的负担，而负担就是负反馈。为了降低负反馈回路的作用，可以把专利和个人晋升关联到一起，并增加专门的培训来降低写作门槛；专利局每通过一份专利，就奖励一笔奖金，甚至没通过都能奖励几百元，这些就是建立正反馈循环回路的激励能量。

另外一个例子是：为了让程序工程师们更有分享的意愿，也为了帮他们提升表达能力，他们出了一个规则，把分享和每年的晋升提报关联起来，本质就是提供潜在的经济激励。经济学原理说："人会对激励做出反应。"

软件工程，是研究如何以系统性的、规范化的、可度量的过程化方法去开发和维护软件的方法；而实际上软件开发本身就是一个系统工程，里面存在很多没法简单归因的问题，它们没有通用的解法，只有通用的思维。

一个优秀的工程师应该同时具备科学思维和系统思维，它们是工程思维的两种不同表现形态：系统思维洞察问题本质，科学思维发现最优解法。

第9章

计划的体系

32 为什么要计划？系统地探索人生的无限可能性

我想你肯定做过计划，我也不例外。一般在开始一件中长期的活动前，我都会做计划，但更重要的是要明白为什么要做这个计划，因为计划是抵达愿望的途径。如果不能清晰地看见计划之路前方的愿景，计划半途而废的概率就很大了。

古希腊哲学家苏格拉底有一句名言："未经检视的人生不值得活。"那么我们为什么要检视自己的人生呢？正是因为我们有成长的愿望。那么愿望的根源又到底是什么呢？

需求模型

20世纪40年代美国心理学家亚伯拉罕·马斯洛在《人类激励理论》中提出了需求层次理论模型，它是行为科学的理论之一。

该理论认为，个体成长发展的内在力量是动机，而动机是由多种不同性质的需要组成的，各种需要之间有先后顺序与高低层次之分，每一层次的需要与满足，将决定个体人格发展的境界或程度。其层次模型的经典金字塔如图32-1所示。

在人生的不同阶段，会产生不同层次的目标需求。

在人生的早期，我们努力学习，考一个好大学，拥有一技之长，找一份好工作，带来更高的收入，这很大程度都是为了满足图中最底层的生存需求，让生活变得更舒适美好。

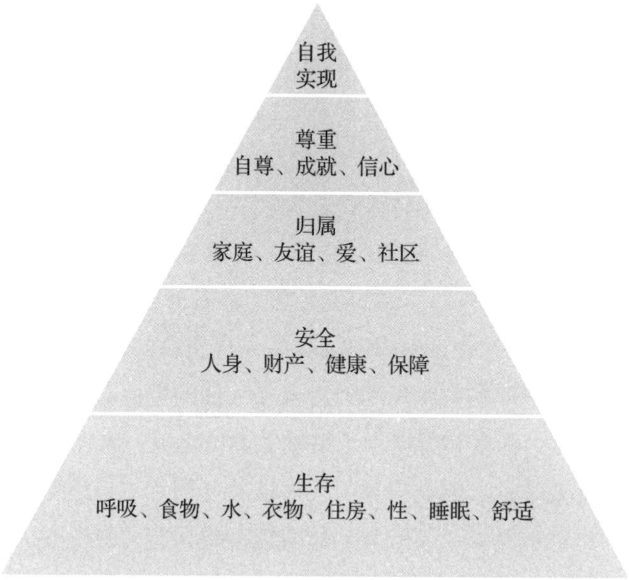

图 32-1　马斯洛的经典金字塔图：需求层次模型

　　成长拼搏数年，事业小成，工作稳定，有房、有车、有娃后，第二层次的需求，也就是安全的需求开始凸显。有人在这个阶段开始给自己、父母、老婆、孩子买人寿保险，开始考虑理财、投资甚至强身健体。然而处在这个阶段时，我却有一种强烈的不安全感，这也许和长年的程序员职业经历养成的习惯有关系。

　　我们做系统应用服务时总是需要考虑各种意外和异常事件的发生，一般至少提供主备两套方案。于人生而言，持续学习，与时俱进，追求成长，这其实也是一种主备方案：主，指当前支撑生活的工作；备，是指通过持续学习，同步成长，保持核心能力的不断积累，从而获得一份备份保障，以避免"主"出现意外时，"备"的能力被时代淘汰。

　　需求金字塔底部两层属于物质层次的"经济基础"，而再往上则进入更高层次——精神层次的"上层建筑"。就个体而言，高层次需求要比低层次需求具有更大的价值。在"生存"和"安全"基本满足的基础之上，我们才会更从容地向"内"求，更多地探求内心，进而向"外"索，对外去探索、发现和建立不同的圈层关系，以满足上层的社交"归属"、获得"尊重"与"自我实现"的需求。

　　马斯洛把底层的生存、安全、归属、尊重四类需求归为"缺失性"需求，它们的满足需要从外部环境中获得。而最顶层的"自我实现"则属于"成长性"需求。成长就是自我实现的过程，成长的动机也来自于"自我实现"的吸引。就像很多植物具有天生的向阳性，而对于人，我感觉也有天生的"自我实现"趋向性。

人生最激荡人心的时刻是在自我实现的过程中，产生出"高峰体验"感的时刻。正因为人有固有的需求和相应的层次，我们才有了愿望，愿望产生目标，目标则引发计划。

生涯发展

在攀登需求金字塔的过程中，我们创造了一个关于人生的新词——生涯。而"生涯"一词最早来自庄子语："吾生也有涯，而知也无涯。以有涯随无涯，殆已。"

"涯"字的原意是水边，隐喻人生道路的尽头，尽头已经没了路，是终点，是边界。正因人生有限，才需要计划。著名生涯规划师古典在《你的生命有什么可能？》中对生涯提出了四个维度：高度、宽度、深度和温度。这里就借他山之玉，来谈谈我的理解。

- 高度：背后的价值观是影响与权力。代表性关键词有"追逐竞争""改变世界"。
- 深度：背后的价值观是卓越与智慧。代表性关键词有"专业主义""工匠精神"。
- 宽度：背后的价值观是博爱与和谐。代表性关键词有"多种角色""丰富平衡"。
- 温度：背后的价值观是自由与快乐。代表性关键词有"自我认同""精彩程度"。

每个人的人生发展路线都会有这四个维度，只是每个不同的偏好、愿望和所处的不同阶段导致了在四个维度上分布的重心有差异。不同维度的选择，都代表不一样的"生涯"，每一种"生涯"都需要一定程度的计划与努力。

虽有四种维度，四个方向，但不代表只能选其一。虽然我们不太可能同时去追求这四个维度，但可以在特定的不同的人生阶段，在其中一个维度上，给自己一个尝试和探索的周期。所以，这就有了选择，有了计划。而计划会有开始，也会有结束，我们需要计划，在人生的不同阶段重点开始哪个维度的追求，以及其大概需要持续的周期。

人生本是多维的，你会用多大的努力、多少的投入来设计并实现自己的生涯规划呢？不进行计划和努力，也许你永远无法知道自己的边界和所能达到的程度。

20世纪70年代初，一个文学专业成绩很一般的学生毕业了。他虽然喜欢读文学作品却没写出过什么东西，毕业后就结了婚，和老婆开了个酒吧。酒吧生意不错，他的生活无忧。到了20世纪70年代末，他似乎感受到某种"召唤"，觉得应该写点什么东西了，于是每天酒吧打烊后，他就在餐桌上写两小时的小说，这一写就写了三十多年。熟悉的人想必已经知道他是谁了？对，就是村上春树。

所以，总要开始计划做点啥，你才能知道自己的"涯"到底有多远；而计划就是在系统地探索生涯，甚至人生的无限可能性。

回首无悔

关于后悔，有研究说："我们最后悔的是没做什么，而不是做过什么。"回味一下，这个结论也确实符合我们的感觉。

万维钢在《决策理性批判》中引用了一个最新（2018 年）的关于后悔的研究，这个研究从"理想的自己"与"义务的自己"两个角度来说明：

"理想的自己"就是你想要成为什么人。

"义务的自己"就是你应该干什么。

若放到前面马斯洛需求金字塔中，"理想的自己"就是站在顶端"自我实现"位置的那个自己；而"义务的自己"是在金字塔下面四层，挣扎于现实的自己。如果你从来没有向"理想的自己"望上一眼，走上一步，将来终究会后悔的。事实上，研究结论也证明了这一点：70% 以上的人都会后悔没有成为"理想的自己"。

当我把自己进入大学以后的这十八年分作几个阶段来回顾时，有那么一段，好多时间我就是那样浑浑噩噩地混过去了，以至于现在回忆那段日子发现记忆是如此的粘连与模糊。后悔吗？当然。

如果我能好好计划一下那段日子，也许会得到一个更"理想的自己"。而在最近的这一段时间，我也感谢多年前"曾经的我"，幸运兼有意地做了一些计划。虽然一路走来有些辛苦，但感觉充实很多，而且如今再去回首，没有太多后悔没做的事了。

计划，就是做选择，你在为未来的你做选择，你在选择未来变成"谁"。如果你还在为今天的自己而后悔，那就该为明天的自己做计划了。

人生的征程，先是由恐惧驱动，地狱震颤了你，所以你想要逃离黑暗深渊；后来才是愿望驱动，星空吸引了你，所以你想要征服星辰大海。

逃离与征服的路就是一条计划的路，也是一条更困难的路，而"你内心肯定有着某种火焰，能把你和其他人区别开来"才让你选择了它。

最后，你想去到哪片星空？你为它点燃了内心的火焰了吗？

33 如何计划？制定 HARD 目标，开启 SMART 的每一天

当你内心成长的火焰被点燃，有了成长的愿望，也形成了清晰的成长愿景，但却可能苦恼于不知道如何确定目标、制定计划，以达成愿景。

就拿我来说，每年结束我都会做一次全年总结，然后再做好新一年的计划，一开始这个过程确实挺艰难且漫长的，因为毕竟要想清楚一年的计划还是挺难的。但慢慢地，我开始摸索和学习到了一套制定富有成效计划的方法，这也成为我成长的捷径。现借此机会我将其分享给你。

目标

富有成效的计划的第一步便是确定目标。

在设定目标这个领域，国外一位研究者马克·墨菲（Mark Murphy）曾提出过一种 HARD 方法。HARD 是 4 个英文词的首字母缩写：

- Heartfelt：衷心的、源自内心的；
- Animated：活生生的、有画面感的；
- Required：必须的、需求明确的；
- Difficult：困难的、有难度的。

如其解释，这是一种强调内心愿望驱动的方法。按这个标准，一种源自内心的强烈需求在你头脑中形成很具体的画面感，其难度和挑战性会让你感到既颤栗又激动，这也许就是一个好目标。

应用到个人身上，HARD 目标中的 H 体现了你的兴趣、偏好与心灵深处的内核。就拿写作这个事情来说吧，于我而言，兴趣只是驱动它的一种燃料，而另一种燃料是内心深处的表达欲望。写作本身不是目标，通过写作去完成一部作品才是目标，就像通过写代码去实现一个系统，这两个都是作品，其驱动内核就是一种"创造者之心"。

而 A 表示你对这个目标形成的愿景是否足够清晰，在头脑中是否直接就能视觉化、具象化。就拿我个人来说，我非常喜欢读书，常在夜深人静的时候默默潜读，掩卷而思，和作者产生一种无声的交流。这种画面慢慢烙在脑海中，渐渐就激发起了想要拥有一部作品的目标。

R 则是由马斯洛需求模型层次决定的。写作一方面自带属于第三层次的社交属性，另一方面更多是由一种成长性的自我实现需求激发的。完成一部作品，需要明确一个主题，持续地写作，一开始我从每月写到每周写，再到写专栏，作品也就渐渐成型了。

而最后的 D 表示难度，决定了目标的挑战门槛。太容易的目标不值得设定，太难或离现实太远的目标也不合适。基于现实的边界，选择舒适圈外的一两步，可能是合适的目标。对于我来说，从写代码到写作，其实也就只有那么一两步的距离。

以 HARD 目标法为指导，我回顾了工作以来的成长发展历程，根据目标的清晰度，大概可以划分为如下三个阶段：

1）目标缺乏，随波逐流；

2）目标模糊，走走停停；

3）目标清晰，步履坚定。

第一个阶段，属于开始工作的前三四年，虽然每天都很忙，感觉也充实，一直在低头做事，但突然某一天一抬头，就迷茫了，发现不知道自己要去向哪里，原来在过去的几年里，虽然充实，但却没有形成自己明确的目标，一直在随波逐流。

在那时，人生的浪花把我推到了彼时彼地，我停在岸边，花了半年的时间重新思考方向。当然这样的思考依然逃不脱现实的引力，它顶多是我当时工作与生活的延伸。我知道我还会继续走在程序这条路上，但我开始问自己想要成为一个怎样的程序员，想要在什么行业，什么公司，写怎样的程序。就这样，我渐渐确立了一个模糊的目标。

重新上路，比之前好了不少，虽然当时定的目标不够清晰，但至少有了大致方向，一路也越走越清晰。从模糊到清晰的过程中，难免走走停停，但停下来迷茫与徘徊的时间相对以前要少了很多，模糊的目标就像一张绘画的草图，逐渐变得清晰、丰富、立体起来。当目标变得越来越清晰时，步履自然也就变得越坚定。

回顾目标在我身上形成的经历，我在想，即使当时我一开始就要去定一个目标，想必也不可能和如今的想法完全一致。毕竟当时受限于眼界和视野，思维和认知也有颇多局限，所立的目标可能也高明不到哪里去；但有了目标，就有了方向去迭代与进化，让我更快地摆脱一些人生路上的漩涡。

假如，你觉得现状不好，无法基于现状延伸出目标；那么可以试试这样想：假如我不做现在的事情，那么我最想做的是什么？通常当前最想做的可能并不能解决我谋生的问题，那么在这两者之间的鸿沟上如何搭建一座桥梁，可能就是一个值得考虑的目标。

我们为什么要立 HARD 目标？有一句话是这么说的：

Easy choices, hard life. Hard choices, easy life.（容易的选择，艰难的生活；艰难的选择，轻松的生活。）

方法

目标是愿望层面的，计划是执行层面的，而计划的方式也有不同的认识维度。

从时间维度，可以拟定"短、中、长"三个阶段的计划：

- 短期：拟定一年内需要的几个主要事项，及其行动周期和检查标准。

- 中期：近 2～3 年内的规划，对一年内不足以取得最终成果的事项，可以按年分成阶段性结果。
- 长期：我的长期一般以 5～7 年为一个周期，属于"一辈子"的范围了，而"一辈子"当然要有一个愿景了。

短期的一年可以完成几件事或任务，中期的两三年可以掌握一门技能；长期的"一辈子"可以达成一个愿景，实现一个成长的里程碑。

从路径维度看，定计划可以用 SMART 方法，该方法是百年老店通用电气创造的。在 20 世纪 40 年代的时候，通用电气就要求每一个员工把自己的年度目标、实现方法及标准写信告诉自己的上级。上级也会根据这个年度目标来考核员工。这种方法到了 20 世纪 80 年代，就进化成了著名的 SMART 原则。

SMART 也是 5 个英文词的首字母：

- Specific：具体的。
- Measurable：可衡量的。
- Achievable：可实现的。
- Relevant：相关的。
- Time-bound：有时限的。

现在 SMART 已经非常流行和常见，我就不解释其具体含义了，而是讲讲我如何通过 SMART 来跟踪个人年度计划执行的。按 SMART 方式定义的计划执行起来都是可以量化跟踪的，我通常用图 33-1 所示的表来跟踪。

2018

周	事项 1			事项 2		事项 3		计划 %	实际 %
	任务 1	任务 2	任务 3	任务 4	任务 5	任务 6	任务 7		
1								98	
2								96	
3								94	
4								92	
5								90	
6								88	
7								86	
8								84	
9								82	

图 33-1　计划跟踪表示意图

其实，一年值得放进这张表的事就那么几件，每件事又可以分解为具体的几个可量化的任务，再分解到一年 50 周，就可以很明显地看出理想计划和现实路径的曲线对比。图 33-2 所示是我 2017 年的计划与实际执行的对比曲线。

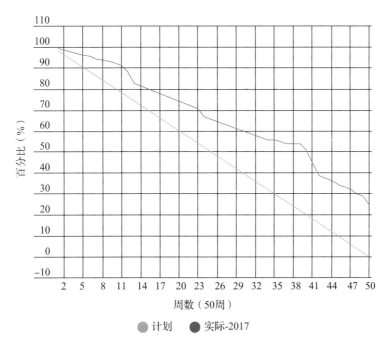

图 33-2　计划与实际执行对比示意图

按 SMART 原则方法使用计划跟踪表的优点是简单、直接、清晰。但缺点也明显：即使百分百完成了所有的计划，也都是预期内的，会缺乏惊喜感。而因为制定目标和计划会有意识地选择有一定难度的来挑战，所以实际还很难达到百分百。

说到目标的难度与挑战，使用 SMART 方法最值得注意的点就是关于目标的设定和方法的选择。鉴于人性和现实的因素，制定计划时很可能是这样一种情况：基于现实掌握的方法，考虑计划的可达性。这样制定出来的计划看起来靠谱，但却失去了真正挑战与创新的可能。

通用电气传奇 CEO 杰克·韦尔奇执掌公司时，有一个飞机引擎工厂制定了一个减少 25% 产品缺陷的目标。韦尔奇当时就觉得这个 SMART 目标很普通，没什么挑战，但工厂负责人却觉得已经很有难度了。韦尔奇执意坚持，把目标提高到了减少 70% 的缺陷，工厂负责人一开始很焦虑，认为这根本不可能完成。

没办法，标准是韦尔奇定的，改不了。工厂负责人知道按以前的方法根本达不成，只好去寻找新方法。在寻找的过程中，他们发现，要想如此大幅度地减少缺陷，不能只靠质检人员，而是必须让每名员工都有质检意识。

于是，工厂开始大规模进行培训；同时，工厂开始有意识地招聘综合素质更高的技术工人。为了吸引并留住这些工人，工厂必须改变以前的管理方式，给他们更多的自主权，因为这些工人普遍受过很好的教育，而且很容易找到工作。最后，一个拔高的目标计划改变了整个工厂的培训、招聘和运行方式。

SMART 计划，正如其名，需要聪明且智慧地设定并使用它。

有时你可能会觉得计划没有变化快，或者计划好的人生过起来好机械，没意思。其实计划是准备，变化才是永恒，而计划就是为了应对变化。为此，我经常会把计划表按优先级排得满满的，但我永远只做那些计划表顶部最让自己感到有难度的事情。

变化来了，就把它装进计划表中，看这样的变化会排在哪个位置，和之前计划表前列的事情相比又如何。如果变化的事总能排在顶端，那么说明你的人生实际在不断变得更精彩，做的事情也会让你更激动。而如果变化总是那些并不重要却还总是紧急的事情，老打断当下的计划，那么也许你就要重新审视你当前的环境和自身的问题了。

这样，计划表就成了变化表，人生无法机械执行，应随时准备应对。

最后，找到属于你的有难度的目标，开始有计划且符合 SMART 的每一天；这样的每一天，走的每一步也许会更重些、累些，但留下的脚印却很深、很长。

34　计划可行吗？估准时间，郑重承诺

有了愿景，也有了具体的计划，但经常还是在一年过去后发现实际和计划相比有差距。是的，这是普遍现象，你可能并不孤独和例外：据统计数字表明，在年初制定了计划的人中，只有 8% 实现了这些计划。

老实说，我回顾了近几年的个人年度计划完成情况，也只完成了约 70%。但我个人把这 70% 的比例算作"完成"，毕竟一年中谁还没个变化呢？于是，我把另外的 30% 留给变化，毕竟一成不变地按计划进行的人生，太过枯燥，有 30% 的变化还可能会碰到"惊喜"；而如果 70% 都是变化，那可能就是"惊吓"了。

程序员有一个特点——偏乐观，所以对于计划的估计总是过于乐观，乐观地期待"惊喜"，然后又"惊吓"地接受现实。那如何才能让计划更具可行性呢？又可以从哪些方面来检视呢？

时间与周期

计划的第一个影响因素是时间。

在过去的人类社会生活中，人们已经习惯了以年为单位来进行时间分界，所以我们都会习惯于做年度计划。在个人对时间的感觉中，一年似乎是挺长一段时间了，但在过去这么些年的计划与实践中，我学到的经验是：做计划不能靠模糊的感觉，而是需要精确理性的计算。

先来计算一年我们到底有多少时间。一个正常参与社会工作的人，时间大约会被平均分成三份。

其中的 1/3（约 8 小时）会被睡过去，这里假设一个正常人的生理睡眠需求为 8 小时。

另一个 1/3 你会贡献到和你的工作有关的各种事项中，虽然国家法律规定了每周只用上 5 天班，每天 8 小时，似乎用不了 1/3 的时间。但如果你的工作不是那种"混日子"的清闲工作的话，那么工作实际占用的时间基本总会多于法律规定的，至少程序员这份工作是这样了。不过值得庆幸的是，程序员的工作是可以随着时间积累起相应的知识、技能和经验的，那么这份时间投入就是有价值的了，随着时间的积累，慢慢你就会成为工作领域内的行家。

最后的 1/3 就是我们常说的决定人生的业余 8 小时。可能有人会说我根本就没有业余 8 小时，天天都在加班。实际上工作和业余的 8 小时有时不太那么具有明显的分界线。程序员的工作是一份知识性工作，很可能工作时间你在学习，也有很多情况是你在业余时间处理工作的事务。

一年 52 周，会有一些法定的长假和个人的休假安排，我们先扣除两周用于休假。那么一天业余 8 小时，一年算 350 天，那么一年总共有 2800 小时的业余时间。但实际这 2800 小时里还包括了你全部的周末和一些零星的假期，再预扣除每周 8 小时用于休闲娱乐、处理各种社会关系事务等，那么你还剩下 2400 小时。

这 2400 小时就是你可以比较自由的可供你安排的业余时间了，这就是理性计算的结果。这样看来，一年实际能用来计划的时间并不多，需要仔细挑选合理的事项，放进计划表，并真正去执行。而在实际中，一年中你还需要把时间合理地分配在"短、中、长"三种不同周期的计划上。

- 短期：完成事项，获取结果，得到即时反馈与成就感（比如：写这本书）。
- 中期：学习技能，实践经验，积累能力（比如：学一门语言）。
- 长期：建立信念，达成愿景（比如：成长为一名架构师）。

你可以从时间的维度，看看你的时间是否合理分配在了不同周期的计划事项上。如果计划的事项和周期匹配错了，计划的执行就容易让你产生挫败感从而导致计划半途而废，曾经的我就犯过这样的错误。这个错误就是在学习英语的计划上。

两年多以前，工作十年后的我又重启了英语提升计划，希望能通过每天 3~4 小时的英语学习，一年内使自己的英语听读都能达到接近汉语的水平。但实际情况是，我用了两年（接近 1500 小时吧）才勉强与刚从学校毕业时比上了一个台阶，离母语水平我都不知道前面还有多少个台阶。

对于英语提升计划，我搞错了周期，一度颇受打击。英语技能实际就是一个 10 000 小时技能，虽然我是从初中开始学习，然后至大学毕业拿到六级证，差不多有十年时间。但实际真正有效的学习时间有多少呢？假如每天一节课算 1 小时，一周 6 小时，每年 50 周，十年上课的总时也就 3000 小时，再考虑为了考试自己的主动复习时间，再加 2000 小时，那么过去在学校总共投入也就 5000 小时。

但从学校毕业后的十年，在实际工作环境中，除了技术英语阅读外，我几乎很少再接触英语了。而语言基本就是"用进废退"的技能，所以再重启学习提升计划时，我对此计划的周期完全估算错误，最后得到的效果也远低于我的预期。其实这应该是一个长期的计划，定一个合理的愿景，循序渐进地成为一名熟练的英语使用者。

要让计划可行，就是选择合适的事项，匹配正确的周期，建立合理的预期，得到不断进步的反馈。

兴趣与承诺

既然时间有限，那该如何选择有限的事项，才可能让计划更有效地被执行下去呢？其中有一个很重要的因素——兴趣。

有的人兴趣可能广泛些，有的人兴趣可能少一些，但每个人多多少少都会有些个人的兴趣爱好。对于兴趣广泛的人来说，这就有个选择取舍问题，若不取舍，都由兴趣来驱动，计划制定十几个，每样都浅尝辄止。从理性上来说这样做价值不大，从感性上来说只能算是丰富了个人生活吧。

彼得·蒂尔在《从 0 到 1》这本书里批判了一个观点——过程胜于实效。他解释说：

当人们缺乏一些具体的计划去执行时，就会用很正式的规则来建立一些可做的事情选项组合。就像今天美国中学里一样，鼓励学生参与各种各样的课外活动，表现得似乎全面发展。到了大学，再准备好一份看似非常多元化的简历来应对完全不确定的将来。言外之意，不管将来如何变化，都在这个组合内能找到可以应对的准备。但实际情况是，他们在任何一个特定方面都没有准备好。

因此，在有限的学校生涯中，你就得做出选择。就好像我上大学那时，学校开了几十门（记得大概有 45 门）各类专业课，这就是一个组合。但其中真正重要的课程实际不足 10 门，重心应该放在少数课程上，其他的只起到一个开阔眼界和凑够学分的作用。

几十门课是学校给的选项，你可以从中做出选择。那应该将哪些事项放进计划表呢？我建议你可以把兴趣作为出发点，因为这样更容易启动；而对于中期目标，像学习提升一项技能，只靠兴趣是不足以驱动有效执行的，甚至达不到预期效果。关于此，吴军有一个观点："凡事从 0 分做到 50 分，靠的是直觉和经验；从 50 分到 90 分，就要靠技艺了。"

凭借兴趣驱动的尝试，结合直觉和经验就能达成 50 分的效果，而要到 90 分就需要靠技艺了。而技艺的习得是靠刻意练习的，而刻意练习通常来说都不太有趣。要坚持长期地刻意练习，唯一可靠的办法就是对其做出郑重的承诺。

通过兴趣来启动，但要靠承诺才能有效地执行下去。感兴趣和做承诺的差别在于，只是感兴趣的事，到了执行的时候，总可以给自己找出各种各样的原因、借口或外部因素的影响去延期执行；而承诺就认为这件事有每天的最高优先级，除非不可抗力的因素，都应该优先执行。

比如，写作本是我的兴趣，但接下出书合同后，这就是承诺了，所以为此我就只能放弃很多可以用于休闲、娱乐的时间。

兴趣让计划更容易启动，而承诺让计划得以完成。

在现实生活中，让计划不可行或半途而废的常见错误有：

- 以为一年之内自己有足够多可供自由支配的时间；
- 误判了计划事情的开发与成长周期；
- 兴趣很多，一直在尝试，却不见有结果。

放进计划表的事项是你精心识别、选择的，还应对其做出承诺。但是应知道，承诺也是一种负担，若承诺太多，负担可能就太重了，这会让你感觉自己不堪重负，最后可能会导致放弃计划，到头来又是一场空。其实，一年下来，重要的不是开启了多少计划，而是完成了几个计划。

所以，可行的计划应该具备：有限的时间，适合的周期，兴趣的选择，郑重的承诺。

35 计划的价值？成本收益比

做计划自是为了有收获，比如实现愿景、获得成长，但执行计划也要有相应付出，所以每一份计划背后都隐藏了付出与收获的关系。如果计划的收益不能高于执行它付出的成本，那么就说明这种计划几乎没有执行价值。

执行计划的成本通常是因此付出的时间或金钱，但收益则没那么明确，这就需要仔细评估和取舍。

而有些计划从成本和收益的角度看就不是一份好计划，比如，我见过一些计划：今年计划读 20 本书。读书本是好事，但读书的数量并不是关键点，关键是读哪些书。因为只有明确了读哪些书，才能评估是否值得和适合在这阶段去读。

值得与否，就是关于成本与收益的评估，而为了更好地制定有价值的计划，就需要去仔细权衡这种关系。

成本与机会

计划即选择，而但凡选择就有成本。

从经济学的角度看，做计划就是做选择，就是选择了某些事情；而选择了这些事情，就意味着放弃了另外可能做的事情，这里面的成本就是机会成本。机会成本是因放弃而付出的代价，选择这些事情从而放弃其他可能拥有高价值的事情。

就好像同样一个晚上，有人选择玩网络游戏，他以为玩游戏的成本就是几小时的点卡钱，但实际上他放弃的是用来学习、看书等做其他事而获得的潜在价值与收益。青少年时代谁还没玩过游戏？我也玩过十多年的游戏，虽不能简单地认为游戏毫无意义，但十年前，我明白了机会成本的概念后，就做出了另外的选择。

我的长期计划中有一项是写作。从 2011 年我开始写下第一篇博客放在网上到现在，已经过去 7 年了。那写作的成本和收益又是怎样的呢？

一开始总有一些人愿意免费写一些优质内容放在网上，从读者的角度来看，他们总是希望作者能长期免费地创造优质内容。但从花费的时间成本来看，这是不太现实的，作者很难长久持续下去。

从作者的角度看，时间成本其实是越来越高的，而且很刚性。比如，7 年前我写一篇文章的时间和现在差不太多，但时间成本是增加的（因为单位成本随时间增加了）；但是写作会持续创造价值，我可以在持续写作中不断总结并获得成长，而成长会通过职业生涯发展获得收益，这是间接收益。一些成功的作者可能还可以通过写作获得直接收益，比如目前蒸蒸日上的各类知识付费专栏。

在中国互联网快速发展的这十多年间，我的学习路径也发生了转变。前期，我都是从网上去看各种免费的电子书，看免费的博客，读开源的代码；但今天我几乎不会再去网上找免费的学习材料了，而是直接付费购买。

你应该也发现了，现在知识付费和内容付费的趋势在扩大，这是为什么？因为大家都意识到了时间的成本。是选择花费自己的时间去搜索、甄别和筛选内容，还是付出一点点费用得到更成体系的优质内容？大家已经做出了选择。

学习计划是个人成长计划中的一部分，而成长计划中，最大的成本依然是时间。在早期的学习阶段，虽然时间没那么值钱，但把钱和时间都花在加速成长上，其实是"成本有限，潜在收益巨大"的选择。

而计划就是对你的时间做分配。时间在不同的阶段，价值不同，成本也不同。你要敏感地去感知自己时间的成本，去刻意提升时间的价值，根据时间的价值再去调整自己的计划和行动。成长过程中，早期的成本低且选项多，后期的成本高且选项少。

文艺复兴时期的法国作家蒙田曾说过："真正的自由，是在所有时候都能控制自己。"

如蒙田所说，计划才能给你真正的自由，你对计划的控制力越强，离自由也就越近。

结果与收益

计划得到了执行，产生了预期的结果，才会有期望的收益。

但据抽样统计，制定了年度计划的人里面，仅有 8% 的人能完成他们的年度计划。年度计划通常都是一份从未向任何人公布的计划，从某种意义上来说，只能靠自律，没有任何约束可言。这个世界的外部环境变化那么快，你很容易找到一个理由说服自己：计划赶不上变化。

变化之后的计划，只是一份更契合实际的计划，而非不再存在。很多外部因素是你无法预测和控制的，它们总会来干扰你的计划，所以这给了你足够的客观理由。但无论有多少客观理由，你做计划的初衷都是：一点点尝试去控制自己的生活，然后得到自己想要的结果。

在获得结果的路上，这个世界上似乎有两类人：

- 第一类人，自己给自己施加约束，保持自律并建立期望；
- 第二类人，需要外部环境给予其约束和期望。

在我读高中时，现实中就有一种巨大的社会期望和约束施加在我身上，那就是高考。在这种巨大的社会外部约束和期望下，第二类人可以表现得非常好，好到可以考出状元的分数。但进入大学后，这样的外部约束和期望会瞬间下降，最后可能也就泯然众人矣了。

心理学上有个皮格马利翁效应：

人们基于对某种情境的知觉而形成的期望或预言，会使该情境产生适应这一期望或预言的效应。

通俗点说就是，如果有人（可以是别人也可以是自己）对你的期望很高，你会不自觉地行动去满足这种期望；若周围没有这样的期望，最终你可能就是一个符合周围人群平均期望的人。而所谓的自驱力，就是你对自己的期望所形成的推动力量。

要获得好的结果，你就要做第一类人，需要对自己有更高的期望，需要有自驱力。

进入大学或工作以后，周围环境对你的期望已经降到很低。于我而言，来自父辈的那一代人，也就是 20 世纪四五十年代那一代人，他们经历了饥荒甚至战争，他们的期望通常是平平安安、健健康康，有个稳定的工作。这样的期望对于大部分读了大学、有个工作的人来说都不足以形成驱动力了，更何况我们多数人每日工作忙里忙外，不外乎忧心柴米油盐，困于当下。少了外部足够强大的期望推动，多数第二类人的内心驱动从此也就熄火了，但还是有少数的第一类人在"仰望星空"，比如科幻小说《三体》的作者刘慈欣。

我是 1999 年在四川成都的一本科幻杂志《科幻世界》（现已停刊）上读到刘慈欣的首部短篇小说的。他 1985 年毕业，之后在电厂任工程师，1989 年开始写科幻小说，直到 1999 年才见到他的第一部作品公开发表。从 1989 年到 1999 年这十年间基本就是他独自"仰望星空"来完成了写作这门技艺打磨的过程，并留下了自己的第一部作品，再之后到写完《三体》，这又是另一个十年了。

而对于我来说，除了写作，还有另一项长期计划：学好英语。三年前，我重启了英语提升计划，付出的成本是每天用一到数小时不等的学习和听读文章的时间，那么收益呢？学好英语是能产生直接收益的，比如通过翻译赚钱，但这就落入了一种狭隘的思维。

一方面，翻译的时间单价是非常低的，目前普通文章英译中恐怕不到 100 元每千字，相比一个初中级程序员的市场价，这样的时间成本是很不划算的。所以，学好英语从我的角度来说，赚取的不是直接的经济收益，而是间接的结构性收益，增强直接收益结构价值。

那么如何理解收益结构？以我现阶段的状态来说，已有三个直接收益结构：专业、写作和理财。

专业，自然是指专业编程技能，通过出售自己的时间和人力资源来获取一份相对稳定的工资收入。写作，从专栏到图书，可以通过作品的形式产生直接收益，只需一次性投入时间来完成作品。而理财属于资产性收益，就是任何等价于钱的家庭动产或不动产，能产生利息、分红或租金等收入，它需要长期的收入结余积累。

而英语技能的提升对这三个直接收益结构都能产生增益作用。程序行业自不必多说，行业里最好的文章、书籍或专业论文材料等可能都是英文的，只有少部分被翻译了过来，但翻译总是有损失、有偏差、有歧义的，能直接高效地阅读英语对提升专业技能和能力帮助巨大。对于写作，英语给我提供了另外一个更广阔世界的写作素材和看待世界的角度。所以，我在时间分配上不仅看中文文章，也看一些英文文章和书籍。

至于理财，英语让我更直接高效地接收中文以外的信息，从某种角度来说，让我具备了更多元化的视角和思维结构。而思维和视角是投资理财的核心能力，在理财这个领域全是选择题，只有做对选择的概率高于做错的概率，才可能获得正收益。

上面就是我选择一项长期计划时关于结果与收益的思考。而成长计划的收益，从经济价值角度来说，都是远期收益，是为了使自己的付出变得更值钱。也许期望的结果达成，目标实现，付出真会变得更值钱，就像上面例子里的刘慈欣。但也可能没实现目标，那么你还能收获什么？也许是过程中的体验，这也是选择目标时，源自内心和兴趣是如此重要的原因。

在考虑付出与收获时，有这样一句话："生活也许不会像计划那样发生，但对待生活的态度可以是期待伟大的事情发生，同时也要保持快乐和幸福，即使它没能发生。"

如此，面对真实的生活，即使没能达成目标，也当释然了。

36　计划执行的多重障碍？启动困难，过程乏味，遭遇挫败

设定一个计划并不困难，真正困难的是执行计划。若你能够坚持把计划执行下去，想必就能超越绝大部分人，因为大部分人的计划最终都半途而废了。

为什么那么多计划都半途而废了？在执行计划时，你会碰到怎样的障碍？我想从计划生命周期的各个阶段来分析。

酝酿

酝酿期，是计划的雏形阶段，这个阶段最大的障碍来自内心：理性与感性的冲突。

计划的目标是源自内心的，但也应是有难度的，若是轻而易举就能完成的事情，也就不用计划了。这些需要坚持的事情，通常都"不好玩"，而人是有惰性的，内心里其实并不愿意去做，这是我们感性的部分。但理性告诉我们，去完成这些计划，对自己是有长远好处的。这就是冲突的地方。

就以我自己写作的例子来看，我不是一开始就写作的，我是工作了 5 年后，碰到了平台期，撞上了天花板，感觉颇为迷茫。于是就跑到网上想看看有没有人分享些经验，找找道路。然后，看到了一些"大神"们写的博客，分享了他们一路走过的经历，在我迷茫和灰暗的那个阶段的航行中，这就像一盏灯塔指引着我前进的方向。

于是我想，也许我也可以开始写写东西。那时，内心里出现了两个声音，一个声音说："你现在能写什么呢？有什么值得写的吗？有人看吗？"而另一个声音反驳说："写好过不写，写作是一件正确的事，就算没人看，也是对自己一个时期的思考和总结。"

最终，理性占了上风，我开启了写作计划。我先注册了一个博客，想了一句签名："写下、记下、留下"。

启动

启动期，是计划从静止到运动的早期阶段。这个阶段的最大障碍是所谓的"最大静摩擦力"。

初中物理我们都学过，知道"最大静摩擦力"是大于"滑动摩擦力"的，也就是说要让一个物体动起来所需要的推力，比它开始运动后所需动力要大一些。这个现象放在启动一个计划上也适用，所以才有了一句俗语：万事开头难。

还是回到我开始写作那个例子。我写作第 1 篇博客的过程至今还记得很清楚：一个周六的下午，在租的小房间里整整写了一下午。写得很艰苦，总感觉写得不好，不满意。最后一看天都黑了，肚子也饿了，就勉勉强强把它发了出去。

发出去后的前两天，我也会经常去刷新，看看阅读量有多少，有没有人评论。让人失望的是：没什么人看。两天的点击量不到一百，一条评论也没有，而且这一百的阅读计数里，搞不好还有些是搜索引擎的爬虫抓取留下的。

但是，写完了第一篇，我终于克服了写作的"最大静摩擦力"开始动了起来，一直写到了今天，已经过去 7 年了。

执行

执行期是计划实现过程中最漫长的阶段。这个阶段的最大障碍是容易困倦与乏味。

漫长的坚持过程中，大部分时候都是很无聊、乏味的，因为真实的人生就是这样，并没有那么多戏剧性的故事。所以，我在想这也许就是为什么那么多人爱看小说、电视剧和电影的原因吧，戏中的人物经历总是更有戏剧性。

美国当代著名作家库尔特·冯内古特在一次谈话中谈及人生，他用了一组形象的类比来描述人生。我翻译过来并演绎了一下，其中，纵坐标表示生活的幸福程度；越往上，代表幸福指数越高；越往下，代表幸福指数越低。中间的横线表示普通大众的平凡人生。那么先来看一个大家都很熟悉的从"丑小鸭"变"白天鹅"的故事——灰姑娘，如图 36-1 所示。

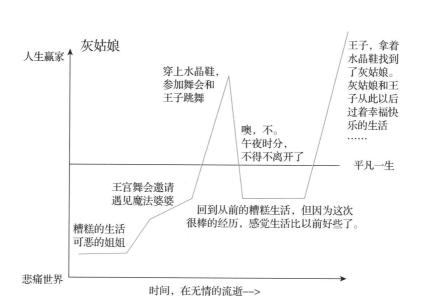

图 36-1　灰姑娘的故事

　　我们从小就听过这个故事，人们喜欢这样的故事。同样的故事内核，被用在不同的故事里书写了上千次，传诵了上千年。这是一个皆大欢喜的故事，而接下来则是一个稍微悲伤点的故事，如图 36-2 所示。

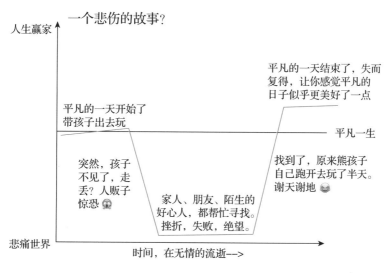

图 36-2　悲伤的故事

　　故事虽以悲剧开始，但好在以喜剧结束。人们也喜欢这样的故事，生活不就该这样吗？问题是，真实的生活可能是后面这样的，如图 36-3 所示。

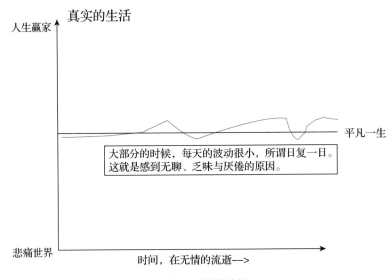

图 36-3　真实的生活

　　没有那么多大起大落，我们大部分人的生活只是在经历一些平平凡凡的琐事。也许其中有些会让你感到高兴与兴奋，有些又让你感到烦躁与郁闷。但这些琐事都不会沉淀进历史中，被人们传诵上千年，它仅仅对你自己有意义。

　　至此，你应该明白为什么你会感觉坚持是那么无聊、单调与乏味了吧？大多数时候它都缺乏像"灰姑娘"故事曲线的戏剧性。而对抗这种过程中的无聊，恰恰需要的就是故事。你看人类的历史上为什么要创造这么多戏剧性的故事，让这些戏剧性的故事包围了我们的生活，让人们想象生活充满了戏剧性？因为这种想象是治疗乏味的良药，也成为创造更美好生活的动力。

　　万维钢的《坚持坚持再坚持》里也提到："故事的价值不在于真实准确，而在于提供人生的意义。"

　　坚持，特别是长期坚持，是需要巨大动力的，而动力来自目标和意义。获得目标与意义的最好方式是讲好一个故事。你看，成功的企业家会把未来的愿景放进一个美好的故事里，让自己深信不疑；然后再把这个故事传播出去，把所有相信这个故事的人聚在一起去追寻这个故事；最后，这个关于未来的故事就这样在现实中发生了。

　　漫长的人生路，你需要为自己讲好一个故事。

挫败

挫败，不是一个阶段，而是坚持路上的一些点；正是在这些点上你遭遇了巨大的挫败感。

为什么会产生挫败感？可能的原因有：一开始你就不知道这件事有多难，直到走了一段后才发现这太难了；一开始就评估清楚一个计划，需要投入大量的时间、精力和金钱，甚或有更高的技能和能力要求，这本身就是一件不容易的事。

如果你计划的是一件从来没做过的事情，这就更难准确评估了。在路上遭遇"低估"的挫败感就再正常不过了，而不少人，因为挫败过一两次后，就会放弃计划。有时，遭遇挫败，选择了放弃，这个未必就是不合适的，是否合适要看这个放弃的决策是在什么情况下做出的。

遭遇挫败后，你会进入一种心情与情绪的低谷，这个时候有很高的概率会做出放弃的决策。而我的经验是，不要在挫败的情绪低谷期进行任何的选择与决策。可以暂时放下这件事，等待情绪回归正常，再重新理性地评估计划是否该坚持。

每经历一次挫败，你还选择坚持，那么就说明你已经收获了成长。

最后来总结一下：你为了做成一件事，定一个计划，在执行计划的过程中，在"酝酿""启动"和"执行"阶段都会碰到各种障碍，可能都会让你产生快坚持不下去了的感觉。每到此时，你都要想想清楚：哪些是真正客观的障碍？哪些是主观的退却？

从坚持到持续，就是试图让现实的生活进入童话的过程，而后童话又会变成现实。

37 计划坚持不下去的时候？形成适合自己的节奏

有了一个目标后，我们通常会做好全方位的计划，并满心期待地启动它，本想朝着既定目标"一骑红尘飞奔而去"，但计划赶不上变化，很多时候，执行了一段时间后，我们可能会觉得比较累，快坚持不下去了，然后就半途而废了。这种场景我们每个人都不陌生。

其实，在执行过程中，容易半途而废的一个原因就是节奏出了问题。

计划的节奏

一个计划被制定出来后，我们通常会根据它的周期设定一个执行节奏。

执行一个长期计划就像长跑，跑五千米是长跑，跑马拉松（四万多米）也是长跑，但我们知道跑五千米和跑拉松肯定是用不同的节奏。

一个长期计划的执行时间可以是五年，也可以是十年，因目标而异。要精熟一门技能，比如编程中的某一分支领域，对于一般人来说，可能就需要三五年不等了。而像精通一门外语，可能需要的时间会更长，我是从初中开始学习英语的，如今二十多年过去了，别说精，连熟都谈不上。

于我而言，编程技能是要解决温饱的需求，这属于刚需；而英语都是考试的需要，刚需属性太弱。故二者的学习和练习节奏完全不同，最后学习掌握的能力也相差甚远。

一个中期计划的执行时间也许是一年。比如，计划用一年时间写一本书。假如一本书20万字，那每周大约需要完成4000字，再细化到每天就是800字左右。这就是我们做一年计划的方式，计划成型后，相应做出分解，分解到"周"这个级别后，基本的计划节奏就出来了。

一个短期计划的执行时间可能是几个月。比如，之前写"极客时间"专栏，计划就是几个月内完成的事情。专栏已经形成了每周三篇更新的节奏，这样的写作节奏对于我来说已经算是全力冲刺了，所以时间就不能拉得太长。

不同周期的计划，却会有一个共同的问题：计划总是过于乐观，现实的执行很难完全符合计划。

你可能也遇到过，计划的节奏总是会被现实的"意外"打断，每次计划的节奏被打断后，你都会陷入一种内疚的挫败感中；然后就强迫自己去完成每日计划列表中的每一项，否则不休息，最终也许是获得了数量，但失去了质量。在这样的挫败中纠结了几次后，你慢慢就会发现，现实总是比计划中的理想情况复杂多变。

不过，这才是真实的人生。偶尔错过计划没什么大不了的，如果人生都是按计划来实现，那岂不也有些无聊。

有位读者在万维钢《喜欢＝熟悉＋意外》这篇文章下留言说：

贾宝玉第一次见到林黛玉说的第一句话就是"这个妹妹好像在哪儿见过似的"。有点熟悉，也有点意外，这就是喜欢了。

所以当"意外"出现时，你不必感到太过闹心，试着换个角度来看，这偶尔出现的"意外"也许会反而让你更喜欢这样的人生。

计划更多是给予预期和方向，去锚定现实的走向，但在行进的过程中，"意外"难免会出现。所以，你要从心理上接受"意外"，并从行为上合理地应对"意外"。

下面我就来说说我是怎么应对这些"意外"的。

按程序员的思考方式，我会为所有计划中的事情创建一个优先级队列，每次都只取一件最高优先级的事情来做。而现实总会有临时更高优先级的"意外"紧急事件插入，处理完临时的紧急事件，队列中经常还满满地排着很多本来计划当天要做的事情。

以前，我总是尝试去清空队列，不清空不休息，但实际上这很容易让人产生精疲力竭的感觉。如今，我为每个计划内的事情对应了一个大致的时间段，如果被现实干扰，错过了这个时间段，没能做成这件计划内的事情，就跳过了，一天下来到点就休息，也不再内疚了。

举例来说，我计划今晚看看书或写篇文章，但如果今天加班了，或者被其他活动耽误了，这件计划中的事情就不做了。但第二天，这件事依然会进入队列中，并不会因为中断过就放弃了。只要在队列里，没有其他事情干扰，到了对应的时间段我会继续执行。

计划的节奏，就像中学物理课上假设的理想的无摩擦力环境，而现实中，摩擦力则总是难以避免，所以你要学会慢慢习惯并适应这种有点"意外"的节奏。

他人的节奏

跑马拉松的时候，一大群人一起出发，最后到达终点时却是稀稀拉拉。这说明每个人的节奏是不同的，即便同一人在不同的阶段其节奏也是不一样。

同理，就拿我的写作节奏来说，在 7 年中也慢慢从每月一篇提升到了每周一篇。当然，有些微信公众号的作者写作速度一直都很快，可能是每天一篇。但如果我要用他们的节奏去写作，可能一开始坚持不了多久就会放弃写作这件事了。

所以，从写作这件长期的事情中，我收获的关于节奏的体会是：每个人都会有自己不同的节奏，这需要自己去摸索、练习，并慢慢优化。如果开始的节奏太快，可能很快就会疲惫、倦怠，很容易放弃；但如果一直节奏很慢，则会达不到练习与提升的效果，变成了浪费时间。

执行长期计划就如同跑马拉松，本来是一群人一起出发，慢慢地大家拉开了距离，再之后你甚至在自己前后都看不到人了。是的，正如《那些匀速奔跑的人你永远都追不上》中所说：

> 匀速奔跑的人是那些可以耐住寂寞的人，试想当你按照自己的节奏持之以恒默默努力地去做一件事情时，是极少会有伙伴同行的，因为大家的节奏各不一样，即便偶尔会有也只是陪你走过一段。

但有时，我们看见别人跑得太快没了踪影，心里会很焦急。我们身边有太多这样的人，把一切都当成任务，必须要在某个确定的时间做完它，必须要在一个规定的时间内取得应有的效益。

的确，我们的世界变化太快了，快到我们怕浪费一分一秒，快到我们被这个世界的节奏裹挟，所以就逼迫自己去努力，去完成，去改变，但却完全失去了自己的节奏，直到我们决定随它去吧，和大家随波逐流。

有时太急迫地"追赶"，最后反而阻挡了稳步前进的步伐和节奏。

自己的节奏

找到并控制好自己的节奏，才能长期匀速地奔跑，才能更高效地利用好自己的时间和注意力。

对于每日计划的执行节奏，我自己的经验是：把自己的时间安排成一段一段的，高度集中和高度分心交叉分布。

假如某段时间可以高度集中注意力，就可以处理或思考一些比较难的事情。比如，50～60分钟，集中注意力处理工作事务，远离手机信息推送及其他各种环境的打扰；然后休息一会儿，10～15分钟，回复一些聊天或邮件，做一些不需要那么高注意力的事情。

有时，当你想去处理一件复杂困难的事情（比如写作）时，这是一种短时间内需要高度集中注意力的活动，但脑中总是想着其他很多事情或者被动地接收一些环境信息（周围的谈话声之类的），还控制不住，很难集中注意力。这种情况下，就不用勉强开始，我通常会通过切换环境，从外部去排除一些干扰。

另外，如果感觉比较疲惫，则更不能马上开始了，这种状态下，一般我都是立刻去小憩片刻或者闭目养神一段时间（20～30分钟），进入一种浅睡眠状态待精力恢复后再展开工作会比较好。

对于恢复精力，我的感觉是浅睡优于深度睡眠，一是因为进入深度睡眠需要更长的时间，二是因为从中恢复过来也需要更长时间。所以，一旦进入深度睡眠，中途被人打断叫醒，会感觉非常困倦，我想很多人都有这种感觉，俗称"睡过头了"。

而另外一种中长期目标的执行节奏，控制起来可能要更困难一些。

比如，大部分人人生中第一阶段的奔跑目标都是高考成功。为了奔向高考成功这个目标，我们用12年时间进入学校按照固定的节奏学习。一开始轻松些，跑得随意些；慢慢长大后，学业的压力开始明显，竞争的味道开始浓厚。特别是进入高中后，所有的同学都开始加速奔跑，以这样一种被设计好的节奏奔向目标。

高考之前的学习节奏，更多是被整个社会和教育体系设计好的。我们只是在适应这个节奏，适应得很好的学生，高考一般都会取得不错的成绩；当然也有适应不了的同学，甚至有到不了参加高考就已经离开了赛道的同学。

在这个过程中，外界会给予我们一些期望的节奏压力，但要取得最好的效果，我们还是要找到自己的节奏。节奏是决定我们能长期持续奔跑的很重要的因素。还好高考结束后，再没有一个固定的时间点，也没有那么强大的外部环境去制约甚至强迫改变我们的节奏。

找到自己的节奏，就是在每天略带挑战性的状态下，形成不断加速前行，直到一个最终接近匀速的状态。匀速是我们能长期坚持的临界点，它能让我们跑得更久，跑得更远。

第 10 章

习惯的养成

38 时间：塑造基石习惯

想必你也知道，养成好的习惯能帮助我们更快地成长，而在所有的好习惯中，关于时间的习惯是其中的基础，我称之为"基石"习惯。如果你的时间习惯不好，那你做其他事情的效率往往也就不高了。

那么，该如何塑造好时间这块"基石"呢？在有效应用之前，先需要精确地感知与测量。

感知时间

有时，我们觉得时间过得很慢，慢如从周一到周五；有时，又会觉得时间飞逝，快到十年间一个恍惚就过去了。

当我站在十年后的这端看十年前的那一端，会感叹，时间过得太快！再把时间往前推一点，十多年前，将要从学校走上社会工作岗位时，想过十年后会如何吗？当时有过怎样的畅想？我依稀记得我应该是畅想过的，才刚毕业怎么可能不畅想一下走出校园后，那条怀揣理想、激情万丈的未来之路是怎样的呢？

对，我确实畅想过，可遗憾的是我只能模糊记得有过畅想这回事，而到底畅想过什么，却大多记不太清了。唯一还有印象的是，毕业前夕的一个凌晨，月挂高空，星光惆怅，室友们在校园的花台前，喝着啤酒，畅谈明日的分离，十年后我们还会相约在此见面，再分享一下彼此的人生。

十年过后，也有同学记起这个约定，就号召大家再回校园共聚一场。而我却未能赴约，彼时正好孩子出生且尚在医院，现实的黏连总会拖住理想的浪漫。江湖侠客分别时总喜欢说句：十年之后我们再会于此，就此别过，后会有期。可实际，很多别过都是后会无期的，我们从来不是侠客，只是凡人，谁又能轻易承诺得了十年之约？

我还能记起这个看似简单的十年之约，却已然记不起当初对未来十年之路做过何样的畅想与规划。苦苦回忆之后，只觉得当初作为一名软件工程专业的毕业生清晰地知道最近的将来是会成为一名程序员，而对于程序员的未来我当初应该想的就是架构师吧。

也许那时我觉得架构师就是一个程序员的顶点，是我能看得到的顶点。而实际情况是：这个架构师的称呼也只是当时我从几本翻译的国外技术书籍中的人物介绍中看来的，到我实际工作后却发现，前面的三四年所在的两个公司都没有架构师这个职位。理论上来说当时我应该感到了迷茫，实际却没有，可能因为觉着还太遥远，所以我就不管不顾地走在当下的路上，活在当下。

当你对生活有某种期待与畅想，却又觉得明天实现不了，三个月也实现不了，一年后大概还是实现不了时，然后可能就会不由自主地想大概十年后也许就能实现了。你会以为十年很长，完全可以把现在的期望与畅想交托给十年后的未来。

十年也许是一段足够长的时间，长到对个人来说很难去做一个十年的计划，所以我们就经常把很多很多的期待放在了十年后，把期待交给了时间。

所以，当我再次回顾彼时彼刻，虽然想不起当初对十年后期待的具体内容，但我依然能感受到当初对十年后充满期待的感觉。虽然今天我已经是一名架构师了，但这只是我之前期待中的很小一部分，是我还能记得的具体的一部分。更大的部分只剩下"感觉"本身，我甚至怀疑当初从未仔细地把这部分感觉具象化，所以导致我现在的记忆中只剩下"感觉"本身。这里再打个比方：若将十年时间看成一个人，我当初把一种期待的感觉托付给了她，十年后再见时，她还了我一个一样的感觉；如今我知道这怪不了她，她并非无所不能，只是我未曾很好地了解她。

"时间如流水，从我们的指缝间悄悄流走；如轻烟，被微风吹散了；如薄雾，被初阳蒸融了"，这些中学语文课本上的关于时间的比喻，突然就从我的脑海中冒出来。时光无形，如流水、轻烟、薄雾，要想精确地感知它可不容易。

从 30 到 40 岁这段行程我已经走过大半，突然生出一种这十年似乎走得太快了的感觉，怎么一下就过了大半了？而 20 到 30 岁却明明觉得过了好久呀。20 岁之前我们刚刚经历对中学的告别，此后很多小伙伴可能将永远只活在我的记忆中了。但没过几年我们又经历了另一次告别——对校园的告别。曾经的青春呼啸，江河奔流，未曾来得及说一声道别就已志在四方了。

一段又一段的校园生活开始又结束，也许每一段我们都曾觉得刻骨铭心，像延续了一生一般，实际不过匆匆几年。后来在职场上找到了一生的恋人，并走入婚姻的殿堂，之后生下一个让你头疼得要命却又羡慕的要死的小家伙，人生的大事就这样一件接一件地完成了。然后一回首发现站在了30岁的门槛边，感慨原来这十年我做了这么多事，生出一种"而立"的感觉。

迈过三十之后，7年瞬息而过，一回首却想不起什么激动人心的大事了。曾经在知乎上看到一个问题："为何人随着年龄的增大觉得时间过得越来越快？"这个问题的几句答案，解答了我多年以来的困惑：

有共性的回忆趋向黏合在一起，标志性的回忆倾向于鹤立鸡群。心理学家认为：我们对时间的感知和我们的经历有关。如果一件事对于我们来说是"激动人心"的，这样的记忆在我们脑海中被感觉到的时间会更长。

确实，从20到30岁经历的每一件人生大事之于我们都是激动人心且独一无二的，自然在我们的记忆中就"鹤立鸡群"了，而30岁之后就好像缺少了一些这样的大事。生命的精彩程度在慢慢下降，也就没有那么多激动人心的记忆了。对时间的感觉就是这样，黏连在一起，如轻烟般飘走了。

测量时间

正因为我们对时间的感知非常模糊且不精确，若想更有效率地用好时间，就需要更精确地测量它。

有一本书叫《奇特的一生》，书中主要是讲了关于一位苏联科学家柳比歇夫的故事，他通过自创的"时间统计法"在一生内取得了惊人的成就。而我在遇到这本书之前，已经在使用一种类似的方法：我会记下一年来经历的所有有意义的事件（除去每日的例行工作）。我称这种方法为"时间日志"。

我按每周来记录，每周里面有每天的事件记录和该事件所花费的时间。这个"时间日志"的习惯其实源自我小时候养成的记账习惯，那时钱不多就想知道钱花到哪里去了。现在其实都不怎么记金钱的账了，而是记时间的账。方法类似，把记金钱明细改成了记时间明细，借此以追踪我的时间都花到哪里去了。

记金钱的消费明细的一个副作用是容易让人变得"小气",所以我也一直担心记时间明细也有什么副作用。但实践了几年下来,发现并没有什么明显的坏处,唯一需要的是额外多付出一点点微小的时间成本,但这个记录与测量时间实践的好处却是明显的:

它会使你对时间的感觉越来越精确。每个人都感觉"时间越过越快",为什么会有这样的感觉?这种感觉会使我们产生很多不必要的焦虑。而基于"事件—时间日志"的记录可以调整你对时间的感觉。在估算任何工作时,都更容易确定"真正现实可行的目标"需要的时间。

这就是关于时间的第一个"基石"习惯,在精确地感知与测量时间之后,你才可能更准确地"预知"未来。

站在当下这端,实际很难看清未来的另一端,因为存在太多的可能情况。在《彗星来的那一夜》这部电影中假设了这种场景:一个人有很多种平行分支的存在,时间经过的部分形成了稳定的唯一版本。

也许,过去的十年你也像我一样,曾站在起点却看不清十年后的终点。而现今,我总会想象站在每一个未来可能的终点去审视当前的自己、当下的决策与行动,就会得到一个完全不一样的理解,从此开启完全不一样的平行分支。

过去的你也许不曾是时间的旧爱,但未来的你可以成为时间的新欢。

切割时间

时间无形,逝去匆匆,如流水、轻烟、薄雾,类似这样的比喻把时间看成无形的东西,不容易抓住和把握。但这样的比喻把时间看作了物质,物质有三态,所以轻烟也好,流水也罢,总是可以变成固态来使之更容易把握与塑造。

是的,我想说的就是转换一下你看待时间的方式,有人把它看作流水,任其从指间溜走,你却可以把它看作石头,用它去塑造明天。

一般 20 岁出头我们离开校园开始工作,十年穿梭而过后,就到 30 岁了。古人说,"三十而立","立"的又是什么?无意间翻到一本旧书《大教堂与集市》,这是一本探讨程序员如何构建软件系统的书,颠覆传统,影响深远。但作为一名工程师、创建者,难道心里没有一座属于自己的大教堂?三十而立,有人也许三十已经立起了属于自己的大教堂,而有人,也许如你我,才刚刚为心中的大教堂破土奠基。

程序员有时爱把自己的工作比作"搬砖",有个关于"搬砖"的流行故事,大概是这样的:

两个工人正在工地搬石头，一个路人正好走过，就问他们在做什么。

第一个工人说："我在把石头从这边搬过来，并垒在一起。"

第二个工人说："我在盖一座华丽的教堂，盖好后，你再来欣赏我的作品。"

这个故事想说明的是，虽然两个工人都在干同样的工作——"搬砖"，但第二个工人心中有一座大教堂，也许"搬砖"对他的意义就会有所不同。有时想想，过去的每一天、每一刻，难道我们不是都在搬石头吗？只不过，有些石头会被用来修建心中的大教堂，而另一些石头，我们只是拿起来把玩、欣赏。

璀璨剔透的钻石，五彩斑斓的宝石，所有这些美丽、诱人的石头吸引着我们把时间花在欣赏、迷恋它们上，渐渐地就遗忘了，原来曾经我心中还有一座大教堂要建造，最后我们无意或有意地避开去搬起那些建造大教堂的沉重石块。

后来当时间过去，我回过头来看，在感叹别人的雄奇的大教堂时，发现自己曾经把时间这块原石切割成了一些看上去漂亮却没用的鹅卵石，更甚者只是切成了一堆石堆，最后风化为一堆沙尘。所以，如今再来看时间时，我更愿把它们切割成用来建造大教堂的石材。

记录测量时间，让我对时间的感知更精确，而面对自然产生的每天一块的"时间原石"，每个清晨就要确定：把它切成什么样？由哪些石块组成？哪些是用来建造大教堂的石材？确定后，将其压在心上，临睡前再记录下今天从心头搬走了哪些石块，以及花了多少时间。这样时间于我就真的变成了一块块石头，比轻烟、流水、薄雾更有形，更易抓住，也没那么容易悄悄地溜走了。

如今看到这些雄奇、壮观、让人赞叹的大教堂，再感受到建造它们的历史过程，就能真切地感觉到时间是如何被切割成了一块块的石材，构建成了最后的大教堂。

这就是关于时间的第二个"基石"习惯：将时间切割成建造你心中"大教堂"的合适"石材"。

构建方式

切割了时间，得到了合适的"石材"，你还需要确定恰当的构建方式。

而恰当的构建方式，是指在时间的"基石"习惯之上，建立其他的习惯。比如，从多年前开始，我会从每周的时间里切出来一块专用于写作，慢慢就形成了写作的习惯。这意味着，我从现有的"时间石材"中拿出了一部分，用于构建写作的习惯，然而"时间石材"的总量是有限的，我必须在其上建立有限数量的习惯，我得做出选择。

每一个习惯的构建成本是不同的，甚至同样的习惯对不同的人来讲，构建成本也是不同的。比如，跑步这件事，对爱运动的人来说就是每天跑或每周跑几次的习惯，而对于我而言，建立跑步这个习惯，从心理到生理都有更大的消耗。

任何行动的发生，都需要两种努力才有可能：第一种，是行动本身固定需要的努力，如跑步，跑一公里和跑十公里固定需要的努力是不等量的；第二种，指决定是否执行这种行动的努力，决定跑一公里还是跑十公里的决策意志力消耗，我想也不会一样。

构建习惯的目的，以及它能起作用的原因在于：它能消除行动中第二种努力的决策消耗。

我之所以选择构建写作习惯而不是跑步习惯，是因为对一个像我这样的程序员而言，写文章和写代码的感觉很接近。这样，写作行动所需要付出的两种努力都在我可以应对的范围内，写作属于我能力边界外不远处的事情，这正是适合用来扩张能力边界的事，对我来说有一种挑战的刺激感，又不至于望而生畏。

电影《功夫熊猫 3》里，师父对阿宝说："如果你只做能力范围内的事，就不会成长。"

所以，在时间"基石"习惯之上构建的习惯应该是你能力范围之外的。如果一项行动通过习惯慢慢变成了能力范围之内的事，那么你以后再去做类似的事，其实就不需要再付出什么决策努力了，也就不再需要习惯来帮忙了。

有时，习惯会让你产生日复一日、年复一年做一件事的感觉，这样日积月累下来消耗了大量的时间，但付出了这么多未必会产生真正的收获。怎么会这样呢？

习惯的表象和形式给人的感觉是在重复一件事，但它的内在与核心其实是不断产生交付的。

几十万年前，人类还处在蛮荒时期，还没有进入农业社会，人类是如何生存的？那时的人类以采集和狩猎为生，每天年轻力壮的男人负责出去狩猎和采集野果，女人则在部落内照料一家老小。这就是自然帮人类养成的共同习惯，并且这个习惯持续了很多很多年。

采集与狩猎这个行动习惯的核心就是必须每天产生交付，也就是要有收获，否则一家老小都得饿肚子。而像狩猎这样的活动，就需要高度集中的注意力、熟练的技能运用和瞬间的爆发力，它需要狩猎者所有的感官都高度专注在猎物的运动上，并随时调整自身的行动以适应猎物的运动变化。而采集就需要采集者不断扩大或走出熟悉的边界，因为熟悉的地方可能早就没了果实，而陌生的地界又可能潜藏着未知的危险。

这样的行动习惯，通过数十万年的进化，甚至已经刻画在了我们的基因中。这就是我想说的：如果你要构建一个习惯，就要运用好基因中本已存在的关于"采集和狩猎"的本能——高度专注，跨出边界，持续交付。

最后，我们总结如下：

- 要形成时间习惯，就要通过感知和测量来发现时间是怎么流失的；
- 要建设完成你心中的"大教堂"，就要通过切割"时间原石"来完成"时间石材"的准备；
- 在养成了时间基石的习惯之上，挑选和构建其他习惯来完成"大教堂"的持续建设与交付。

39　试试：别把这个习惯用"坏"了

曾经，我碰到一些程序员问我："我以前是做安卓的，现在想试着学一下后端服务开发，你觉得怎么样？"我一下子就卡住了，不知该如何回答才好。原因是：学习本是件好事，但前面加个"试着"感觉就不太好了。

好的出发点

"试一试"的初衷本来就该是好的，它表达了一种好奇心及尝试走出舒适区的勇气。

程序员这个职业会带来一些职业习惯。比如，可能会经常性地去尝试一些新东西，然后看看它是否如预期般被应用或实现。

这里，我就拿程序员"调试程序"这项日常工作来举例。调试，就是这样一种需要不断去试的过程。

还记得我在前面《写克制的代码》一文中讲过的我刚开始工作时的那个小故事吗？那时我带着炫技的心态应用了刚刚接触的 Java 线程间通信来实现一个客户端小程序。结果后来程序出了 Bug，我开始不断修改，但 Bug 从这里消失，又会从那里冒出来，让那时的我产生了巨大的挫败感。

当时，我花了很长时间一直在"抓"这个 Bug，用的方法就是调试技术。但因为这是一个非经常性出现的 Bug，一步步调试反而从来没出现过，但真正运行起来又总是偶然出现，实在让人抓狂。在这样的单步调试中，我怀着一种凑巧能碰到的心态，做了很多无用功，最后也没能解决真正的问题。

这个案例虽然已经过去了十几年，但还是给我留下了深刻印象，久久不能忘怀。把它分享出来，就是感觉曾经的我所犯的错误不会是特例。

表面上看，是当时那种炫技的心态致使我选择了不恰当的实现方案，也最终导致出现了对于那时的我来讲很难解决的 Bug。但其实这里真正的症结是：我对于线程间通信的知识出现了认知性盲点，这属于"我以为自己知道，其实不知道"的问题。

我习惯性地用调试去找 Bug，这就是一种"试一试"的做法，出发点（找到 Bug）是好的，过程也是很艰辛的，但最终结果却是无功而返。即便用这样的方法最终找到了 Bug，也有一定的运气因素，并不具备可重复性。

当时，我正在读一本有关线程编程的书，后来读到某个部分时，关于这个问题的根源我突然就恍然大悟了，因为这个部分正好弥补了我的认知盲点。我习惯用的调试方法，虽然有一个好的出发点，但问题是，我不知道我在调试什么。也许是想通过调试证明程序逻辑本不该出错，或是通过调试发现其他的疏漏，但在这样的盲目调试中最终也没能定义清楚我调试的终点到底在哪。

那时的我就是一个刚进入编程领域的小白，喜欢调试，然后在看上去很复杂的调试界面忙忙碌碌，感觉很专业，但最终收获的仅是对调试器熟悉程度的提高。一不留神，就不自觉地养成了这种"试一试"的"坏"习惯。

模糊的终点

这里，"试一试"的"坏"习惯的"坏"字之所以加上双引号，是因为它的出发点本是好的，但如果终点是模糊的，那就"坏"了。

近些年来（2011—2018）出现过几轮技术热，比如，刚进入移动互联网时代就大热，但如今已经回归常温的移动开发；曾经大热现已降温的云计算与大数据；还在热度中的人工智能、机器学习和区块链等。面对这些热门技术，很多人都跃跃欲试，可能你也不例外。那么，到底为什么你会想去尝试一种新技术？是你仔细思考后的主动选择，还是被技术潮流所裹挟？

在移动开发还在升温阶段时，我也不可避免地被潮流所裹挟。我开始看一些关于 iOS 开发的书，从语言到工具。其实，尝试学习一种新技术并不是坏事，即使是被技术潮流所裹挟，但问题出在，这次尝试的终点在哪里？

我是想转型成为一名移动开发工程师吗？还是说我有一个想法，需要开发一个 App？抑或我仅仅是想学习并了解移动开发是怎么回事，从而进一步提升技术的广度？

然而以上皆不是，我当时的尝试完全没想清楚终点在哪儿。后来热度下来了，其他工作任务也多了，也就慢慢遗忘了。回过头来看，这只是浪费了一些时间和精力罢了。

几年后，人工智能与机器学习又热了起来，我又开始尝试学习，但较上次不同的是，这次我把尝试的终点定义得很清楚。我不是想转型成为一名机器学习领域的算法工程师，也不是因为它很热就"随波逐流"，我这次尝试的终点就是想搞清楚如下三个关于人工智能与机器学习的事：

- 它的原理与应用场景；

- 它的前世今生；

- 它如今已抵达的边界。

搞清楚这三件事，虽不会让我成为机器学习方面的专家，但会提升我对这项热门技术的判断力。因为，现实中我需要判断一些真实的业务场景该如何结合这样的技术，这就需要了解它们的应用场景和原理。

另外，一门新技术很少是凭空冒出来的，了解它们的前世今生，会更有效地知道哪些方面已经有了成熟的方案，哪些地方还处在青涩探索期。再结合它当前的边界，就知道如何定义清楚需求，从而形成合理的技术方案，而不会产生过度的需求。

"试一试"，需要有更清晰的终点。关于终点，你也可以从下面这些方面来考虑：

1）验证猜想。程序员对此肯定非常熟悉，因为编程中的调试其实最重要的目的就是验证猜想。引入一种新技术或框架，验证 API 的调用结果或运行输出是否如你所想，即使最终否决了，那你也获得了判断的依据与知识。

2）收获结果。定义清楚你尝试的这件事，到底能收获怎样具体的结果。比如考试，尝试的收获就是"通过"。

3）体验过程。有时候结果并不确定，比如，创业的结果未必就一定是成功，那么这样的尝试难道就没有意义了吗？有的，因为创业具有超低成功率，所以体验过程的重要性多于收获最终结果。

4）理解现实。你尝试一个新东西或学习一个新知识，有时未必真是为了将来有朝一日能用上它，其实主要是为了完善你的知识与认知体系，然后再去理解现实为什么是这样的。

现实的路径

"试一试"的路径是有限的，因为其终究离不开现实的约束。

有时候，你因为现实工作需要，可能要不停地在各种技术栈上切换。而很多技术可能过了那段时间，就再也用不上了，这样的技术尝试难免会让人感觉可惜。但通过我前面列出的关于"终点"的介绍，再来按如下方法分析现实场景，则会事半功倍。

首先，你得面对现实，这样的技术尝试在现实中太多了，有时就没有其他选择。当年，我因为工作需求，从客户端桌面编程的 VB、PB、Delphi 开始尝试 Web 编程的 JS 语言和一堆相关框架，再接着尝试后端编程的 C 和 Java，如今很多当年学习的技能早已过时了。但这样的技术尝试，从"收获结果"的维度看还是解决了当时的问题，满足了需要，获得了结果。

其次，如果觉得一次性收获的结果不值得你投入太多时间和精力，那就从"理解现实"的角度去挖掘。这些知识可能从学以致用的角度看很快就过时了，但它们并不是完全孤立的，事实上计算机程序体系内的很多知识都不是完全孤立的，它们都有相互的联系与连接。

从理解的角度看，这类技术尝试扩大了你的知识边界，尝试的知识也许是孤点，但你可以进一步找到它与其他知识的连接处，形成体系。因为很多现实的原因，每个人的起点和路径都不会一样，但我们都是从某一点开始去慢慢摸索、尝试的，最终走出一个属于自己的体系。

最后，当你有了自己的体系，也就有了更多的尝试选择权，此时可以体系为中心，去有选择地尝试对你更有意义或价值的事。

总之，"试一试"是走出舒适区的一次行动，这本是一个好的出发点，但若只有一个模糊的终点，那么它带来的更可能就是无谓的浪费。

"试一试"不仅要有一个好的出发点，还需要一个清晰的终点，这个终点可能是验证猜想、收获结果、体验过程、理解现实。而在起点和终点之间，你需要选择一条更现实的路径，通过不断地尝试，走出自己的体系。

"试一试"本该是个好习惯，可别把它用"坏"了。

40　提问：从技术到人生的习惯

无论做什么工作，一路上你总会碰到各种各样的问题，而提问应是你解决问题的一种有效途径。更进一步，如果能把提问固化成一种习惯，那它就不仅仅是一个解决问题的工具，甚至还能引导你的人生选择。

提问这个习惯，我有三个层面的理解：

1）如何问？

2）问什么？

3）为何问？

如何问？提问之术

我们碰到大部分的都是已经有了问题，但却问不好，从而得不到答案或得不到好的答案的情况。比如说，我经常碰到这样一种情况是：常有人带着一个具体的问题向我发问，他会大致交代一下想解决的场景，接着描述他的思路，以及解决这个问题的一些其他约束，但这中间会存在一个障碍，然后就问我该怎么解决这个障碍。

这样的发问一般都会让我陷入两种困扰之中：一种是，问题的业务背景交代得太泛化，导致我只能跟着他的思路，感觉解决这个问题似乎只有这一条路可走；另一种则正好相反，问题的业务背景描述过于细致，让人陷入对复杂业务领域的理解中，迷失在对细节的讨论里。

即使是同一个场景，不同人也会产生不同的思路。比如：你想去一个十公里外的地方，对方也许会问你怎么套马鞍的问题，这时你就很困扰，因为你的思路是坐车或开车。这就是面对同一场景问题，也可能因处在不同的时代背景而选取不同技术方案的类比。所以，面对这类具体的障碍问题，我经常很难回答。

再来看看国内技术问答社区的情况，我发现上面的问题大致可归类为如下两种模式：

- ×× 出错了，怎么办？
- 如何针对 ×× 封装一个库？

×× 可以是一种具体的技术或框架，这两种提问模式代表了两个方向，都让人无法回答。第一种太模糊而无法回答，而第二种太庞大导致没有意愿回答。

如果你能绕过这两个提问的陷阱，提出一个具体的问题，那么就算是前进了一大步。但具体问题也有一个陷阱，就如前面套马鞍的那个例子，也许有人回答了你怎么正确地套马鞍，但你可能依然走在落后的道路上，因为你的工具本身就是落后的。所以就具体问题提问，除了问及手段，最好再加上你的目的和你就此目的尝试过的方法。

一个能够回答的具体问题，一般都是解答题形式，表达清楚你的解答目的，你的困扰在高手那里可能根本就不存在，你只是走了一个弯路而已。这样不仅绕过了障碍，还获得了一条近（先进的）路，这就是有意义的提问。

至此，我们就得到了提问的第一个原则：提供足够的信息，让人能够回答。

草率的问题是懒惰的问题，因为其通过搜索引擎就能简单获得；草率的问题是模糊的问题，因为其让人没法回答。更有意义的提问是把解答题变成选择题，提供你的选项，展现你探索了哪些路径，省去了可能产生的反问。也许你的某条路已经非常接近答案了，只是卡在了某个点上，知道答案的人一看就明白了，所以也会很容易回答。

这就是提问的第二个原则：提供更多的选项，让人方便回答。

即使你的问题能够回答，也方便回答，但也可能得不到回答。因为，回答问题需要有驱动力。提问本是一种索取，要让人有更多的回答动力，还需要提问人的付出。付出一种态度，表达感谢；付出一份可供交换的视角，建立讨论的基础。

这就是提问的第三个原则：提供交换价值，建立讨论基础，表达感谢态度，让人乐于回答。

《大教堂与集市》一书的作者埃里克·史蒂文·雷蒙德（Eric Steven Raymond）曾就如何提技术问题写过一篇影响颇大的文章《How To Ask Questions The Smart Way》（译为《提问的智慧》）（http://www.catb.org/esr/faqs/smart-questions.html），距今已经发表十多年了，修订了十多次，也被翻译成十多种语言的版本，很值得一读。

提问之术的三个方面可归纳如下。

1）提让人能够回答的问题：草率的问题，只能得到一个草率的答案。

2）提让人方便回答的问题：你得到的答案的好坏取决于提问的方式和开发答案的难度。

3）提让人乐于回答的问题：只索取而不愿思考和付出的提问者，什么也得不到。

问什么？求解之惑

有时一个好问题，比如何问更有价值和意义。

前节关于如何提问本身也算是一个好问题，因为当你面对这个问题，找到了答案，并严肃对待后，就会改变你提问的习惯。提出好问题比寻找已有问题的答案可能更有意义和价值。寻找答案，通向的是已有的结果；而提出新问题，也许会导向未知的宝藏，它可能是获得新知的起点。

有时候，你会碰到一个问题但不知道该问什么，甚至该如何提问，即使这个问题是一个非常具体的技术问题。而这一类具体的技术问题，我称之为答案藏在问题中，属于无法提问的问题。可能说得比较抽象，下面我举个具体的例子：

我曾经碰到过一个线上问题，系统间隙性出现超时，只有重启能解决；而且出现的很无规律性，不与流量等成正比，就是莫名其妙地偶然出现，还不能恢复，只能重启。这个问题曾经困扰了我很久。这类问题虽然很具体，但你会发现竟然找不到一个好的方式来描述这个问题。

如果我把上面这段描述的关键现象，偶现超时并结合使用的具体技术，如：JVM、开源框架配置和业务场景一起抛出来当作问题，你觉得有人能回答吗？这类就属于答案藏在问题中的问题，唯一的办法只能是找和你一起共事的同事从不同的思维视角去分析，抽丝剥茧。当你能找出提问的方式，基本上答案也就能得出了。

后来，终于定位到上面现象的根源是服务线程池的配置有误，在某些慢业务场景下会引发连锁超时。这时问题就变成了怎么配置服务线程池才最合理，这个问题本身就简单到完全无须再问了，自然就有了答案。

在成长的路上，我碰到过很多问题，但早年还没有形成写作的习惯，所以未能把这些问题记录下来，很多就遗忘了。这就是我想说的第二个需要建立的习惯：当遇到暂时没有答案的问题时，先记录下来。有时候，不是碰到了问题，就能很快找到答案的。

大部分过去写的文章都来自这些问题记录，定期地回顾下，曾经困扰我的问题，现在能解决了吗？一开始有很多具体的技术性问题，因此写了很多技术文章。后来又有了更多复杂的问题，也就又写了不少思考性的文章。每写一篇，意味着当下的我对这个问题已经有了答案。无论这个答案怎样，从某种意义上说，今天的我相比当时面临问题没有答案的我，已经成长了。

先从一个记录问题，积攒"问什么"的习惯开始，不断去积累并记录，将来时不时地去回顾这些问题，也许就会得到意外的收获。对于程序员来说，总会碰到各种技术问题，可以从这些最具体的问题开始，把这阶段暂时还没法回答的问题按一种模式记录下来，比如下面这样：

- 问题的上、下文；
- 问题的具体描述；
- 问题的解决思考和思路；
- 问题的解决方案和具体技术或办法；
- 问题解决后留下的思考或其他延伸的疑问。

这些都是你积累的"宝藏"，将来如果能回答了，就把答案分享出来。这就是我所认同的积累价值和传递价值的方式，分享你从中学到的一切，最后自身的价值也就得到了提升。

保持积累，持续给予，终有所获。

为何问？价值之道

提问的目标是获得答案，而答案对于我们自己而言是一种价值；为何而问，就是发问于我们的价值之道，最终指向的目的是：认清自我。

值得问"为何"的问题不多，但总会遇到，它是一道选择题，有关我们的价值选择。我们最关心的是自己的命运，而关于命运有一句话是这么说的：

"选择决定命运，什么来决定选择？价值观。"

价值观是我们对事情做出判断，进行选择取舍的标准。每个人都有价值观，无论你能否清晰地定义与表述它，这些观念都决定了你的行为标准。这么说或许有些抽象，下面通过一个故事来将其具象化。

这个故事的主角叫比尔。21 岁时他成为一名程序员，获得了第一份正式工作，在加拿大多伦多的一家互动营销公司写程序，这家公司的主要客户都是一些大型药企。而在加拿大，法律限制药企直接对普通消费者做处方药的广告。

所以，药企客户提出了需求，做个网站来展示公司的药品，对于浏览网站的用户，如果能提供处方就会被引导到一个病人的专属页面。在这个专属页面上，提供了一系列的测验问题，然后通过病人的回答来推荐相关的药品。

这个网站仅仅是展示公司产品，提供通用说明的信息网站，这显然不是任何特定药物的广告。一切显得很合理，比尔收到了需求，它们包含了针对病人的测验问题，每个问题的答案，以及对答案的处理规则。

比尔完成了开发，在交付给客户之前，他的项目经理决定对网站做个简单的快速验收测试。经理试了这个针对病人的小测验，然后走到了比尔的桌前：

"测验不管用！"经理说。

"哦，出了什么问题？"比尔问。

"你看，无论我填什么，测验都给我推荐同一种药物，唯一的例外是我回答过敏或者已经吃过了。"

"是的，这就是客户要求的处理规则，其他情况都会把病人引导到这种药。"

"哦，好吧。酷～"

经理没再说什么，他们一起把网站交付给了客户，客户对这个网站很满意。项目结束后，客户的代表还邀请比尔和整个团队一起去吃一顿丰盛的牛排大餐。就在吃大餐的当晚，一位同事给他发了一封电子邮件，链接到网上的一篇新闻报道：是关于一个年轻女孩，服用了他（创建）的网站推荐的药物，然后自杀了。

网站推荐的药，其目标用户就是年轻女孩。比尔后来想明白了，他们所做的一切，建设这个网站的真正目的就是广告一种特定的药物。那时，作为团队中最年轻的开发人员，他虽然觉得客户需求的规则就是为了"戏耍"年轻女孩而设计的，编写的代码是"错误"的，但却没有多想，只是觉得这就是他的一份工作，有个开发任务要完成，而且他完成得很好。

但是后来发现，这种药物的主要副作用之一就是会让人产生严重的抑郁和自杀念头。比尔说，他可以找到无数的方法来使自己在这个事情中的角色自我合理化，但当时他依然觉得自己的代码写"错"了。那顿大餐后不久，比尔辞职了。

这就是比尔的价值观选择，他一开始是不清晰的，但这个事情让他进行了自我反思，他的价值观也渐渐变得越来越清晰了。这个故事是比尔多年后自己写出来的。他说："今天的代码（人工智能程序）已经开始接管你的驾驶行为，帮助医生诊断疾病，不难想象，它们很快也会推荐处方药。"

比尔现在依然还写代码，但自从牛排大餐那一天起，比尔都会仔细考虑代码的作用，多问一个为何？因为程序已经越来越多地占据着我们的生活，那代码背后需要价值观吗？这就是第三个习惯：为何而问？获得答案，认清自我，选择自己的价值之道。

关于提问的总结可以提炼如下。

- 如何问：是关于提问的"术"，考虑让人能够回答、方便回答和乐于回答；
- 问什么：是关于成长的"惑"，去积累问题，寻找答案，并分享出来，从而完成了价值的积累、传递与交换；
- 为何问：是关于选择的"道"，价值观的选择决定了不同的道。

成长一般都是从提出一个问题开始，找到答案，再融入自身的价值观，完成下一次更好的选择，周而复始，形成习惯，化作天性。

第 11 章

精进的模式

41 如何应对信息过载？心智模型

在我刚开始学编程时，国内还没有互联网，只能去书店找录相关知识当我发现偌大的书店就只能找到两本关于程序语言的书，那时感觉想学点新东西的信息真是相当匮乏。现如今，国内互联网已经发展了二十余年，信息早已不再匮乏，甚至是到了让人感觉过载的时代。

现状：信息过载

信息时代，作为离信息距离最近的职业之一，程序员应该最能感受这个时代的信息洪流与知识迭代的速度有多快。

据 IDC（国际数据公司）研究报告：现在每 48 小时所产生的数据量，相当于从人类文明开始到 2003 年累计的数据总量。而每年产生的信息数据量还在不断增长，但我们处理信息的能力，特别是大脑接收信息并将其消化为知识的能力，这么多年来并没有多少提升。

信息数据量的高速增长，也带来了信息处理技术的快速发展，所以新技术层出不穷，而且现有的技术也开始在其深度和广度领域不断开疆拓土。

这样的发展状况说明了一个现实：我们没办法掌握全部信息。别说"全部"，其实更符合实际的情况是，我们仅仅掌握了已有信息和知识领域中非常微小的一部分。

在信息大爆炸的时代，我们对信息愈发敏锐，信息就愈会主动吸引我们，让我们产生一种过载的感觉。

状态：疲于奔命

在面对这股信息与知识的洪流时，有时我们会不自觉地就进入了"疲于奔命"的模式。

感觉每天有太多的信息要处理，太多的知识想学习。计划表排得满满的，似乎每天没能完成当天的计划，就会产生焦虑感，造成了日复一日"疲于奔命"的状态。

我也曾处在这样的状态中，逼得过于紧迫，再奔命也只能被这股洪流远远抛下。总是焦虑着完成更多，划掉 ToDo List 上更多的事项，希望每日带着超额完成计划的充实与满足感入睡，最后这一切不过是一种疲于奔命带来的虚幻满足感。

如今算是搞清楚了，这种紧绷的状态并不利于我们的学习和成长，这可以从大脑工作的生理机制方面得到侧面的佐证。

2017 年 2 月，《科学》期刊发表的一个研究成果表明，我们的大脑中存在约 860 亿个神经元，神经元之间会形成连接，连接的点被称为突触，而每个神经元会和别的神经元形成大约 1000 个突触；大脑不断接收并输入信息，突触就会变强大，体积也会变大。但突触不能无限加强、变大，要不然就会饱和，甚至"烧毁"，这就是大脑生理层面的"信息过载"。

突触饱和了，再继续摄入和接收信息，就会很难再学习并记住新的东西了，所以为了保持大脑学习新事物的能力，就必须要休息，而最好的休息则是睡眠。在睡眠中，突触会被修剪，神经连接会被削弱。美国威斯康星大学麦迪逊分校的两位研究者发现，睡觉的时候，大脑里的突触会缩小将近 20%。

所以，在感觉大脑处于"过载"疲倦时，别"疲于奔命"和硬撑，最好的办法就是去小憩片刻。

记得大学时代，那时喜欢玩组装机 DIY。当时买不起或舍不得买高配的 CPU，就买低配的 CPU，然后自己跳线超频，让 CPU 工作在过载状态中。看着软件跑的高分，一种性价比超高的满足感油然而生。

大脑的工作模式就类似 CPU，人只要活着，大脑就会一直工作，从不停止。

即使我们感觉并没有使用大脑，我们的大脑也会处于一种"默认模式网络"状态。这可类比于电脑 CPU 的空闲（Idle）模式：电脑 CPU 倒是可以进入接近 100% 的空闲，但大脑不会，它最低也会保持 20% 左右的利用率，即便我们在睡眠中。

在"默认模式网络"下，大脑还会有 20% 左右的利用率，它在做什么？实际在这个状态下，大脑会去发掘过去的记忆，去畅想未来，在过去和未来之间建立连接。而在生理层面，大脑中会有新的神经连接形成，这样的新连接就是我们创造力的来源。

进入疲于奔命状态，其实就是我们不断给大脑下发任务，且不停地切换大脑任务，让它永远处于繁忙甚至超频状态。这样每个任务的执行效率都会下降且效果也不佳，所以导致执行任务的时间反而延长了，这就给我们营造了一种"忙碌、充实而疲倦"的虚幻假象。

人脑毕竟不是 CPU，它需要休息，持续的过载与奔命，并不能让我们学会更多，却会减少我们创造新的可能。

筛选：心智模型

面对大量的信息和知识，我们该如何应对？这可以从两个角度来考虑：

- 信息和知识本身的价值
- 我需要怎样的信息和知识

第一点，信息和知识的价值是一个主观的判断，有一个客观点的因子是获取门槛。如果一个信息或知识随处可得，大家都能接触到，甚至变得很热门，那么其价值可能就不大。吴军有一篇文章讲了个道理叫："众利勿为，众争勿往"，这在对信息和知识价值的主观判断上也是通用的。

第二点，就提出了一个关于如何筛选信息和知识的问题。心理学上有一个"心智模型"：

"心智模型"是用于解释个体对现实世界中某事所运作的内在认知历程，它会在有限的领域知识和信息处理能力上，产生合理的解释。

每个人都有这样的"心智模型"，用来处理信息、解释行为、做出决策。不过只有少部分人会更理性地认知到这个模型的存在，而且不断通过吸收相关信息和知识来完善这个模型；更多的人依赖的是所谓的"感觉"和"直觉"。但实际上"感觉"和"直觉"也是"心智模型"产生的一种快捷方式，只是他们没有理性地认知到这一点。

理解了如上对"心智模型"的描述，是不是感觉它和如今人工智能领域的机器学习模型有些异曲同工之处？我们可以将这两者进行类比。它们都是接收信息和数据，得到模型，再对未知做出预测和判断。只不过人的"心智模型"比现在所有的人工智能模型都高级，高级到如今还无法用科学来清晰地描述与解释。

理解了以上两点，再把大量的信息和知识限定在我们所处的程序领域，就会得到一个合理的答案。

当我刚进入程序员这行时，就一直存在有关"超级程序员"的传说，似乎"超级程序员"无所不能，各种语言信手拈来，所到之处，bug 都要退避三舍。江湖总有他们的传闻，但谁也没见过。

后来慢慢开始明白了，那些"超级程序员"也仅仅是在一两个专业知识领域深耕的年头比较久，做出了一些脍炙人口且享誉程序界的好作品，他们在其专业领域拥有精深的专业知识和技能，同时也有大量通用的一般知识储备，适用于跨专业范围的程序领域中。因此，在这个信息过载的洪流中，需要的就是在这股洪流中筛选信息并建立自己中流砥柱般的"知识磐石"。

"心智"这两个字合在一起是一个意思，若为两个字，又可以分别这样解释："心"是你对需要的选择，从心出发；"智"是对价值的判断，智力的匹配。

应用：一击中的

储备了信息，建立了知识，最终都是为了应用。囤积信息，学习知识，如果不能应用在改变自己上，那还有什么意义？

没有目的的学习是徒劳的，这样仅仅是让知识在我们的头脑中流过，流过的痕迹很快又会被新的信息冲刷干净。不管我们拥有怎样的"最强大脑"，在面对这股信息与知识洪流时，都几乎可以忽略不计。

大脑确实和计算机的 CPU 有很多类似之处，比如它也有一个缓存单元：长短期记忆，类似 CPU 的多级缓存；它还有一个计算单元，用于任务处理与决策。这让我联想到 Java JVM 的实现中有一种实时编译技术叫 JIT（Just-In-Time），它会根据代码的调用量来决定是否进行编译执行。而对于知识学习，我们也可以采用类似的策略，到底哪些知识需要提前编译储备在大脑中，哪些仅在特定场景触发下才需要"实时编译"去边学边用。

毕竟未来充满了太多的未知和意外，我们没法提前储备太多。

而前文也提到大脑不适合长期持续地满负荷运转，这与我自己的真实感受是一致的。我感觉如果一次性让大脑满负荷（100%）运转达到 4 小时，我就会感到很疲劳。而做不同的事情对大脑的利用率也是不同的，结合自身感受，我画出了一幅我自己的大脑消耗率示意图，如图 41-1 所示。

所以，这就要求我们有选择和取舍。万维钢的一篇文章中有句话是这么说的：

"注意力是一种有限的资源，你要是不擅长不集中注意力，你就不擅长集中注意力。"

你得挑选那些真正值得做和学的东西去让大脑满负荷运转，但凡投入决心去做的事情，就需要百分百投入。这就是所谓的专注于少而精的东西，深入了解它们，进入更深的层次。深度可以了无止境，那到底多深才合适？我的答案是：让你的内心对取得的效果感受到满意即可。它的反面是：但凡心存疑虑，不是那么确定要全力投入的事情，那干脆就别做了。

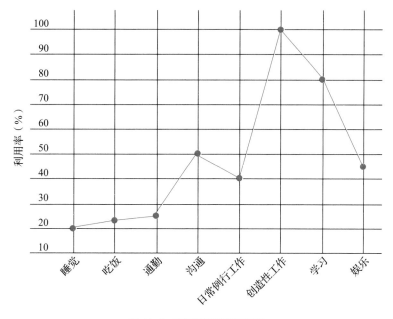

图 41-1 不同活动脑耗示例图

从前写一篇文章，我会给一个合理的时限要求。比如高考作文 800 字，要在 50～60 分钟内完成。而我每篇文章一般在 2000～3000 字，我给的时限也就在 3 小时左右。因为安排了这 3 小时，其他时间按计划还要干别的，但这个安排一直让我很焦虑，因为经常性写超时。

现在明白了，写作本来是一件创造性的活动，一件"脑耗率"100% 的活动，需要百分百的投入，最终效果远重于时限。即便我在 2 小时内写完了，但效果能达到让我内心取得满意的深度层次吗？

做得多和做得好的感觉很不一样。就像拳击，多，好似不停挥拳，很快就精疲力竭；好，则是看准目标，抓住机会全力出击，一击中的。

最后，总结下在信息爆炸的时代，我们该如何有效处理、吸收和消化信息：

- 信息过载是现实；
- 疲于奔命是陷阱；
- 心智模型是方法；
- 一击中的是策略。

想一下，关于信息处理的有效方法和模型，你目前采用的是怎样的好办法呢？

42　如何形成自己的领域？知识体系

2018 年年初，我学习了梁宁的《产品思维》课程，其中有一课叫《点线面体的战略选择》，我觉得特别有感触。虽然是讲产品，但假如把个人的成长当成产品演进来发展，会有一种异曲同工之感。

在我工作的经历中曾碰到过这样的一个人，他一开始做了几年开发，从前端到后端，后来又转做测试，接触的"点"倒是不少，但却没能连接起来形成自己的体系，那他个人最大的价值就局限在最后所在的"点"上了。

其实个人的成长有很多方面，但对于程序员的成长来说，最重要的就是知识体系的构建，这其实就是一个"点线面体"的演进过程。

下面我会结合自己的成长路线来梳理一下这个体系的建立过程。

点

进入任何一个知识领域，通常都是从一个点开始的。

图 42-1 是我从大学进入软件开发领域所接触的一系列的点，我将其从左到右按时间顺序排列。其中，"Java""分布式"是目前还属于我"掌握"与"了解"的领域，而时间线上更老的技术要么被时代淘汰了，要么已经被我放弃了维持与更新。

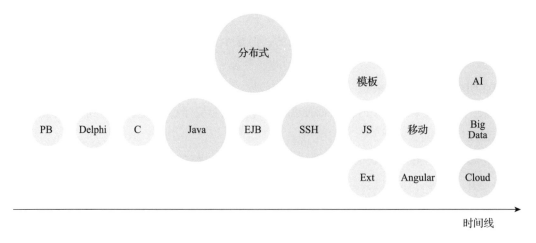

图 42-1　我的成长时间线上相关技术领域知识点

我刚入行时，流行的是 C/S 架构的软件开发模型。当时客户端开发三剑客是 PB（Power-Builder）、VB（Visual Basic）和 Delphi，而我只是顺势选了其中的一两个点，然后开启了程序员生涯。

之后没过几年，B/S 架构开始流行，并逐步取代了 C/S 架构。我也只是因为研究生阶段学校开了一门面向对象的语言课，老师用 Java 做教学语言，后来就顺势成了一名 Java 程序员。而又只是因为 Java 的生命力特别旺盛，所以也就延续至今。

早些年，前后端还没太分离时，因为项目需要，我也涉猎了一些前端 JS 开发；之后移动互联网崛起，我又去学习了一些移动开发的知识；再之后就是 ABC 的时代（其中 A 是 AI，人工智能；B 是 Big Data，大数据；C 是 Cloud，云计算），我就又被潮流裹挟去追逐新的技术浪潮。

如今回过头再看，每一个技术点，似乎都是自己选择的，但又感觉是技术浪潮推动的结果。有些点之间有先后的承接关系，而更多的点都慢慢变成了孤点，从这片技术的星空中暗淡了下去。

在你入行后，我想你可能也会因为时代、公司或项目的种种原因，有很大的随机性去接触很多不同的技术点。但如果你总是这样被客观的原因驱动去随机点亮不同的"点"，那么你终究会感到有点疲于奔命，永远追不上技术的浪潮。

线

当形成的点足够多了后，一部分点开始连接成线，而另一些点则在技术趋势的演进中被自然淘汰或自己主动战略放弃。

那到底该如何把这些零散的点串成线，形成自己的体系与方向呢？图 42-2 是我的一幅成长"T 线图"，它串联了如今我沉淀下来的和一些新发展的"点"。

我从成为一名 Java 程序员开始，在这条"T 线"上，先向下走，专注于解决业务需求碰到的技术问题。一开始自然地要向下至少走一层，接触 Java 的运行平台 JVM。而又因为早期做了几年电信项目，要和很多网络设备（包括各类网元和交换机等）通信，接触网络协议编程；后来又做了即时消息（IM）领域的工作，网络这个部分就又继续增强了。而网络编程依赖于操作系统提供的 I/O 模型和 API，自然绕不过 OS 这个部分。

在 Java 领域工作了多年后，以前涉猎的技术点就逐步暗淡了。而从程序员到架构师转型，就开始往上走，进入更纯粹的"架构与设计"领域，借由更宽的范围和更高的维度来评估技术方案，做出技术决策与权衡，设定技术演进路线。

但是，再好的技术方案、再完美的架构，如果没有承载更有意义的业务与产品形态，它们的价值和作用就体现不了。所以不可避免，再往上走时就会去了解并评估"业务与产品"，关注目标的价值、路径的有效性与合理性。

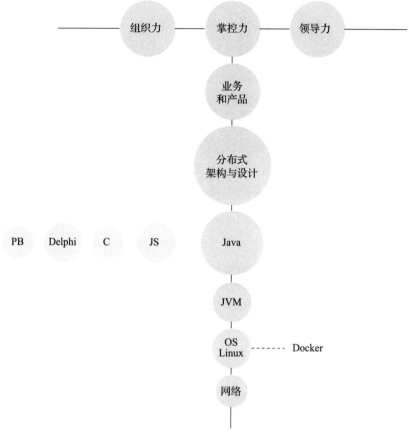

图 42-2　我个人的成长发展"T 线图"

整个纵向的技术线最终汇总到顶点，会形成一种新的能力，也就是我对这条纵向线的"掌控力"。到了这个"点"后，可以开始横向发展，如图 42-2 所示，也就是有了新的能力域：领导力和组织力。

一个个点，构成了基本的价值点，这些点串起来，就形成了更大的价值输出链条。在这条路上，你也会有一条属于自己的"T 线"，当这条线成型后，你的价值也将变得更高。

面

线的交织，将形成面。

当我试着把我最近六年多在电商客服和即时通信领域的工作画出来后，它就织成了如图 42-3 所示的这个"面"。

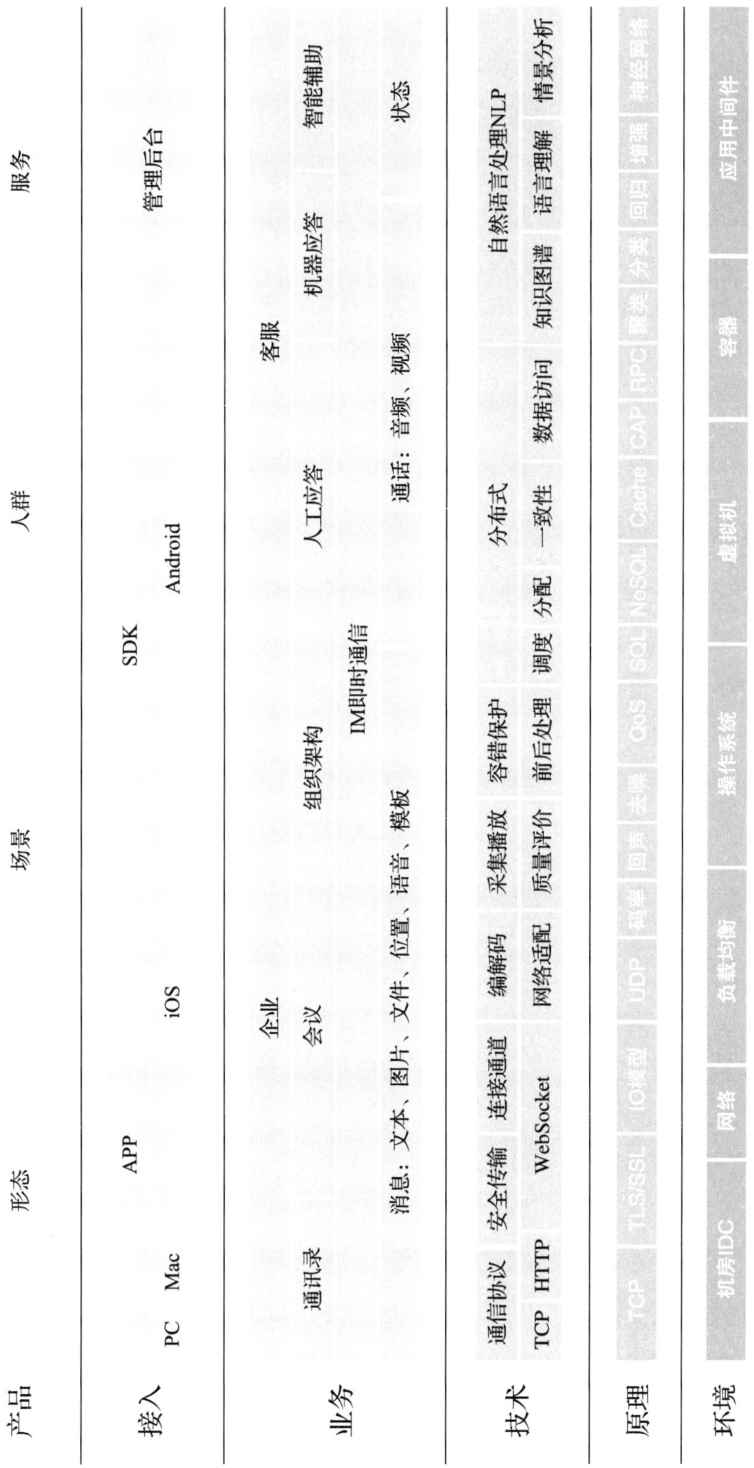

产品	形态		场景	人群		服务
接入		APP			SDK	管理后台
	PC	Mac	iOS	Android		
业务			企业		客服	
	通讯录		会议	人工应答	机器应答	智能辅助
			组织架构			状态
			IM即时通信			
			消息:文本、图片、文件、位置、语音、模板	通话:音频、视频		
技术	通信协议	安全传输	连接通道	编解码	采集播放	容错保护	分布式			自然语言处理NLP	
	TCP HTTP		WebSocket		网络适配	前后台处理	质量评价	调度 分配	一致性	数据访问	语言理解 知识图谱	情景分析
原理	TCP	TLS/SSL	IO模型	UDP	硬编 回声 去噪	QoS	SQL NoSQL Cache	CAP RPC 聚类 分类 回归 增强			神经网络
环境	机房IDC		网络	负载均衡		操作系统	虚拟机	容器		应用中间件	

图 42-3 我近些年工作面的分层图

我从最早的聚焦于某个业务点和技术栈，逐步延伸扩展到整个面。因为 IM 这个产品本身具备很深的技术栈，而且也有足够多元化的应用场景，这样整个面就可以铺得特别宽广。这也是为什么我已经在这个面上耕耘了 6 年之久。

但事实上，我并不掌握这个面上的每个点，整个团队才会分布工作在整个面上，每个个体贡献者也只会具体工作在这个面上的某个或某些点。但我们需要去认清整个面的价值体系，这样才能更好地选择和切入工作的点，创造更大的价值。

有时候，我也了解到有些程序员的说法是这样的：在相对传统的行业，做偏业务的开发，技术栈相对固定且老化，难度和深度都不高，看不到发展方向，期望找到突破口。若你也出现了类似的情况，那就说明你从事的业务开发，其单个技术点的价值上限较低，而选择更新、更流行的技术，你就是期望提升单个技术点的价值，但单个技术点的价值是相对有限的。

反过来，如果很难跳脱出自身环境的局限，那么也可以不局限于技术，去考虑这些传统的业务价值，从技术到业务，再上升到用户的接入触达，考虑产品的场景、形态和人群是如何为这些用户提供服务进而产生价值的。

当你对整个业务面上的价值点掌握的非常多，能抓住和把握核心的价值链条，去为更高的价值负责，那么你就可以克服自己的成长发展困境，找到另一条出路了。

同时，你也为自己织就了一张更大的领域之网。在整个面形成了一个领域，在这个面上你所能掌控的每条线就是你的体系。在这条线的"点"上，你解决具体问题，是做解答题；但在整个面上你选择"线"，是做选择题。

体

体是经济体或其中的单元。

你的"面"附着在什么"体"上决定了它的价值上限。如果"体"在高速增长并形成趋势，你就可能获得更快的发展。

从电力时代到信息时代再到智能时代，互联网、电商、移动互联网，这些都是"体"的变化。如今互联网行业的软件工程师，他们面临的挑战和难度不见得比传统的机械或电力工程师更大，只不过他们所从事的"点"所属的"面"，附着于一个快速崛起的"体"上，获得了更大的加速度。

"体"的崛起，是时代的机遇。

在领域知识体系中，"点"是利器，"线"是路径，"面"是地图；而就我们个体而言，"点"是孤立知识点的学习掌握，"线"是对这些点的连接，而"面"则构成了完整的知识体系网。

以上就是我建立知识体系并形成自己领域的思考。而在每个不同的阶段，你都可以先做到心中有图，再来画"线"，然后再在每个"点"上努力。

43 如何转化能力，高效输出？运转体系

对个人来说，建立好了知识体系，各方面都明了了，但有时做起事来却还会感觉发挥不出来；对团队来说，牛人众多，但感觉做出的事情效果却很一般。

这类问题的症结，多出在从体系积累到输出转化的环节，它涉及个体与团队对这两个实体的转化问题。

个体

关于个体的能力转化，我想先讲一个发生在我自己身上的故事，通过类比想必你就能很快明白这个道理。

前几年有几部华语电影，比如《叶问》《一代宗师》等，都是和一个人、一套功夫有关；而在 2017 年到 2018 年间，在我身上正好就发生了这么一件计划外的事情，我去接触学习了咏春拳。练拳一开始并不在我计划内，甚至也不算是兴趣内的事，但它就这么发生了，然后还意外地让我有了一些收获。

刚开始，我的确对咏春有很多疑惑，但好在并不排斥。一开始老师并没有教什么招式套路，而是从架构开始。既然是功夫，这个"架构"当然就是指身体架构了。为什么不讲招式，而是讲架构？这也是我最初的疑惑。随后，老师用一个生动的示例说明了缘由。

老师先拿一个沙包挡在胸前，让我们挥拳全力击打，他来挡住。我们全力挥拳的阵势倒是挺大，打在沙包上也砰砰脆响，但老师纹丝不动。反过来，当我拿沙包挡在胸前时，老师的拳头接触沙包后发出沉闷的响声，我用尽全身力气也站不住，连连后退，直到碰到墙边才止住退势，并且胸口还隐隐作痛。

从此以后，每次老师演示沙包架构教学，同学们都连连谦让。其中的原理后来听老师讲解才算明了：我们平常出拳基本都是用的臂力，力量不会太大；而老师出拳用的是身体之力，借助身体架构发全身之力。

力，从脚底触地而起，由腿上腰，扭腰推至背肩，再甩肩推臂，经腕至拳，最后触及被击打之物。在这个过程中，全身都会随这股力量而动，借助全身体重的推动力，会大幅

度地放大这股力量。这股力量甚至超过了他的体重，试想一个成年人那么重的力量推向你，你如何能接得住？

后来，我了解到，经过职业训练的拳击手，挥出重拳的力量可以是体重的好几倍。而我们普通人挥拳只用手臂发力，只有体重的几分之一。因为我们没有经过身体架构的训练，所以身体架构各自配合脱节，力量便耗散在了过程之中，无法发出全身之力。

身体是一个系统，身体架构是一个体系，这个体系的输出能力便是出拳的力量。

要放大这个力量，就需要不断反复地去协调应用这个体系，并不断得到反馈修正，最后形成肌肉记忆的习惯，就像老师一挥拳就能爆发全身之力一样。而我练习了几个月，可能也没到半身之力，这个过程和所有技能的刻意练习过程一样，无法速成。

从上述故事可以学到一个知识，那就是从建立体系到能够熟练应用其去输出能力，大概会经历如图 43-1 所示的过程。

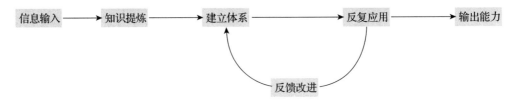

图 43-1 从建立体系到输出能力的过程示意图

所以，对于个体而言，建立起一个初步的知识体系，才仅仅是开始。

团队

如果说个体的能力输出像出拳，那么团队的输出就像战争了。

在近年来大热的美剧《权力的游戏》中，一开始有两个家族，北方的狼家族和南方的狮家族，他们爆发了一场战争。战争之初，狼家族在战场上连战连胜，甚至一度俘虏了狮家族的重要人物，但后来突然急转直下，竟被人在战场之外全灭。

而战争其实是发生在两个体系（这里的体系是国家、家族和部落）之间的能力较量。每一个战场、每一场战役仅仅是体系中一些"点"的较量，虽然北境的狼家族一开始在战场上连连获胜，但他们这个内部体系的薄弱环节和问题远多于狮家族这个体系，因而在被人抓住关键节点后，一下就瓦解了。

团队体系比较复杂，即使个体的点很强，但也仅仅是点的强化，很有可能不断赢得局部战役，但最后却输了整个战争。

2018 年大热的书《原则》（该书的作者是雷·达里奥，他是世界最大对冲基金——桥水联合基金——的创始人）描述了他的一个思想和实践，就是把公司当作"机器"（原文是Machine）来管理运转。

所以，在他看来管理者就像是工程师，而工程师维护机器运转的工作状态我们都能想象到，通过机器的运行仪表盘监控机器的运转状态，或通过指标优化机器的运行效率。而达里奥的"机器"就是他建立的管理公司的体系。

我们团队曾经有个高级测试工程师，在他晋升测试架构师级别的述职时，提到他的一项工作就是搭建测试体系来帮助团队改善测试工作的效率和效果。在进行阐述时，他虽然完整地描述了这个体系"机器"的零部件组成，不过在他制造的工具和系统中却缺失了关于体系的一些最重要的方面：这个体系是如何运转的？它提供了哪些系统和仪表盘监控指标来支撑和反映其运转状态？为什么这个体系能在团队里运转？

以上三个问题，反映了"机器"体系的三个核心点：

- 流程规则
- 工具系统
- 规范共识

没有流程规则，"机器"体系就不知该如何运转；缺乏工具系统支撑，就没法监视和控制这个体系的运转效率与效果；而如果未能在团队形成共识并达成规范，"机器"体系就不可能"和谐"运转起来。所以，流程规则，建立其运行轨道；工具系统，支撑其高效运行；规范共识，形成了协调合奏。

团队能力输出就是这样一个"机器"体系运行的过程。那么团队的强弱就由两方面决定，一是团队中所有个体形成的体系力量之和，二是由流程规则、工具系统和规范共识共同决定的转化效率。

转化

从个体到团队，都是通过搭建体系来积蓄力量，再通过体系的运转来输出能力。

这里共通的思维方式是：体系化、工具化。这是一种标准的工程师思维模式，巧妙的是它依然可以用在非工程的领域。体系，从工程维度看就像生产流水线，而体系的运转就是开动了生产流水线。搭建并调校出一条高转化输出能力的体系生产线，是真正具有核心竞争力的事情。

中国台湾企业台积电计划投资 250 亿美元研发建设 5 纳米制造生产线，这个投资额很好地说明了搭建一个真正具有核心竞争力的生产体系所需的成本。而台积电正是靠着这样具有核心竞争力的生产体系，成为全球半导体生产制造的霸主，制造了全球 60% 的芯片。

所以我们也要像台积电那样，好好打磨适合自己的体系，使其成为自己真正的核心竞争力。

要想获得更大的成果，取得更大的成功，我们需要找到放大个体或团队能力的杠杆支点。曾经，也许我们也做出过好的产品，产生过好的结果，可能是因为我们能力不错，但也有可能只是由于运气不错。也就是说，好产品或好结果并不能成为支点，不断产出好结果或好产品的"体系流水线"才是。

我们需要做的就是不断打磨这条流水线，提升转化输出好产品或好结果的效率与良品率。

个体和团队的强弱，一方面取决于我们在体系中积蓄的力量总量，另一方面在于体系运作的转化输出率。体系决定了力量的总量，而转化决定了拳拳到肉的痛感。

44　如何并行工作与学习？打破循环，掌握曲线，认识潜能

在工作中，你应该碰到过这样的一些情况，有同事工作的时间不短，经常加班加点，工作也很勤勉，但每到晋升时却碰壁了。你可能还会为其打抱不平。难道这真的只是不公平或者运气不佳吗？

其实这种情况，隐藏在背后更深层次的原因是：工作陷入了循环与重复，停止了成长。

那么，你该如何在工作的同时，保持学习，并持续成长与进阶呢？我想，可以先从分析"程序员的工作本质是什么"开始着手。

工作

程序员的主要工作是：编程、产出代码、完成需求、交付程序系统。

程序员按其工作技能和经验，大体又分为三个阶段：初级、中级和高级。这三个级别的程序员的主要工作都是编程与产出代码，产出代码的数量也许相差不大，但产出的代码属性就可能有明显的差别。

什么是代码属性？它包括资产与负债两类。由大量初级程序员产出的代码并以此构建软件系统，如果最终能完成交付，那么很可能资产和负债性基本持平。这是很多早期创业公司产出代码的属性特征，因为创业公司早期缺乏资金和足够的知名度，难以吸引到足够的中、高级程序员加入。

这样的代码构建的系统多属于勉强满足业务需要，虽看不出明显的 bug，但一遇到特殊情况就容易宕机。整个系统虽然勉强能支撑公司运营，但其中欠下了大量的技术债；导致出现先活下来，未来再来慢慢还债的现状。

若是完成了一个债务比资产还大的系统，会是什么情况呢？这其实就是一个还存在明显 bug 的系统，是基本无法完成交付和上线的。

因此，现在互联网行业创业团队的主流做法，都是先完成一个资产和负债刚好过平衡点的系统，发布上线，接受反馈，再快速迭代，最后在迭代中不断地提升其资产性，降低其负债性。

这样的方式在行业里有一个实践的榜样：Facebook。它还有一句著名的标语：

Done is better than perfect. 比完美更重要的是先完成。

但如果你仅停留于此，那工作就永远在完成，并不会走向完美。而且，工作的内容还会不断地重复，让你从此陷入成长的停滞区。

从初、中级走向高级程序员，就不仅仅是交付代码、完成工作，还要有后续的更高要求。如：达成品质、优化效率。而在不断晋级的路上，跨越的门槛就在于此，很多人比较容易卡在不断地完成工作，但却没有去反思、沉淀、迭代并改进的过程中，导致一直停留在了不断重复的怪圈之中。

程序员，工作以产出代码为主，从初级到高级，代码的负债属性逐步降低，资产属性不断提升，最终成为高品质的个人贡献者。而从完成到追求品质和完美的路上，不仅仅是靠工作实践的经验积累，还需要有意识地持续学习。

学习

持续学习，是让你突破不断循环怪圈的不二法门。

在工作中，我一直观察到一个现象，很多人因为离开学校后，工作任务多、压力大，从此就停止了系统地学习。在《浪潮之巅》一书中，吴军写道：

国内：小时候努力，到大学后就不努力了。
国外：到大学后才开始努力，很快就超过国内学生。

吴军这对比国内外的教育，也反映了我们教育中作为学生的一种心态，觉得毕业了，离开学校后就不需要多努力学习了。但目前程序员这个职业所面临的技术发展和更迭远超其他行业，你即便只是为了能够保质保量地完成任务，也需要保持持续学习的节奏。

现如今是个信息爆炸与知识过载的时代，所以学习必须要有选择性。

我读大学的时候，学程序期间喜欢电脑，就爱帮同学组装机器，而且还爱反复折腾安装操作系统。那时 Windows 系统的特点之一就是越用越慢，一年半载就需要重装一次，所以可没少反复和折腾，原本以为能主动学到新东西，但结果发现其实都是被动的。所以，学习还是要聚焦和主动选择，毕竟人的精力和时间都是有限的。

而有选择性的学习就需要找出真正与你近期规划有关的学习路径。

假如你入职的公司使用 Java 为主要开发语言，而大学里你一直学习使用 C 或 C++ 编程练习，这里再假设你对计算机相关的基础性学科和知识掌握良好，比如：操作系统、数据库、网络、组成原理、编译原理、算法基础、数据结构等。那么为了更好地完成工作任务，就需要你先主动学习 Java 编程语言、开发框架等编程技术相关的知识。

而对于学习语言本身我觉得最高效的方法就是看一本该领域的经典入门书。比如，对于 Java 就是《 Java 核心技术》或《 Java 编程思想》，这是我称之为第一维度的书，聚焦于一个技术领域并讲得透彻清晰。

在有了该语言的一些实际编程和工程经验后，就可以看一些该领域第二维度的书，比如：《 Effective Java 》《 UNIX 编程艺术》等，这些是聚焦于特定领域经验总结型的书，这类书最有价值的地方是其聚焦于该领域的思想和思路。

不过过早地看这类书反而没什么帮助，甚至还可能会造成误解与困扰。例如，我看豆瓣上关于《 UNIX 编程艺术》的书评，有这么一条："很多例子和概念已经成了古董，当历史书看，无所获。"这显然就是过早接触了第二维度的书，却预期得到第一维度的收获，自然无所获了。

而另外一些技能，像 Java 开发工作需要大量使用的开源框架又该如何学习？张铁蕾曾写过一篇文章——《技术的正宗与野路子》，其中介绍了如何用真正"正宗"的方式去学习并快速掌握这些层出不穷的开源新框架和技术。

这里就借用其原文里的一张图（重新按统一风格绘制了下），每一项开源框架或技术相关的学习资料可以组织成图 44-1 中的这张金字塔形的结构图。

Tutorial（指南）和 API Reference（应用编程接口参考）层次的信息资料能帮助你快速上手开发，而 Spec（技术规范）和 Code（源代码）会帮助你深刻地理解这门技术。而其他相关的技术书籍和文章其实是作为一种补充阅读，好的技术书籍和文章应该有官方资料中未涵盖的特定经验或实践才算值得一读。

张铁蕾在文中如是说：

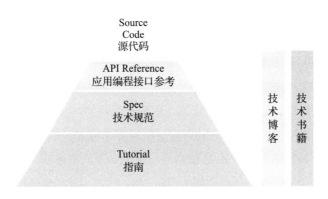

图 44-1 技术学习资料的层次结构示例图

"每当我们接触一项新技术的时候，都要把手头的资料按照类似这样的一个金字塔结构进行分类。如果我们阅读了一些技术博客和技术书籍，那么也要清楚地知道它们涉及的是金字塔中的哪些部分。"

我深以为然，关于技术学习我们不能简单地蜻蜓点水、复制粘贴、拿来主义，而是去建立你的知识"金字塔"，形成体系结构，每次的学习实践其实都是在不断完善你的"金字塔"。至于更多技术性学习的细节，若你感兴趣，也可以去看看那篇文章。

路径

保持学习，不断成长，工作也许还在重复，但成长却在迭代上升，然后才会有机会面临更多可选择的路径。

程序员在攀登职场阶梯的道路上，走过了高级，后面还会有很多分叉路线。比如，转到脱离技术的纯管理岗或者技术管理岗。技术主管或架构师某种意义上都属于技术管理岗，不懂技术是做不了这两个角色的；或者继续沿着深度领域走，成为细分领域专家。

这后面哪条路适合你呢？你是随波逐流，还是自己认真思考和决定？这是做选择题。如果一生要工作三十多年，前十年你多在做解答题，解决一个又一个问题。那么在大约走过这三分之一后，你就会开始做越来越多的选择题。为什么呢？因为一开始可能没有太多可供你选择的机会。而后续做好选择题，则需要大量学习，还需要不断地试错。

面对怎么选路的问题，我近些年学习的收获是这样的：选择走最适合实现个人价值的路。这就是我的基础选择价值观。程序员的个人价值该怎么实现？该如何最大化？程序员作为个人贡献者，到了一定的熟练阶段，产出基本就稳定了，而技能的成长却呈现对数曲线的增长特征。

任何一个你所尝试提升的事情都有一个增长曲线，这个曲线有如下两种形态。

- **对数增长形态**：这种类型在初期增长很快，但随后进展就愈发困难；
- **指数增长形态**：这种类型在初期增长很慢，但存在积累的复利效应。

增长要么是对数形态，要么是指数形态，很少有线性的。

对数增长也意味着更容易退步，因为起步阶段非常陡峭（如图 44-2 所示）。比如，学习一门新的技能，不持续去应用，很快就忘了，退回原点。那你应该如何应对这种"窘况"呢？我建议你在最初的高增长阶段，将学习和工作的关注点放在养成长期习惯上，因为虽然开始增长很快，但一旦停止努力它可能会回落，所以一定要慎之又慎，坚持形成自己的习惯和节奏。

指数增长还意味着存在一个拐点的"突变"时刻。很多人期望线性增长，但实际却是按指数增长的（如图 44-3 所示），这让许多人在拐点发生前就放弃了。比如，写作，在呈指数增长的领域内，有很多半途而废者。所以，在做本质呈指数增长曲线的事情时，柔韧且持久的思维模式是关键。

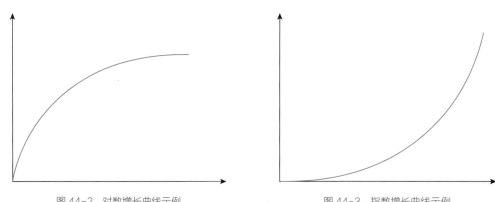

图 44-2　对数增长曲线示例　　　　　　　图 44-3　指数增长曲线示例

工作多年后，技能的增长就又进入了对数的平缓区域，通常其回报呈现递减趋势。也就是说你在其上花的功夫越来越多，但你感到越来越难以获得新的收益，其难处在于找到新的突破点，重新回到曲线陡峭上升的部分。

这就是所谓成长的瓶颈，你要学会应用指数增长的方法，找到价值贡献的放大器。作为程序员，你有可能很幸运地编写服务于数千万或数亿人的软件服务，这是产品自带的价值放大器。这样同是写一份代码，你的价值就是要比别人大很多。而转管理者或架构师，这些角色无非都是自带杠杆因子的，所以也有价值放大的作用。但个人能否适应得了这样的角色转换，又是另一回事了。

拉姆·查兰有本书叫《领导梯队》，书里把人才潜能分成三种：熟练潜能、成长潜能和转型潜能。原书对这三点做了详细的特征描述，简单提炼主要特点如下所示。

- **熟练潜能**：关注当前专业领域且十分熟练，但没有显示出在开发新能力上的努力，竭力维持现有技能。
- **成长潜能**：按需开发新能力，显示出高于当前层级要求的其他技能，如：专业、管理、领导。
- **转型潜能**：持续有规律地开发新能力，追求跨层级的挑战和机会，展现雄心壮志。

人力资源管理中的高潜人才盘点，基本就来自这套模型，主要就是识别出这三类潜能人才。"熟练潜能"已是我们这行对学习的最低要求，在程序员这个技术日新月异的行业里，维持现有技能确实已经让不少人感觉竭尽全力了。

那你拥有怎样的潜能呢？它不一定都是天赋，可能也是选择。

成长这条路从来都不是笔直的，你的"奔跑速度"也不会一直是匀速的。在每一个拐弯处，都应减速、思考、学习，然后再加速进步。

45　时间太少，如何阅读？聚焦分层

一般放假或闲下来的时候，我多会在家里读读书。最近看了下我在豆瓣标记为"想读"的书籍已经突破了 300 本，而读过的书不过一百多本。我应该是一个爱读书、爱阅读的人，但看着越来越长的"想读"列表，感觉是永远读不完了。

越读越少

我在读中学时（20 世纪 90 年代），那时还在住校，每周也没有双休，只有周日能休息一天。每到周日一大早我就会跑去书店看书，有一阵学校附近开了个租小说的铺子，又正好迷上看武侠小说，我就每周日下午去那里看书。武侠小说字多书也厚，一套下来不便宜，对于中学时代的我来说还是奢侈品。

老板人还挺好，见我一个学生既不买书也不租书就站在那里看，后来就专门给我在书架后弄了个小板凳坐那里看上一下午。久了觉得不好意思，也勒紧裤腰带省下点饭钱偶尔租上几本带回学校宿舍看，也算报答老板的好心。那时还没有互联网，偶尔在《科幻世

界》上看到介绍美国正在建设"信息高速公路",也搞不懂是什么东西,其实就是现在的互联网。

那个年代互联网还停留在科幻中,世界处于信息流动缓慢的年代,我还处在阅读饥渴的年龄,找到什么就读什么,总是很快就把身边能看的书看完了,有种说不出的快感,也迫切地想要找到更多可以读的书。

没过几年,书确实越来越多了,而且不仅仅是以实体的纸质书籍存在,之后我便开始感觉到读不过来了。

越读越多

20世纪末,互联网终于从科幻走进现实,直到今天已是信息大爆炸并严重过载。最困扰的事情已不再是找不到可读的东西,而是不能筛选出值得读的东西。

我通过各种渠道、评价、推荐等筛选出了觉得值得一读的书,并放进了"想读"列表,但这个列表却在一天天变得更长,阅读的选择焦虑变成了当下的主要困扰。很久以前我这个"想读"列表是不太长的,一般不超过20本,因为以前我看见这个列表太长了后,就会先把列表中的书读完再继续添加,这样有助于缓解读不完的压力与焦虑感。

但后来渐渐明白这个方法其实有很大的弊端,因为这样的处理算法是先进先出的,而更好的选择应该是按优先级队列来。所以,后来我只要遇到好书,都往列表里放,而不必对这个越来越长的"想读"队列感到焦虑,只是在选择时考虑优先级。

然而,每天都有很多新的文字载体诞生,每天我也在花时间去消化它们,不过生产的速度远远大于我自身消化的速度,这样下去实际就变得越读越多了,但多不是目的,而是要从中找到值得读的内容。毕竟筛选内容花费了不少精力和时间,但阅读花的时间更多,读完后若发现读错了会更觉痛惜,最终成为瓶颈的正是我们的时间。

越读越值

所谓值,就是对我们自身更有意义。

如何从"想读"列表中选出对我们更有"意义"的内容呢?这就关乎这个"想读"队列的优先级提取算法了。这和每一个人具体的阅读偏好和习惯有关,而我的阅读习惯简单说来可以用两个词来概括:聚焦与分层。

我把需要阅读的内容分作如下3个层次。

1)内层:功利性阅读;

2）中层：兴趣性阅读；

3）外层：探索性阅读。

内层的功利性阅读其实和我们的工作生活息息相关，这样的阅读目的就是为了学会知识或技能，解决一些工作或生活中的问题与困惑。比如，Java 程序员读《Java 核心编程》就属于这类。

中间层的兴趣性阅读则属于个人兴趣偏好的部分，比如我喜欢读科幻（刘慈欣的《三体》等）、魔幻（马丁的《冰与火之歌》等）和玄幻之类的小说。

中层的兴趣性阅读与当时阅读的状态很有关系，挑选一本与此刻的心情、感受和环境最契合的书来读，这种挑选未必是刻意的，更像一种邂逅，与文字的邂逅。在此刻我选中了一本书，认真地翻开，认真地阅读，感受作者写下这些文字时的场景、心情与思考。也许会与作者产生一种跨越时空距离的交流与沟通，无声、无言、无语，但是沟通已经完成，共情、共鸣、共思等各类感觉就是通过这些奇妙的文字建立了关联。

最外层的探索性阅读，属于离个人工作和生活比较远的，也没太大兴趣的部分；这部分内容其实就是主动选择走出边界去探索并感受一下，也许就可能发现有趣的东西，从此也就有了兴趣。

也许很多人的阅读都有类似的三个层次，但不同的是比例，以及选择的主动与被动性。目前，我在内层功利阅读上的用时比例最大，占 70%；中层的兴趣阅读占 20%；外层的探索阅读占 10%。这个比例我想不会是固定不变的，只是这个阶段最合适的选择。

在招聘面试的最后我总爱问对方："最近读过什么书？"倒不是真得关心对方读过什么书，其实就是想看看对方有没有阅读的习惯，看看对方是否主动选择去学习和如何有效地处理信息。毕竟阅读的本质就是处理、吸收和消化信息，从读书的选择上可以略窥一二。

让人感叹的是现今能够消磨时间的 App 或者节目实在太多，要想真正去认真读点东西对意志力来说会有些挑战。上面我所说的那个阅读分层，其实都是适用于深度阅读的，它要求你去抵挡一些其他方面的诱惑，把时间花在阅读上。

内层的功利性阅读，偏学习，是痛苦型阅读；中层的兴趣性阅读，偏娱乐，是享受型阅读；外层的探索性阅读，偏开拓，可能是好奇驱动，可能遭遇无聊，也可能会有惊喜。

深度阅读意味着已经完成了内容选择，直接可以进入沉浸式阅读；而在选择之前，其实就有一个内容收集和沉淀的阶段。平时我都是用碎片时间来完成这个收集和沉淀，为了让这个收集和沉淀发挥的作用更好，其实需要建立更多样化的信息源，以及提升内容源头的质量。

　　通过多样化的信源渠道，利用碎片时间广度遍历，收集并沉淀内容，再留出固定时间，选择聚焦分层的阅读内容，进入沉浸式阅读；这样一个系统化的阅读框架就建立起来了，剩下的就交给时间去慢慢积累，从量变到质变。

　　这就是一个让我的阅读"越来越值"的框架。

　　我的阅读只有一个框架，并没有计划；只管读完当前手里的书，下一本书读什么，什么时候读都不知道，只有到要去选择的那一刻才会根据当时的状态来决定。

　　最重要的是，框架指导了我的选择。

第 12 章

展现的方式

46 写作：为什么不仅写代码，还要写作？

展现的最常见形式之一就是：写作，它是一种能随着时间去沉淀的长尾展现形式。

曾几何时读过一篇文章，它说招聘程序员时，如果两个程序员各个方面都差不多，要从中选择一个，建议选择写作能力更好的那个，这个说法似曾相识。

关于写作，曾经有不少人都已经写过很好的文章了，比如：刘未鹏的《为什么你应该（从现在开始就）写博客》、余晟的《写作是种高质量的社交》等。这些文章从各个角度谈及了写作的好处，我这章就不打算老调重弹再去完整探讨这个话题了，而是从另一个角度，不干讲道理，先讲几个小故事吧。

唯一的必修课

一天吃了晚饭，打开"得到"App，准备阅读下我订阅的专栏，碰上吴军老师正好在直播。直播讲了好几个话题，其中就有一个是关于写作的。这次直播让我印象最深的是吴军提到：哈佛大学每个学院每个专业的一年级新生，所有的课都是可选的，唯独只有一门写作课是必修的。

这是我第一次听说这件事，却是颠覆了我过往对大学的认知。因为我在读大学的必修课多达好几十门，为什么世界上最好的大学却是这样的规定呢？后来查了资料，在哈佛，写作是通识课，属于校方指定必修课。而任何专业的主修课，都可以任选任换，连专业本身也可以换。

写作的分类中，比如：诗歌、小说、戏剧，通常被称为"创造性写作"，而哈佛必修的写作其实是"说明性写作"。哈佛大学写作系主任 James Herron 博士这样说：

> "我们教的不是文学写作，而是学术论证：如何在议论时采用合适的证据，且能反驳他人提出的有说服力的论点。"

给一百万人发邮件

十多年前，我那时在做的一件事是给某银行分行写一个信用卡账单程序。整个流程是这样的，每个月会从大型账务主机上下发一个账务文件，包含了所有用户本月消费的一些账务明细，对每个用户而言就是一张又宽又长的表格。

那时候程序员的分工没现在这么细，所以这个项目我承担的职责涉及产品经理（沟通需求、设计文案）、前端设计开发（设计界面并实现）、后端开发（完成业务主要逻辑）、测试、运维还有客服（有时也直接回复一些用户问题）的工作。

这个信用卡账单的设计样式和文案都是我完成的。它主要包括几个部分：账务汇总、账务明细表和关于明细部分表的一些解释说明，外加一些需要咨询反馈的联系方式与路径之类的信息。做好后，银行信用卡部的一位资深业务人员就来验收了，她看完后指出了很多问题。

> "金额对齐方式不对，要右对齐。"
> "你这是照搬了主机下账文件啊，太复杂了，这些字段都不用给用户看，他们也看不懂。"
> "没有了那些字段，很多解释说明也是不必要的。"
> "还好看了下，要是就这么发出去，下个月我们就忙死了。"

当时，我没有多加思考就直接按她的指示修改了。如今想来，顿时明白这里的问题是什么。当时银行的信用卡业务刚起步，整个广东省大概还没超过一百万用户。若那时没人纠正我，那我犯的错误就是在给近一百万人每月发一份描述并不清晰的邮件。

不清晰的痛

上面那个故事的道理，我其实差不多十年后才渐渐明白，因为我读到了另一个创业者 Derek 的故事。

　　Derek 作为一家公司的 CEO，经营能力很好，当时公司已经有了 200 万名客户。一天，他想给所有的客户写封邮件，为了说明公司业务的一些变化调整，他没有花费太多时间就写完邮件并发送了出去。

　　之后的一周内，他陆续收到大约 20000 封客户的反馈邮件，都是在反问他那封邮件里描述的不太清晰的地方。之后一周，他和他的同事们都在答复这些充满困惑的客户。他简单估算了下，这大概让公司损失了价值约 5000 多美元。

　　这次事件，让他深刻地体会到了犯错的代价：一句不清晰的描述，5000 美元的惩罚。从那以后，每当他再需要给客户群发邮件时，便会小心翼翼地逐句分析和测试每个句子是否会让人产生误解与困惑，有时可能会花上一整天的时间。这样的字斟句酌，随着客户规模的增长，我想应是值得的。

　　这让我从另一个角度想到关于工作的一些事，近年来我们一直在做在线客服系统。公司业务在早期的年份，每年以 100%～200% 的速度增长，所以我们的系统越来越大，访问量也随之增长。作为技术人员，面对不断增长的更大的流量，保障系统服务的稳定是我们的目标与追求，但作为在线客服系统的业务属性，在没有特别活动前提下的咨询流量突发增长，很有可能就是有其他人在别的地方犯了错。

　　培根有句名言：

Reading makes a full man, conference a ready man, and writing an exact man.

　　一种翻译是："读书使人完整，讨论使人完备，写作使人完善。" 其实最后的 exact 这个词也有精确的意思。所以，写作也会让人的思路更加清晰和精确。

　　书归正传，为什么前文招聘程序员时，要选写作能力更好的那个，这就是原因。后来，我无意中找到了这个说法的出处，其出自我曾读过的 37Signal 的两本书《 Rework 》和《 Getting Real 》：

　　"如果一个岗位有几个候选人，永远考虑那个拥有更强写作能力的人。无论这个人是设计师、程序员、市场还是销售人员，写作能力总是可以带来回报。有效、简洁的写作能带来有效、简洁的代码、设计、邮件、即时通信等。"

　　写作会带来：
- 更深度的思考；
- 更认真的生活；
- 更清晰的沟通；

- 更有效的社交；
- 更强大的内心。

写作，本就是一种理性的优雅与能量。

47　写作：没有灵感，写什么呢？

提及写作，就会有人拿灵感说事，比如：没有灵感，不知道写什么好。对于已经持续写作快 8 年的我而言，对于灵感和写作的关系可能有一些不一样的体会。

想法的天空

灵感，给人的感觉似乎比较缥缈，就像是飘在空中的云。

灵感，在英语中的单词是 Inspiration，另外还有一个更形象的词 Muse，这个词音译为缪斯，源于希腊神话，是神话中女神的称号。其实，缪斯女神不是一个神，而是九位文艺女神的总称，她们分别主司不同的艺术门类。所以，我们就用了缪斯来指代灵感。要获得灵感，就好像要得到女神的青睐，似乎是一件颇为困难的事情。

但实际灵感的来源就在我们的日常生活中，我们每天读文、看书、观察、参会、交流、讨论甚至争论，很多时候似乎有那么一刻感觉获得了某种启悟，感觉闻"道"了。灵感就产生于我们每时每刻的"呼吸"中，通过"呼吸"吸入各种各样的思想与观点。

但很多人在产生或经历过这样的"灵感"瞬间后，就慢慢淡忘了。以前我常和人分享和推荐获得灵感的一个方法——一个三十秒的小习惯：在每一场演讲、会议或任何重要的经历之后，花上 30 秒，不多也不少，立刻写下最重要的点。这个小习惯有助于你捕捉到灵光闪现的灵感瞬间。

为什么要养成随时记录灵感瞬间的小习惯呢？从开始写作以后，我经常碰到这样的场景：有时突然碰到一件事，引发了一个很好的想法，但在忙碌一天后忘了记下来，睡一觉起来发现完全想不起那一刻的想法是什么，只知道感觉很棒。从此，我就开始培养记录的习惯了。

有人会说，慢慢记得多了，自己也不常看，还是会忘记的，那还有用吗？心理学有个观点：仅仅是记录下来，即使后面全忘光了，也比不记录有用。因为它依然对你的大脑产生了改变，你忘记了，想不起来了，只是说明这种记录产生的影响不再留存于意识区，但可能还存在于潜意识区。所以，有句话是这么说的：

"潜意识负责做决定，意识负责找理由。"

这句话让我颇为震撼，反思在这一生中，有多少次我们做出了一些莫名其妙的决定，事后却在不断地合理化这些决策。

随时记录就是为了抓住那些在天空飘舞的灵感。

现实的地面

把灵感从天上抓下来（记录下来）后，有什么用？

关于灵感，大众的意识中觉得只有从事艺术工作是需要的，比如像作家、音乐家之类的职业。除此之外，灵感在我们普通人的平凡现实生活中还有什么用吗？其实，上文已经回答了一部分，仅仅是把灵感抓住，记录下来，就能对你的意识和潜意识发挥作用。这个层面可能有些太抽象，下面我来举个实例。

2017 年年中，刚结束了年中大促，我开始组织年中技术晋升的事情。程序员的技术晋升，其本质是一个关于成长与认可的事情。所以院长决定在晋升开始前，组织一个会跟大家分享下关于成长的一些个人心得。

会上说了很多，方方面面，我现在差不多都忘光了（我想现在属于潜意识还在发挥作用吧）。但有个场景印象很深，院长进会场时，手上拿了一个厚厚的笔记本，中间谈到关于成长时，大概意思是说：成长就来自这里，并用手指着那个厚厚的笔记本。然后进一步解释说，他在工作上一有什么想法就会记录在这个本上，这一本已经是第三本了，办公室的抽屉里还有写得满满的两本。

时不时拿出来翻翻看，看看曾经记录的想法，如今是否有了更深一层的洞见；看看曾经记录的问题，如今是否有了答案。我理解，这就是他的"灵感簿"。他是一名技术领导者，而我曾经读过一本写给技术领导者的书，里面总结了技术领导者的领导方式模型，可以概括为如下 3 点。

- M：激励 Motivation
- O：组织 Organization
- I：创新 Innovation / Ideas

简称为 MOI 模型。模型就像一个"类（Class）"，我们把它"实例化（Instance）"可能更好理解。

套在程序员的工作中，为了提升软件交付的质量，作为技术领导者需要创造工具（创新 I），然后教人使用并说服他们尝试（激励 M），最后组织起一种结构体系（环境）来支持工具的使用者（组织 O）。而不同级别和层次的技术领导者，创造的工具形态和组织的结构体系是完全不同的。

但总体来说，作为技术领导者，既是管理者也是创新者，工作需要有创新性，而所有创新性的工作都需要灵感。因而任何创新者要开展工作，我想他们都会有一本自己的"灵感簿"。而程序员显然也属于创新者之列。

院长可能属于比较怀旧老派（Old Fashion）的代表，喜欢用钢笔加纸质笔记本来记录灵感。而我的"灵感簿"则是电子化的笔记软件（Evernote）。无论何时何地，都可以快速记录灵感。另外还有一个优势是，记录多了可以利用全文搜索来提取关键词的内容。

有了"灵感簿"才能与"女神"建立起长期关系。它就像一本魔法书，"灵感簿"记录了召唤"缪斯女神"的咒语。召唤了灵感，要让其对你的现实生活更好地发挥作用，还需要"魔法仪式"。对于灵感与仪式，有一个关于毛姆（英国作家，代表作《月亮与六便士》）的故事。

有人曾经问毛姆："你是按照计划定时写作，还是只有感觉有灵感时才写？"

"我只有在灵感来时才会写"，毛姆回答道："但幸运的是，她每天早晨九点准时到来。"

明白了吗？毛姆有他自己与灵感建立长期关系的办法，每天早晨九点就是他和灵感一起准时开启写作的仪式。一旦开始坐下来写，灵感就会自然产生：

"构思这种东西有一个特点，那就是它会导致更多的构思。"

而灵感只有附着在你真正的"工作"上才能发挥作用，给你带来变化。而这里的"工作"不仅仅是狭义的上班工作，而是指与你有关的生活输出，无论是个人的，还是商业的。当你真正开始坐下来开始"工作"时，想法自来，洞见伴生。

飘在天空的灵感并不重要，重要的是怎样把灵感召唤下来落在现实的地面；不要等待灵感青睐，坐下来召唤你的灵感，把它们变成文字吧。

48　写作：如何写？写字如编码

曾有很多人问我，写作除了坚持写、持续写、长期写，还有什么其他技巧吗？答案是肯定的。虽说我并没有上过专业的写作课，但在长期的写作过程中，我已通过实践摸索出来了一套符合程序员这种理性逻辑思维的写作技法，简言之就是：写字如编码。

把每一篇文字当作一个需求，把写作当成在编码的过程去完成这个需求，它与程序开发的整个过程非常类似，同样包括需求、设计、实现、测试和交付五个阶段。

需求

程序的需求，对应于写作的主题。

你之所以写程序，是因为有人给你提需求；但你业余的写作，通常就不会有人给你提相关的写作需求或主题了。所以，就需要你自己去主动寻找和发掘你自己的写作需求或主题。

对我来说，写作主题的来源可以是方方面面的：有时，来自身边的工作和生活中的事件引发的感触；有时，是阅读过程中突然产生的启发与领悟；有时，则是曾经一直困惑的问题突然碰到或找到了答案……这些都属于灵感乍现的时刻，也是我写作主题的来源。

但只是等到写的时候才灵光一现是很难保障持续写作的主题供应的，所以为了持续写作，我很多时候在大脑的潜意识里都会考虑主题的问题，等有了灵光一闪的时刻，就随时记录下来，形成一个主题列表。这个主题列表，就有些像产品的需求特性列表了，待在需求池里等待被"实现"，也即，"写出来"。

所以，如果你想要持续地写作，你得养成一个习惯，也就是前面《提问：从技术到人生的习惯》一文中关于提问和记录的习惯。

随手记录的主题可能很多，但真正能写的时间和精力却有限，因此你得挑选值得写的主题。如果把每一篇文字想象成一件产品，那么定义写作的主题，就像定义产品的灵魂，你得确定一个产品的目标、定位，以及面向的读者人群。

美国作家库尔特·冯内古特说：

"想一个你关心、其他人也会关心的话题来写。要记住，不论你用多么发自肺腑的情感表达，对于读者来说，除非是他们真正关心的主题，不然怎么都不会太关心，而只有主题才是读者最真切的关注点。所以，关注你的主题，而不是想办法去显摆自己的文字。"

是的，一个好的主题很可能是一篇好文字的开端，毕竟如果一开始产品方向错了，实现得再好又能有多大意义呢？

设计

确定了本次写作的主题（需求），接下来就该进入到设计阶段了。

而程序开发的设计一般分为两个层面：

概要设计

在软件程序系统的设计中，这部分内容主要是架构设计，系统或子系统的拆分、交互逻辑、边界等。而对于写作而言，这部分对应的就是设计本篇文字的逻辑结构，换言之，即在主题确定的基础上，采用怎样的逻辑去展开主题，形成合适的衔接。

比如，我写的文章多为随笔散文类，而散文的结构为形散而神不散。其中的"神"，就包括了文章的核心主题观点，以及围绕主题展开的逻辑结构、文字附着的延展线条等。

详细设计

有了逻辑骨架后，就需要补充真正有血有肉的文字了。

围绕主题想表达的观点，考虑需要添加哪些支撑观点的素材，以及设计整理、引出和排布这些素材的方式。而为了让文字更有阅读的趣味，还需要有适当的故事，因为人们都喜欢读故事，而非说教，那故事又该如何切入与布局呢？这也是需要考虑的点。

另外，这些素材或故事又从哪里来？只能来自平时的阅读积累。大部分我们读过的东西很快就会被遗忘，所以为了在需要的时候找到合适的内容，就需要在平时阅读时记笔记，留下索引，必要时再根据笔记索引的关键词去搜索。

经过了编程强大且反复的逻辑训练后，对于写作的逻辑结构设计而言就不该有障碍了，其实最大的差异与障碍反而是在"实现"上。

实现

写作和编码在实现层面最大的差异是：实现过程的技能和要求不同。

在实现技能层面，程序是用计算机语言表达的，文字是用自然语言来表达的。计算机语言的逻辑性和精确表达能力要比自然语言强得多，自然语言是模糊、混沌、不精确的。因此写得一手好程序的人，不一定能写得一手好文字，因为他们需要驾驭的语言特性完全不同。

刚开始写文章时，即使自然语言我们从小就学会了，也能熟练使用，但用它写起文章来也会有一种磕磕碰碰的感觉。就好像刚学习写程序时，好不容易才能编译通过，也是磕磕碰碰的。

对于编码来说，编译通过的程序才算刚刚开了头，接着还会进行程序的调测，有时还会优化重构。对于写作也需要类似的过程，毕竟一气呵成地写出一篇完美的文章，就像是个不可实现的传说。其中，代码重构中的重命名、分拆过长的函数等，就类似于对文章重新进行文字的遣词造句、润色打磨、段落分界等过程。

　　另外，之于编程和写作，不同的技能应用水平，实现效果就完全不同了。写过程序的程序员都知道同样的架构设计，选择不同的语言、框架、算法和数据结构来实现，实现的技能水平要求可谓千差万别。而同样主题和逻辑结构的文章，由不同文字技能水平的作者来写，高下立见。

　　比如，网络小说兴起之后，我也看过一些，对男主角人物的描写，多是男神化。用词模板化，帅则温润如玉、玉树临风；正则器宇轩昂、丰神俊朗。但太过正的角色还不行，又会加点邪气，如狂浪不羁等描述，这样更讨读者喜欢。再对比下金庸是如何描述类似这样的人物的：

　　"这本来面目一露，但见他形相清癯，丰姿隽爽，萧疏轩举，湛然若神。"

　　短短四组词，一个身形清瘦、风度俊爽、洒脱轩昂、目光有神却又透出一股子高处不胜寒的人物——黄老邪就跃然纸上了。金庸用词简练而韵味深长，境界高下立判。这就是文字技能的应用水平了，就像武功招式。金庸在文字上浸淫多年，随手用出一招，自是比普通人精妙许多。

　　写程序和写文章，本是两种不同的"武功"，"心法"可以类似，但"招式"自不相同。而"招式"的积累与应用，无论写程序还是写文字，都没有什么捷径可走，只能多看、多写、多练。

　　除此之外，写程序和写文字的实现过程的环境要求也有类似之处：程序员写代码的时候很讨厌被人打断，需要一段能安静且专注的时间，通常2～4小时不等。写作也一样。所以，我经常选择在晚上夜深人静的时候进行写作的"实现"阶段。

　　这一点，不仅程序员是这样，很多知名作家也都有自己独特的写作过程要求，他们的共性都是需要一段不被打扰且专注的时间。

　　村上春树，当他进入创作小说的写作模式时，他通常早晨4点起床，连续写作5到6个小时，然后会去跑上10公里或游1500米（或者二者都有）。下午就不再写作，而是读点东西，听听音乐，晚上9点便上床睡觉。他日复一日地保持这样的作息时间、这样的重复过程，据称能帮助其进入一种思维的深层状态。

　　海明威，通常是早晨天一亮就开始动笔。在采访中，他说道："没有人打扰你，早晨凉爽，有时候冷，你开始工作一写就暖和了。你读一遍写好的部分，因为你总是在你知道往下写什么的时候停笔，你写到自己还有活力、知道下面怎样写的时候停笔。"他通常每天只写500字，而且喜欢用一只脚站着，采取这种姿势，据称可以使他处于一种紧张状态，迫使他尽可能简短地表达自己的思想。

实际上，这些年写作下来，我也尝试了在很多不同的时间段，甚至分多次写完一篇文章。这里没有一定之规，你总会找到适合自己的写作方式。在这个过程中，你有一段专注、忘我甚至像是做梦的过程，与自己的思维深处对话。

在这个过程中，你也可能会产生意外的大脑神经元连接，获得一些更高质量的思考，灵光乍现的启发，以及更好的文字表达。

测试

每次写完一篇文章后，就感觉自己好像是被清空了，甚至不想再去读一遍，这时我就会把它"扔"在一边。

写作的过程中，大脑从冷的状态逐步升温，直到进入一种很热的状态，文字就是在这样的状态下从笔间自然流淌出来。直到完稿前，大脑一直在高速运作，就像一颗 100% 利用率的 CPU，它的温度很高。写完后，CPU 终于降低了负载，但温度的降低还需要一个过程。

而对写完的文字再读一遍，进行再编辑和优化，这就像软件开发中的测试过程。但我需要在一个冷却的状态下进行，站在一个读者或编者的视角去重新审视这篇文章。所以，这个过程通常发生在写作完成后的一天或几天之内。这中间的间隔，我称之为写作后的冷却时间。只有在冷却的状态下，我才能更客观地检视自己写的文字，同时进行合适地编辑和修改，这个过程就是对文字的测试。

作为程序员，其实我并不喜欢做太多的测试工作，所以在以前我写作完，只是"履行"最简单的文字测试内容：必要的错别字、用词理解性和语句流畅性检查。而写专栏或出书都配备了专业的编辑，编辑主要会从如下几个方面进行测试或检查。

- 文词使用：进一步发现有时作者自己很难发现的错别字和用词的适当性、理解性问题；
- 逻辑结构：整体文字内容的逻辑结构，衔接过渡是否自然等；
- 读者感受：站在读者的角度，去考虑其感受以及能够得到的收获；
- ……

这就是关于文字的测试，就像一个好的测试总是能帮助开发者得到一个更好的软件一样，一个好的编辑也总是能帮助原作者形成更好的文字。

交付

完成了必要的编辑测试工作后，就到了最终的交付（发布）阶段。

写作本身是一个不断积累压力的过程，而交付之后则完成了一种压力的释放与转换。关于这一点，和菜头描述得特别精确：

"写作真正的压力来自于完成一件事情的压力，你要么一开始连个标题都想不出来，要么写两段之后就不知道如何继续下去。写第一篇文章会是一次漫长而痛苦的自我挣扎，你大概有 30% 的精力花在构思内容上，剩下 70% 的精力花在自我怀疑和自我否定上。"

而交付，就是发布这篇新写的文字，让它面对读者，获得反馈与验证价值。

交付一篇新的文字，就像是往这个互联网的文字海洋中滴下一滴水，偶尔也会激起几丝涟漪。时有读者留言、评论，或有赞，或有踩，而从作者的角度出发，交付的目的之一是希望有一些更有价值、值得思考和讨论的声音出现。

写作与文字的价值实现分两部分，写完后就完成了对自我的价值实现，而交付后才算完成了对他人的价值实现。

当你把写作拆解成了类似编码的过程，也许阻碍你写作的障碍与阻力也就变得没那么大了。如果你能编写清晰有效的代码，也就应该能写出主题结构清晰的文字。至于一开始文字的好坏，技巧的高明与否反而并不重要，在持续写作的过程中，它们会自然而然地得到提升。

方法有了，还需要找到写作的源动力，而大部分作者的源动力都来自于一颗想要表达的心；再配合一部分外部的激励机制和相应的自律约束，才有可能持续地写下去。

49　画图：为何画？一图胜千言

对于写作这种展现形式，有一种最好的补充手段就是画图。有时文字描述了半天还不如一张图来得清晰，正所谓：一图胜千言。这对于程序员特别需要的技术性文档或文章写作，都是最好的补充注解，有时甚至起到了画龙点睛的效果。

以前我在网上发一些技术博文，就常有读者留言问我是用什么工具画图的。其实我感觉他们很可能问错了问题，因为我曾经为了画好图尝试过各种不同的画图工具软件，但最后发现能不能画好图和工具的关系并不大。

为何？

程序员不是主要写代码的吗，为什么需要画图？

有些程序员会认为写好代码就可以，画图好有什么用？程序员成为架构师后是不是就天天画架构图，成为了所谓的 PPT 架构师？曾经读过一篇文章《在首席架构师眼里，架构的本质是…》，里面提出了一个架构师能力模型图，主要架构如图 49-1 所示。

图 49-1　架构师能力模型图

结合我自己的经历和经验，这个能力模型针对架构师这个岗位来说还是比较符合的。程序员出色到了一定程度后想成长为一名架构师，就需要看看能力模型中的其他方面。而掌握好画图技法，对这个能力模型有什么帮助吗？

在第 20 节中我已经给出过结论："用更系统化的视图去观察和思考，想必也会让你得到更成体系化的系统设计。"

在今天这个时代，我们都体验过各种各样的地图软件，一个国家、一个城市、一个街区，地图软件总是在不同的抽象维度上来展示地图。而对于一个复杂的软件系统，也需要类似的不同抽象维度：系统的全貌、不同子系统间的关联和交互、子系统内部模块间的接口和调用、某个关键实现点的处理流程等。一个架构师应该可以在这些不同的抽象维度上把系统或系统的一部分清晰地描绘出来。

而画图对于能力模型中的"抽象思维"就起到了一种锻炼，其作用就是帮助你在不同的层次上去思考系统设计，并具象化这个设计。既然具象化了设计，那么再基于此去沟通交流自是事半功倍。成为架构师之后，你自己明白不是最主要的，让别人明白才更重要。

此外，站在一个多层次、全方位的系统架构图面前，在不同抽象维度上描绘了系统的各个重要方面，想必更容易看到问题的本质，也能更好地发现和找到系统的症结。如果解决系统的问题就像走迷宫，那么你是直接钻进去反复尝试寻找出路，还是站在更高的维度去俯视迷宫然后再找最佳的问题解决路径呢？

想必在更宏观和全局的视野下，与系统相关人员进行清晰准确地交流，直击问题本质，那么再进行正确而适当的技术决策与平衡取舍也没那么难了，对吧？至于"多领域知识"

和"技术前瞻性"这两方面好像确实和画图的关联性不强,但如果"多领域知识"不限于程序技术领域,那画图也算一个领域的知识。

如何?

上节探讨了画好图有什么益处,本节我们看一下如何画好图?画一个清晰易懂的技术架构或交互流程的说明图例需要什么专门的绘图知识与技巧吗?另外为了画好图会花费大量的时间吗?

过去几年在关于如何画好图的这个课题上,我做了很多摸索和实践,想取得效率(即画图花费的时间不会比用文字来描述同样的内容更多)和效果(即图例表达的效果应该比文字描述更好)的平衡,在这个过程中我收获了下面一些基本认知和感觉还不错的实践方式。

图形

我画技术图例时只会使用一些最基础的图形,比如:矩形、圆、三角形、菱形、气泡、箭头,这些最基本的图形几乎所有的画图软件都会自带的,所以工具的依赖性很低,但真正动手画时的操作效率却又很高。

当然,一些著名的外部系统可能都有各自知名的 Logo 图标,如果有时为了表达和这些著名外部系统间的交互,也会直接使用它们的 Logo 图标。如图 49-2 所示,就是我常用的一些画图图形元素。

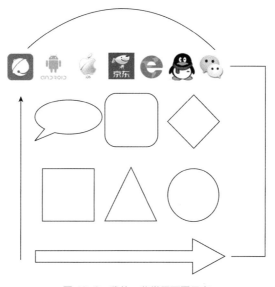

图 49-2　我的一些常用画图元素

颜色

有时系统的组成比较复杂，只用基本图形不足以表达所有不同的系统组成部件，这时就需要用颜色来区分了。

那么下一个问题就来了，该用哪些颜色呢？我的答案是使用大部分人觉得美的颜色。那大部分人觉得美的颜色是什么呢？彩虹色，当然这一点我没有做过专门调查，只是凭经验得来。所以我一般用的颜色就是彩虹七色，外加两种经典色：黑、白。这样就有九种颜色，加上几种基本图形，可以组合出几十种表达不同组件的图形元素，基本也就够用了。

彩虹七色的选择也是有优先级的，在一本讲设计的书《Designing with the Mind in Mind》(中文译本《认知与设计》) 中提出了下面一些色彩使用准则：

- 使用饱和度、亮度以及色相区分颜色，确保颜色的高反差，因为人的视觉是为边缘反差而优化的。
- 使用独特的颜色，因为人最容易区分的颜色包括：红、绿、黄、蓝、白和黑。
- 避免使用色盲无法区分的颜色对，比如：深红 – 黑、深红 – 深绿、蓝色 – 紫色、浅绿 – 白色。
- 使用颜色之外的其他提示，对有颜色视觉障碍的人友好，而且也增强了可理解性。
- 避免强烈的对抗色，比如：红黑、黄黑。

依你看为什么交通灯是：红、黄、绿？为什么乔布斯选择这 3 种颜色作为 Mac 操作系统中所有应用窗体的按钮颜色，这也是暗合人类的视觉认知原则的。所以我现在多选择的是白底、黑字、黑色线条，色块优先选择红、绿、黄、蓝，实在不够用了才会选择橙、青、紫。

当然红分为很多种，绿也分为很多种，具体该用哪种呢？如图 49-3 所示，给出了 RGB 三原色的配色数值，这属于个人偏好，在 Mac 的显示器下看起来很舒服。但若用在其他场合，比如投影，就可能需要根据投影实际效果进行微调了。

红：#EC5D57
绿：#70BF41
蓝：#51A7F9
黄：#F5D328
紫：#B36AE2
橙：#F39019
青：#00E5F9

白色：背景
黑色：线条和文字，默认字体

图 49-3　个人偏好的颜色配色参数

审美

除了基本的图形和颜色选择之外，另外一个关注点是审美。

审美对最终的效果呈现有很大影响，这得感谢苹果总设计师乔纳森·伊夫（Jonathan Ive）把大众的审美倾向全部带入到扁平化时代，所以实际中我只需要把图形弄得扁平，去掉立体、阴影什么的，看起来就挺不错了，如图 49-4 所示。毕竟我们画的是系统设计图，不是美术设计稿，审美方面的追求适可而止就可以了。

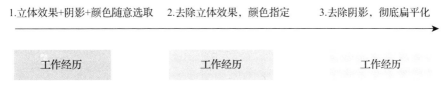

图 49-4　审美效果示例图

几何？

探讨了如何，我们再接着看看几何。此"几何"不是数学里的几何，而是掌握画图技法到底代价几何？又价值几何呢？

很多年前，我画的技术图示（来自以前的一个分享 PPT）大概是图 49-5 所示这样的，总是觉得不好，不太满意，却又不知道哪里不好，以及该怎么改进。然后就归咎于工具不好用，从一开始用 Viso 画，后来尝试了 Mac 下的专业绘图工具 OmniGraffle，觉得太复杂，后又使用在线绘图网站 draw.io，感觉还可以，但由于是国外的网站，访问效率不太高，没多久就又放弃了。

之后需要做一些胶片演示时，用了 Mac 下的 Keynote（相当于 Windows 下的 PPT），需要画技术图示时觉得直接在 Keynote 里画是最省事的，然后就开始用 Keynote 画了。按"如何"一节的指导原则，我重画了图 49-5 的技术图示，如图 49-6 所示。

画这幅图花费的时间绝对不会比画上幅图多，但呈现出的效果却要好很多。所以，学会使用一种简单的软件，使用简单的图形和配色，在最有效率的情况下画出一幅效果还不错的图例，是很有价值的。

当然你可能会认为只有写出的代码才有价值，其实这里你可能忽视了一个大部分程序员都认同的观点：代码也是写给人看的。程序员不会认为一份机器能运行而人很难看懂的代码是好代码，而画好图就能更好地帮助你去思考代码的组织结构和呈现方式。

曾经问我关于画图工具的人，我知道他们差的不是一个画图工具，而是对于"画图"本身的思维认知与技法打磨。所以在本章中我分享了我近些年一直在使用的一种极简绘制技术图例的技法，毕竟我们画图只是为了追求讲清楚一个技术方案或展示一个系统，而不需要考虑任何多余的艺术性。

低廉的代价便可获得还不错的效果，在效率和效果之间取得性价比最高的平衡。曾几何时，你想象中很麻烦的事原来也可以如此简单。

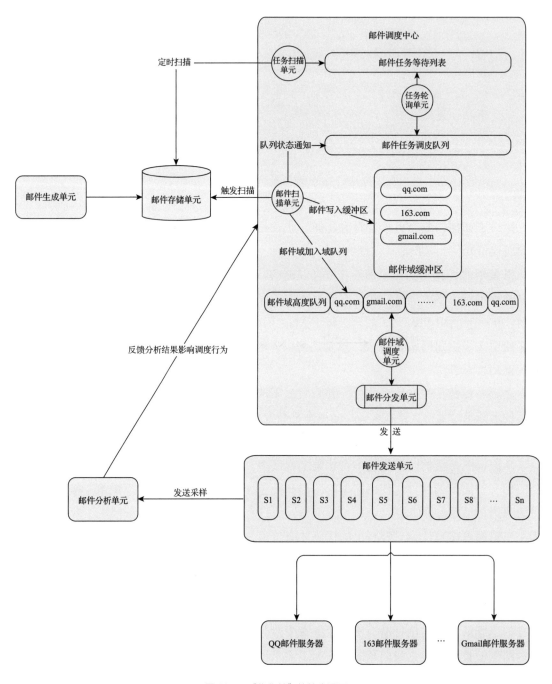

图 49-5　"优化前"的技术图示

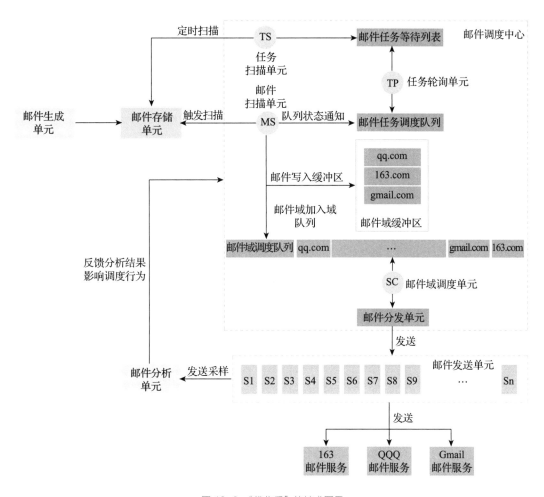

图 49-6　"优化后"的技术图示

50　演讲：不会讲？技术性表达

展现的另一种形式是：演讲。其实作为程序员出身的我，演讲水平非常有限，但在职业发展与成长的道路上，演讲却是必经之路。所以，我确实有比较系统地思考和琢磨过演讲的价值、效果以及提升的方法。

价值与效果

写作的展现，是一种广度路线，产生间接、长尾效应；演讲的展现，是一种深度路线，产生直接、深度的连接。

为什么说写作是广度而演讲是深度的？过去几年，我读过很多的文章和书籍，但还能记得的只言片语都非常少。即使当时一些给我非常多启发与触动的文字，如今也只能记得当时触动的感觉，却忘了是什么触动了我。但在很多年前，我参加过几次行业大会，有那么几场演讲，现在回想起来，不仅记得当时深受启发的触动感，甚至还能记得当时的内容。

这就是演讲带来的深度效应，它的现场感更立体，有助于留下更深刻的记忆，持续发挥影响的时间也超过了文字。

演讲的现场立体感带来的深度效应，也只能留在现场。即使我们把整个演讲过程录制成为视频，观看视频的过程也会损失很大一部分深度影响力，也许这就是为什么有人会去看演唱会的原因。

所以，演讲的最大价值就在于这样的深度效应。但现场感并不一定带来深度影响，也可能会把人"催眠"了。那如何发挥好演讲的效果呢？这里就先谈谈我自己的一些经历和感悟。

经历与感悟

成长路上，终究会遇上演讲；从没遇上演讲的程序员，可能天花板就会比较低。

作为程序员，我的第一次演讲经历是团队内部的技术分享。如今回想，第一次分享暴露出了很多方面的问题。比如，材料准备时发现制作 PPT 的技能太差，想展现的内容做出来的效果不尽如人意；现场讲的时候容易跑偏或者陷入细节，整体节奏失控；想表达的内容太多，信息量过大。这些问题都导致第一次演讲的效果不太好。

当后来再有技术分享的机会时，我已经开始写作了一段时间，发现写作对演讲是很有帮助的。写作和演讲的共通处在于：内容、观点、信息传递的目标都是要考虑的，只是最终的表达形式不同。而且因为写了不少东西，也反而获得了更多的技术分享机会。

从业的这些年，经历了从线上到线下，从组内到部门，然后再到公司或行业级的不同规模的分享演讲，挑战并不一样，其中最大的区别在于现场感的压力不同。而且除了分享式的演讲，还有另外一种汇报式的演讲，如：晋升述职。

技术分享，一般时间会长一些（一小时左右）；而晋升述职，时间则要短很多（十分钟左右）。前者的压力来自对象的规模，后者的压力来自对象的角色。

对于不同时长的演讲，准备的方式也不太一样。时间长的演讲，准备的内容就多，要精确地讲好这么多内容是一个挑战；而时间短的演讲，内容不多，但需要合适地挑选和裁剪，并且精确地传递，这又是另外一种挑战。

那对于不同的演讲类型，有通用的准备方法吗？下面我会简单梳理一下。

准备与发挥

一场演讲，包括前期准备和现场发挥两个阶段，而前期充分的准备是现场良好发挥的基础。

TED 是一个著名的演讲论坛，它上面的演讲，很多都给人留下了深刻的印象，而且传播范围也很广。它的演讲者通常是一些知名人士或至少是业内影响力比较大的人物。

我本以为他们已经是很好的演讲者了，但后来了解到他们为了参加 TED 短短十来分钟的演讲，需要全力以赴地投入以周为单位的时间。比如，《哈利波特》的作者 JK 罗琳为了在 TED 演讲时获得好的效果，为此全心准备了整整六周。

那前期可以准备的内容有哪些？我梳理了如下维度。

框架

演讲的框架和程序的架构有点类似，一般我都从如下几个方面来设计。

- 目标：本次演讲需要达成的目标是什么？
- 听众：本次演讲的受众是哪些人？
- 重点：本次演讲要传递的关键点有哪些？

那么一场技术分享的框架线，可能有如下几种。

- 引出主题：结合目标与听众来确定。
- 自我介绍：让听众了解你，证明你有资格讲这个主题。
- 重点结构：每一个关键点的分析、讲解，可以从以下方面来拆解。
- 问题：这个点上存在什么问题？
- 历史：这个问题的历史由来是什么？
- 方法：你是用什么方法解决这个问题的？
- 原因：为什么要用这个方法、在这个阶段，以及这样解决问题？
- 细节深入：有一定细节深入，更有说服力。
- 总结回顾：结束前的再次总结和提炼，以加深印象。

材料

在框架线清晰后，就进入了演讲材料的准备阶段。其中的材料包括如下 3 类。

第一类是幻灯片。到底要准备多少页的幻灯片？这个取决于框架线和演讲时长。但这里幻灯片的最大作用在于：

- 辅助演讲者的结构记忆与信息表达；
- 辅助听众的信息吸收、理解与消化。

也就是说，演讲的中心还是讲述，而幻灯片仅仅是辅助的配角。

第二类是演讲稿。讲之前你可以先写下来你所要讲的内容，这样会有助于组织信息、梳理逻辑和提炼语言。

TED 的演讲以前多是 18 分钟，而现在分长、短两种：短的约 6 分多钟，长的也缩减到了 12～15 分钟。在信息爆炸的时代，听众的注意力是一种稀缺资源，想要吸引这样的注意力，就需要提供更精确且直击人心的内容，才能收获你想要的深度影响效果。

我们的正常语速大约是每分钟 150～200 个汉字，但在演讲的压力环境下，可能会出现不自觉地加速，无意识地跑偏，甚至语无伦次。如果想要提供更精确的信息传递和表达，那么演讲稿就是必需的。

让演讲的每一个字，都体现它的价值。

第三类是小故事。人是情感动物，故事的影响效应远高于数据和逻辑，即使是在做技术分享时。

以前听过一些技术分享感觉比较枯燥、催眠，就在于技术基本都在讲逻辑和数据，听久了自然会疲劳。而穿插一些小故事，则可以加深前面数据和逻辑的影响效应。这一点很多慈善募捐组织早就学会了，再大比例的穷困数据，也比不上一张具体生动的照片来得有效。

节奏

一段持续的演讲中，有没有一些关键的时间点呢？答案是有的。

一个是开场。据研究统计，一场演讲给人留下的印象和评价，开场的数秒至关重要。这可能和一开始是否能抓住听众的注意力有关。

另一个是峰终。管理界有一个"峰终定律（Peak-End Rule）"：在"峰"和"终"时的体验，主宰了对一段体验好或者不好的感受，而在过程中好或不好体验的比重、时间长短，对记忆的感觉几乎没有影响。也就是说，如果在一段体验的高峰和结尾，你的体验是愉悦的，那么你对整个体验的感受就是愉悦的，即使这次体验总体来看，更多是无聊和乏味的时刻。

峰终定律，在管理上决定了用户体验的资源投入分布，只需要重点投入设计好"峰终"体验。而演讲，也是一门体验艺术，它的"峰"前面说了一处——开场（抓注意力）；另一处，可能是中间某一处关键点（提供独特的高价值内容或观点）。

表演

演讲，包括讲和演，因而还有最后一个准备环节：演。

演，即表演和发挥；表演的准备，有三个层级，如图 50-1（原图来自 Tim Urban's
Memorization Spectrum，翻译后重新绘制）所示：即兴发挥、框架内发挥和严格遵从剧本。

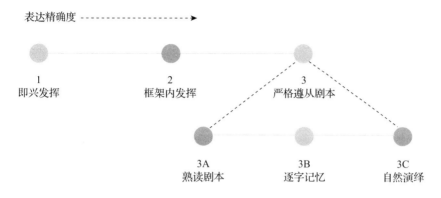

图 50-1　表演准备的三个层级

做了前述准备的演讲，算是在框架内发挥。如果还准备了演讲稿，那么练习熟练后，
基本算是接近了 3A 这个层级，但演讲稿，还算不上是剧本，所以只是接近。按 3 这个层级
的准备，是把演讲当作了一出舞台剧，有严格的剧本，需要经过反复地排演练习。

这样的准备投入是巨大的，所以你一般需要判断到底多么重要的演讲，才需要用上 3
这个层级的准备。但即使达不到 3 级的标准，按这个标准来准备也有好处，当你非常熟练
了你想要精确表达的内容，在现场发挥时，你的大脑就会从记忆负担中腾出空间来应对临
场那些很难提前准备的状况。

"演"需要关注和练习的东西比"讲"多得多，而且表演本身就是一种专业，甚至也是
一种天赋。这条路上，你可以先有一个清晰的认知，但能做到何种程度，可能因人而异吧。

演讲，本是表达的艺术，但对程序员的要求远没到艺术的层次；先能表达，再求精确，
技术达标，足矣。

| 第四篇 |

思 维 修 炼

相信你肯定听说过这句话："选择大于努力"，所以这一篇"思维修炼"
更多是在讲关于做选择的逻辑。

行道中途，你可能会面临成长停滞期的困惑——成长徘徊、心态彷
徨、职业倦怠等。而生活和工作中也有很多困扰，思之不竭，求索之
路漫漫，经常陷入思索的困境。在我成长的路上，这些困惑都曾让我
陷入困境，但我最终找到了出路，并将自己思考的答案记录了下来，
也许它们并不完整，但希望能给你一些参考。

如果每一次选择我都能做对，我想我的成长路径会笔直得多，希望这
一篇能帮助你做对更多的选择题，让你的成长之路少了一些曲折。

第13章

困　惑

51　如何面对职业倦怠期?

成长的途中,我们总会面临很多的困扰与惶惑,这些困扰和彷徨很多都关乎选择,只有了解并认清这类困惑,我们才可能做出最合适的选择。

职业发展的路上,每个人都会碰到职业倦怠期,我也不例外。曾有很多次,我都陷入其中。如今从中摆脱出来后,我就想尝试搞清楚这样一种状态的根源,思考一种方法来缩短它持续的时间,或者说增加它出现的时间间隔。

那职业倦怠到底是怎样的一种感受呢?

倦怠感

1974 年,美国临床心理学家弗罗伊登贝格尔(Herbert J. Freudenberger)首次提出"职业倦怠"的概念,用来指人面对过度工作时产生的身体和情绪的极度疲劳。

职业倦怠感想必你也不陌生,一般将可以明显感知到的分为两种。

一种是短期的倦怠感。它出现的状态,可以用两个英文单词来形象地表达:Burnout(燃尽、精疲力尽)和 Overwhelm(难以承受)。

作为程序员的我们想必最能感知这样的状态,因为我们处在现代信息工业时代的最前沿,快节奏、高压力、大变化的环境很是常见。应对这样的环境,我们就需要更多的"燃料"和更强的承受力。但有时，环境压力突然增加，短期内超出了我们的负载能力，难免出现"燃尽"（Burnout）的时刻，并感到难以承受（Overwhelming）。

此时，就进入了短时的倦怠期。这种短期的倦怠感其实和感冒差不多常见，每年都能碰上一两次，应对的办法其实也很简单：休个年假，脱离当前的环境，换换节奏，重新补充"燃料"，恢复精力。就像感冒，其实并不需要什么治疗，自然就能恢复。人，无论生理还是心理，都是一个"反脆弱"体——"凡不能打垮我的，必使我更强大"。

另一种更可怕的倦怠感是长期的，它与你对当前工作的感受有关。

有些人把"上班"看作工作的全部，那么这样的人去上班一般都是被动的、勉强的。他们普遍存在"混日子"的状态，虽不情愿，但又没有别的办法，毕竟不能失去这份工作带来的收入。而这种"混日子"的状态，其实就是处在一种长期的职业倦怠期。

其实真正的工作，应该是一种积极的、有目标的事情，它能让我们实现对自我和他人的价值，并且乐在其中。但即使一开始我们是在做这类真正的"工作"，时间久了后，也难免碰到职业倦怠感，这时我们可能就会困惑：难道我已不再热爱现在的工作？对于这种状态，有一个说法是这样的：

"倦怠，意味着你在这一关打到头了，而新的一关的钥匙，就在你手上。"

遇到这种情况的本质，其实是我们自己的"工作区"发生了转移和变化，从而脱离了原来的"工作态"，出现了倦怠感。

当倦怠感出现时，"工作态"就隐退了；而为了消除倦怠感，我们就需要找回"工作态"。

工作态

工作态，意如其名，是一种工作的状态，一种让我们在工作中感觉到美好的状态（beautiful state）；是做我们喜欢的工作时表现出来的一种状态。

每周我们有五个工作日，但不代表我们每个工作日的工作时间都能处在"工作态"。甚至很多时候我们都无法处在"工作态"，但却又必须在某个时间点前完成工作。这样的日子久了，就难免会滋生倦怠。

据说有一半的人，每天下班回家上床睡觉前，都会想想诗和远方，早上起床都有一种不想再去上班的冲动；当感到这种冲动时，差不多就进入了工作倦怠期，并对当前的工作产生了倦怠感。

去年有部电影叫《魅影缝匠》，主角是一名裁缝。他每天起床后，从早餐时刻开始就进入了他的"工作态"，排除和避免一切干扰，专注于他的服装设计工作。其实，这个电影本身的故事并不算吸引我，只是电影中这位缝匠的"工作态"深深地打动了我。也许，这就是一种同为创作性工作带来的共情吧。

现代心理学上有个概念叫 Flow，一般译作"心流"，也是一种工作状态，它是人在专注进行某些行为时所表现出的心理状态，比如艺术家创作时的状态。在此状态下的人们，通常不愿被打扰，也比较抗拒中断，个人的精神力将完全投注在某种活动上，同时还会伴随高度的兴奋与充实感。

那么"工作态"和心流有何不同？"工作态"，其实是我自己发明的一个概念，它的定义覆盖的期限更长久，就像长跑中的节奏；而心流的定义更像是一种"工作态"的局部过程表现，像一次短程冲刺。你没法长时间地处于心流状态，但在相当长的一段时间周期内，你可以处在"工作态"中，就像电影中那位缝匠，几十年如一日的，每天早晨都会自动进入那样一种"工作态"。

职业倦怠期，显然是与"工作态"互斥的一种状态。所以，要脱离职业倦怠期，最有效的方式就是进入"工作态"；而想要进入"工作态"，最核心的要点在于找到自己的"工作区"。

工作区

关于工作区，我想借用一张图来展示（图 51-1）。

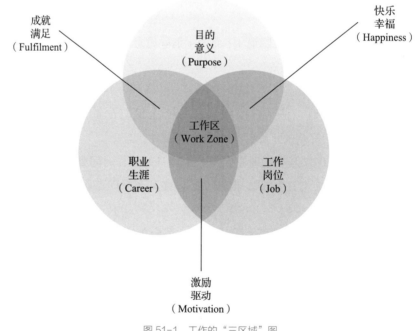

图 51-1　工作的"三区域"图

"工作区"的概念不是我发明的，其原始概念图来自国外一个站点 https://liberationist.org/change-tools/the-work-zone，我将其翻译和重绘了一下。其中定义了关于工作的三个区域，也就是说每一份工作都包含了这三个方面：

- 目的意义 Purpose
- 职业生涯 Career
- 工作岗位 Job

目的意义，这是工作的终极之问。它决定了你的很多选择，以及你接受什么、拒绝什么，是工作愿景背后的灵魂所在。每个人工作都会有自己的目的与意义，而且还会随着工作过程发生变化（或者说进化更合适些）。追寻目的与意义，这可能是你、我一生的工作。

职业生涯，是个人一生职业愿望的追寻过程。它由长期目标驱动，是追寻"目的意义"的一条你所期望的路径。而这条路径并不唯一，它因人而异，因你的"目的意义"而异。它构建在你工作过程中的所有经历、经验、决策、知识、技能与时运的基础之上。

工作岗位，这不过是你现在上班的地方，包括了位置、角色、关系、职责与薪酬的总和。

这三个区域会有交集，这里我举个实际的例子。假如你工作的"目的意义"非常现实，就是希望有更多的收入改善家庭生活，住更大的房子，开更好的车。而现在的"工作岗位"能够提供这样让你满意的收入水平，那么你就会感到"快乐幸福"。

而若你对"职业生涯"路径的期望是从程序员到架构师，甚至再到 CTO，当前的"工作岗位"能提供这样的发展路径，那你就会充满"激励驱动"。显然，职业生涯一路达到 CTO，收入水平会更高，与你的现实"目的意义"相符合，那你就会感到"成就满足"。

如图 51-1 所示，这三者相交的那个位置，就是你的"工作区"。在这个区域内，工作让你有驱动力，感到快乐，充满成就感。找到了"工作区"，很自然就会进入"工作态"。

当职业倦怠时，自然是远离了工作区，这时很容易产生的一个决策是：换一份工作。我曾经就做过这样的决策。换一份工作没有对错好坏之分，它能改变你的工作岗位，甚至也能改变你的职业生涯路径，但它唯一不能改变的就是你对"目的意义"的思考与认识。

做自己所爱，是对的；爱上自己所做，也是对的，关键就是要找到什么在真正驱动你前进。

丹麦哲学家索伦·克尔凯郭尔（Søren Kierkegaard）说过一句话：

Life can only be understood backwards; but it must be lived forwards.

只有向后回首时才能理解生活，但生活却必须向前。

当你回首职业生涯的来路时，终于理解了职业倦怠，但前路之上，还会碰到它，而你已经知道该如何面对它了，对吧？

52 徘徊在局部最优点，如何逃离？

之前看过一些关于算法方面的书，提到了一些最优化问题。最优化问题在现实中非常常见，比如在工程设计中，怎样选择设计参数，使得设计方案能以尽量低的成本预算满足设计要求。而近年来热门的机器学习建模也是一个最优化问题，基于一组已知的数据去构建一个模型，让这个模型去适配未来未知的数据达到最优，然后求解关于这个模型的参数。

在求解最优参数的算法中，很多都有一个缺陷，就是容易达到一种局部最优点，即：参数的选择尝试收敛到了一小块范围内，无论再怎么尝试变化都没法取得更优的结果。而从全局来看，这并不是最优的选择，但算法此时就进入了一种尝试的徘徊状态，这就是局部最优点，但算法并不知道这到底是不是全局最优的。

对于我们这些自诩智能的人，在成长的路上，其实也经常陷入这样的成长局部最优点。

爬山

关于成长最形象的类比便是爬山，但爬到山顶的路并不总是向上的。

我长居成都，每过一阵子就会去爬一回成都附近的青城山。像青城山这种著名景区的山，总有很多路标告诉你，沿着这条路一直走，你就能到达山顶。即使这条路有时会向下走，让你产生下山的感觉，但你也不会动摇，因为路标已经告诉你了，山顶就在前方，那里才是你的目的地。虽然成长这一路就像爬山，成长路上的感觉也和爬山相似，但不同的是，成长的路上并没有清晰的路标告诉你山顶在哪里。

有时你很幸运地爬上了一个高点，你并不知道这个高点是否就是山顶了，因为再往前走，无论哪个方向的路都是向下的，你会心下疑惑：这是要下山了吗？

即便你明确知道了这个高点便是此山的山顶，有时也会遗憾地发现原来这山只有这么高啊。就像青城山名气虽大，但山并不高，海拔只有 1200 多米。你站在山顶，虽然是此山的最高点，但你知道这不过你成长路上的局部最优点，继续前行，则不可避免地先要下山。

爬山的全局最优点，应该是珠峰顶，但不是所有人都能爬得上去的。每个人都有自己期望的一个高度，比如我登高爬山是想看看云海，但青城山的高度还不够，也许峨眉山（海拔 3100 米）就够了。

我们在成长（爬山）的路上，会进入局部最优点。一方面可能是"山形"所致，要继续上山的路需要先向下走，而向下的疑虑又会让我们徘徊不前。另一方面，可能是此"山"只有这么高了，就像青城山，你想看云海，可能就得换一座山了。

徘徊

所有的局部最优点，都意味着我们爬到了一定阶段，在这个位置徘徊不去，恋恋不舍。

十多年前，我刚毕业找工作时，外企在国内的吸引力可以相比今天互联网行业的头部企业。我也想进入外企这座"山"，屡屡尝试，但每次都卡在英语口语面试，次次失败。同寝室的另一位同学则顺利进入一家国外的电信行业外企，获得的 offer 薪酬比我们平均高了50%，让人羡慕不已。

数年后，我们同学再次相聚，听闻该外企在中国的业务缩水不少，已有裁员迹象。当时，同学会上，大家都劝这位同学早做打算，但他表现为瞻前顾后，徘徊不决，还想看看情况。一年后，该同学所在公司的系统正被我当时的公司取代，没多久就听闻该公司进入了破产清算。

曾经领先的电信行业设备服务公司，就这样退出了市场。那位同学就算曾经站的位置再好，"山"都塌了，何谈继续攀登。这样的情况，主动转身，比被动离开要从容得多。

而另一个朋友的故事，经历过后再回首一看，更让人扼腕叹息，可惜当时的我也是见识有限，给不了更好且更坚决的建议与支持。

那时，小米公司刚成立不到一年，第一款手机尚未发布，正处在快要井喷发展的扩张期，到处找人，正好也找到了我这位朋友。但朋友觉得自己所在公司也还不错，也能成长，正"爬山爬得不亦乐乎"，遂放弃。

过了两年，朋友又有了另一次机会，微信来了，给了机会，但她正考虑准备生孩子，同时又考虑在当前公司已经熟悉，且业务稳定，换新公司难免需要打破现状和当前的节奏，遂徘徊一阵，选择停留。

后来再看，以前公司的最高点，相比这两座"山"，也就相当于它们的山脚下。但有时职业的路径就是这样，我们迷茫、徘徊，正是因为"不识庐山真面目，只缘身在此山中"。跳脱不出来，看不见"山"的全貌。

审视下你的当下，再回顾下你的职业生涯，你花了多少时间和功夫来看清自己正在攀爬的"山"，它的高点能让你去到你想去的地方吗？能让你看到你想看的风景吗？有时，我们大部分的努力，都没有什么进展和结果，仅仅是让我们能勉强待在同一个地方。

看清了自己目标的高山，发现自己爬错了山，要舍得离开；停留在低矮的山上，无论再努力，看到的风景也有限。

逃离

　　如何知道你正在局部最优点徘徊呢？当你知道自己做得很好，但却没有感觉到成长与进步时，那么你也许就正在徘徊了。

　　在我的成长路上，也经历过一些徘徊点，这里我分享几个这一路上关于逃离的故事。工作早期，我做银行业的企业软件开发，被外派到了客户公司的项目组。在那里，不仅仅需要写程序、查 Bug，还需要兼顾从售前技术咨询、需求分析谈判到售后技术支持，甚至包括客户咨询解答的工作。正常的白天（朝九晚五）是没有一刻安静的时间能写写代码的，都是在客户下班后才能有个安静时段做做编码的事情。

　　一年后，我有些困惑，因为我感觉自己做的事情太杂，没一样东西可以做精做深。当时的想法是以技术立身，一年下来却不免惶惑。我感觉自己选错了山，没必要继续爬下去，因为我已经看到了当时大我十岁的项目经理也许就是这座山的一个局部最优点。一年后，我选择了逃离。

　　之后，该怎么选下一座山？第一考虑自然是想离技术更近，做得更纯粹一些，另一个无法免俗的考虑自然还是希望收入也能提高一些。如今回想起来，当时为了一千块的差距，纠结了半天也不免哑然失笑。最后的选择，其实也是马马虎虎，运气好的一面是选对了技术，这次不做项目，做产品了，作为程序员在新公司中做的工作更纯粹了；运气差的一面是，还是没选对行业。

　　从金融行业软件开发转到了电信行业软件开发，而当时一个新的行业——互联网，正方兴未艾。相比之下，当时的电信行业应该正在迅速步入成熟期，拥有成熟度最高且用户流量也最大的信息化系统。一入此"山"中，便埋头修炼技术，熟悉行业业务，直到数年后，蓦然发现似乎又到了一个局部最优点：技术无法再快速进步了，业务领域也已经熟得不能再熟了。

　　在原地徘徊了一段时间后，我选择了第二次逃离，但这次困惑更大。我换了一个城市，在这里找了好几个月工作，见了很多很多的"山"，却发现居然没有一座"山"乍一看比之前的更高、更大，顶多和之前差不多。

　　我有些沮丧，我只是不愿又重新立刻去爬一次差不多的山。就像有次一早爬青城山，下午回到山脚，有人问"谁愿意再爬上去一次"一样，当然没人愿意。但如果山顶有一百万，再爬上去就能得到呢？我想这样也许会有不少人愿意吧。但现实的生活是，有时会让你迫不得已重新爬上刚下来的"山"，但"山顶"却没有任何额外的奖励。

　　在我的故事中，我一次次逃离，是为了什么？因为失去了成长的感觉。每一座"山"刚开始爬时，你会对它的风景充满好奇，会有一条陡峭的上升之路，之后慢慢失去了新奇感，而很多工作任务渐渐变成了自动化的处理，不需要学习新的技能，失去了有意识的反思，从而让成长停滞。

当然，逃离，不一定都是换一座"山"，也有可能是换一种爬山的方式，找到一条新的路。在日常工作中，你可以尝试问问自己，对于十年后而言，现在的工作和事情，哪些会是很重要的？哪些会让你的技能变得更好？这就需要你有意识地试图在一些你已经知道如何做的事情上，再去做得更好。如果没有这种有意识的尝试与努力，很可能你就还在原地依赖过往的经验和技能自动化地完成同样的事情。

算法进入了局部最优解，通常都是通过在环境参数中引入一些震动来帮助算法脱离，继续寻找更优点，而成长的路何尝不是呢？

有时，有人会同时选择很多座山，但因为种种原因（主要还是生活所迫）只能爬其中一座。当你站在你选择的这座山的一个高点，远远看到曾经放弃的山峰，会感到遗憾吗？

进入局部最优、徘徊于局部最优、逃离局部最优，都是你的选择。而站在局部最优点，走出徘徊的第一步，总是从下山开始，而做这样的选择并不容易。

53　程序员的沟通之痛，如何改变？

沟通问题，一直都是程序员的痛点。

左耳朵耗子（陈皓）以前在他的博客上写过一篇文章叫《技术人员的发展之路》，里面提及职业发展到一定阶段，也许你就会碰上一些复杂的人和事，这种情况下他写道：

"这个时候再也不是 Talk is cheap, show me the code! 而是，Code is cheap, talk is the matter!"

这里的 Talk 其实就是沟通，在工作中你要是留心观察，就会发现很多沟通问题，比如，跨团队开会时常发生的一些分歧和争论。沟通，越发成为一件重要的事，至少和写代码同等重要；沟通清楚了，能让我们避免一些无谓的需求，少写不少无效的代码。

然而现实中，沟通问题，有时却被作为程序员的我们有意或无意地回避与忽略了。面对沟通问题，我们该如何看待和分析这个问题，并做出一些改变呢？

木讷与沉默

木讷与沉默，这两个名词似乎已变成了程序员的标签，它们形象地体现了程序员在沟通中的表现。

在程序员的世界里，沟通的主要场景可能包括：与产品经理沟通需求，与测试同学推敲 bug，与同行交流技术，给外行介绍系统，还有和同事分享工作与生活的趣闻等。然而，有些程序员在分享趣闻时，与谈需求或技术时的表现大相径庭，刚才明明还是一个开朗幽默的小伙，突然就变得沉默不语了。

沉默有时是因为不想说。特别在沟通需求时，有些程序员默默不言，但心里想着："与其扯那么多，倒不如给我省些时间写代码！"然而，程序员写出的代码本应该是公司的资产，但现实中代码这东西是同时带有资产和负债双属性的。

需求没沟通清楚，写出来的代码，即使没 bug 将来也可能是负债。因为基于沟通不充分的需求写出来的代码，大部分都是负债大于资产属性的，这最后造成的后果往往是：出来混都是要还的，不是自己还就是别人来还。

有些程序员可能会争辩道，"与人沟通本来就不是我们所擅长的，再说了我们也并不是因为热爱跟别人聊天才做软件开发这一行的。"这个言论很有迷惑性，我早年一度也是这么认为的。

我毕业去找工作那年，外企如日中天，所以我也去了当时心中很厉害的 IBM 面试。面试过程中的大部分交谈过程和内容现在我都记不清了，但有一个问题我至今还记忆犹新。面试经理问我："你是喜欢多些跟人打交道呢，还是跟电脑打交道？"当时的我毫不犹豫地回答："喜欢跟电脑打交道，喜欢编程写代码，而且我自觉也不擅长和人打交道。"

然后，我就被淘汰了。后来我才明白了，其实当时的这类外企挂着招工程师的名义，实际需要的更多是具有技术背景和理解的售前技术支持，因而就需要所招之人能更多地和人沟通去解决问题，而不只是写代码解决问题。

结合我自己多年的工作经历和经验来看，即便你仅仅只喜欢写代码，那么和人的沟通能力也依然是你必须跨过去的门槛。《计算机程序的结构与解释》有云："程序写出来是给人看的，附带能在机器上运行。"

其实，写代码本身也是一种沟通，一种书面沟通。沟通从来都是个问题，而书面沟通也同样存在问题。

争论与无奈

程序员最容易产生沟通争论的地方是沟通需求和沟通技术方案。

在程序员职业生涯的道路上，我们不可避免地会碰到与同事关于技术方案的争论。我从中得到的教训是：千万不要让两个都自我感觉很厉害的程序员去同时设计一个技术方案。

假如不巧，你已经这么干了并得到了两个不同的方案，那么记住，就别再犯下一个错：

让他们拿各自的方案去 PK。因为这样通常是得不到你想要的"一个更好的方案",但却很可能会得到"两个更恼怒的程序员"。

既然分歧已经产生了,为了避免无谓的争论,该怎么解决呢?

以理服人

首先,把握一个度,对事不对人,切勿意气用事。

有些程序员之间的分歧点是非常诡异的,这可能和程序员自身的洁癖、口味和偏好有关。比如:大小写、命名规则、大括号要不要独立一行、驼峰还是下划线、Tab 还是空格等,这些都能使它们产生分歧。

如果你是因为"该怎么做某事或做某事的一些形式问题"与他人产生分歧,那么在很多情况下,你最好先确定分歧点是否值得你去拼命维护。这时,你需要判断一下:技术的"理"在什么地方?这个"理"是你值得拼命坚守的底线吗?用这个"理"能否说服对方?

我所理解的技术的"理"包括:先进性、可验证性和团队的匹配性、时效性、成本与收益。另外还有一些不合适的"理",包括:风格、口味、统一等。

不过有时候,有"理"也不代表就能搞定分歧,达成一致。毕竟林子大了,不讲"理"的人也是有的,那么,就需要让我们换一种方式了。

以德服人

分歧进入用"理"都无法搞定时,那就是应了那句古词:"剪不断,理还乱"。

这时继续"理"下去,不过都是互相耍混罢了。"理"是一个需要双方去客观认可的存在,而越"理"越乱则说明双方至少没有这种客观一致性的基础,那就找一个主观的人来做裁决吧。

这个人通常就是公司所谓的经验丰富、德高望重的"老司机"了,并且双方也都是认可的,比如架构师之类的。但是这类主观裁决也不一定能保证让双方都满意,有时实力相当的技术人也容易产生类似文人相轻的状况。不过看在"老司机"的"德"面上,也能勉强达成一致。

"老司机"裁决最好站在他所认同的"理"这个客观存在上,这是最好的,不过这也取决于"老司机"的工作素养和价值观了。

以力服人

最差的状况就会走到这一步,特别在跨大部门的沟通中。

技术方案无法达成一致,也没有一个跨两个部门的有德之人可以转圜化解,就会升级到这个地步。最后就是靠粗暴的权力来裁决，看双方部门领导或高层，谁更有力。一般来说，非关键利益之争实在没有必要走到这一步了。

认识与改变

做出改变的第一步是要能认识到，否则改变不可能发生。

程序员会认识到沟通很重要，有时甚至会比写代码更重要吗？著名的技术型问答网站——Stack Overflow 的两位创始人杰夫·阿特伍德（Jeff Atwood）和乔尔·斯波尔斯基（Joel Spolsky）都对此有正面的认识和见解。

杰夫说：

成为一名杰出的程序员其实跟写代码没有太大关系。

做程序员确实需要一些技术能力，当然还要有坚韧不拔的精神。

但除此之外，更重要的还是要有良好的沟通技巧。

乔尔的观点是：

勉强过得去的程序员跟杰出程序员的不同之处，不在于他们掌握了多少种编程语言，也不在于他们谁更擅长 Python 或 Java。

真正关键的是，他们能不能把他们的想法表达清楚，杰出的程序员通过说服别人来达成协作。

通过清晰的注释和技术文档，他们让其他程序员能够读懂他们的代码，这也意味着其他程序员能够重用他们的代码，而不必重新写过。

要不然，他们代码的价值就大打折扣了。

按照程序员解决技术问题的习惯，就是把一个大问题拆解为多个部分的小问题，那这里我们也将沟通拆解为内容、形式、风格 3 个方面。

从内容上看，虽说你想沟通的本质是同一件事，但针对不同的人，你就需要准备不同的内容。比如，同内行与外行谈同一个技术方案，内容就是不同的。这里就需要你发挥同理心和换位思考的能力。保罗·格雷厄姆（Paul Graham）曾在他的书《黑客与画家》中写道：

"判断一个程序员是否具备"换位思考"的能力有一个好方法，那就是看他怎样向没有技术背景的人解释技术问题。"

换位思考本质上就是沟通技巧中的一种。

从形式上看，沟通其实不局限于面对面的谈话。面对面交谈是一种形式，书面写作又是另外一种形式，写代码本身就是在和未来的自己或某个你尚未谋面的程序员沟通。

程序员确实有很多都不擅长面对面的沟通形式。面对面沟通的场景是很复杂的，因为这种沟通中交流传递的载体不仅仅是言语本身，眼神、姿态、行为、语气、语调高低，甚至一种很虚幻的所谓"气场"，都在传递着各种不同的信息。而大部分人都不具备这种同时控制好这么多传递渠道的能力，也即我们通常说的"缺乏控场能力"，这里面隐含着对交流者其他能力的要求，比如：临场应变、思维的活跃度与变化等。

从风格上看，不同方式和场景的沟通可以有不同的风格。比如面对面沟通，有一对一的私下沟通，风格就可以更随性柔和些；也有一对多的场景，比如演讲、汇报和会议，风格就要正式一些，语言的风格可能就需要更清晰、准确和锐利。

沟通之难就在于清晰地传递内容和观点。当你要向其他人详细解释某样东西的时候，你经常会惊讶地发现你有多无知，于是，你不得不开始一个全新的探索过程。这一点可以从两个方面来体会：

1）你只需要尝试写点你自认为已经熟悉掌握的技术，并交给读者去阅读与评价。

2）每过一段时间（比如，一个季度或半年）尝试去总结，然后给同事分享下你工作的核心内容，再观察同事们的反应和听取他们的反馈，你就能体会到这一点了。

所以，沟通改变的第一步就是从考虑接收方开始的，看看接收方能吸收和理解多少，而非发送了多少。而沟通问题的三个方面——内容、形式与风格的考虑，都是为了让接收更方便和容易。

江山易改，本性难易，有时候我们做不到就在于这一点。但现实并不要求程序员成为所谓的沟通达人，只是需要主动认识到身边的沟通问题，去进行理性和逻辑地分析、拆解并做出适当的调整。

从认识我们的本性开始，控制情绪，从而去规避无奈的争论；认识清楚沟通问题的本质是要方便接收，达成共识，保持换位思考和同理心，改变自会发生。

54 感觉技术停滞了，怎么办？

我们从开始学习程序，到工作十余年以来，中间可能会出现几次自我感觉技术停滞了。而在这个过程中，我们也会不断地学习很多新技能，不过其中的不少技能也会被淘汰在时间的长河中。

一方面，我们在不断地打磨、提升技能，去解决工作中的问题，但久而久之，就会发现技能的提升速度越来越慢，竟渐至停滞，感觉不到进步了。另一方面，程序员所处的这个行业，技术的变化很快，潮流此起彼伏，难免产生技能焦虑。

有时，我们会不免幻想要是学会什么屠龙之技，从此高枕无忧该多好！但这终究只是幻想，哪里又有什么屠龙之技呢？那面对技术停滞、技能过时，又该如何保持更新，与时俱进？

技术停滞

技术停滞是如何发生的？

程序员，最重要的就是编程技能。每天的工作可能就是编程写代码，在早期还不够熟练时，你还能感觉到进步，这种进步就是从不熟练到熟练。进入熟练期以后，你可能感觉这项技能就提升得很慢，甚至一度停滞了。

单纯的编程实战其实并不能持续地提高一个人的编程技能，想想体育运动员，又有哪一位每天的日程就只是参加比赛？运动员平时都是在进行刻意训练，而关于习得甚至精通一门技能，最著名的理论应该是"刻意练习"，如果非要在这份练习上加上一个期限，那就是：一万小时。

关于"刻意练习"，不少书或文章中都讲了很多案例来说明它的有效性，但总结起来关键就是如下 3 点：

1）只在"学习区"练习，练习时的注意力必须高度集中。

2）把训练的内容分成有针对性的小块，对每一个小块进行重复练习。

3）在整个练习过程中，随时能获得有效的反馈。

刻意练习是为习得真正的技能所设计的，它和获取知识不同，知识就是那些你知之为知之，不知为不知的东西，这可以通过读书获得。但技能是那些你以为你知道，但如果你没做过，就永远不会真的知道的事情。

在程序员足够熟练了之后，每天的这种编程实战型工作就不会再是处于"学习区"的练习了，而是进入了"舒适区"的自动完成。真正的职业竞技体育运动员每天的日常训练都是在"学习区"的刻意练习，到了上场比赛则是进入"舒适区"的自动完成。然而很多熟练程序员的日常工作则是在"舒适区"的自动完成，工作之外则是另一种"舒适区"的娱乐休闲。

停滞，就是这样发生的。

技能保养

感觉停滞的技能，如果工作依然需要它，其大的技术方向发展趋势依然明朗，那么这样的技能是值得好好保养，并继续提高的。而保养和提升技能的方法，"刻意练习"依然是不二之选。

关于"刻意练习"，有时我们即使一直保持在"学习区"的重复练习，却也可能感觉不到进步，这有可能是因为重复的次数和强度还不够。我曾经就犯过这个错：英语这门技能从毕业后就停滞了（可能还倒退了些）十年，在工作十年后我重启了学习掌握英语这门技能的练习，但刚开始阶段我完全低估了需要重复练习的次数和强度。

第一年，仅仅在每日的工作之余，我会花上大约一小时来进行听说读写的练习。但即使每日都能保障一小时的时间，一年下来也不过区区 300 多小时，更别提分散在听说读写四个分支上了。最后的结果可想而知，就是那一年结束后，并没有哪一项在让我感觉到一点点的进步。

在决策科学中有一个概念叫"基础比率（Base Rate）"：

"所谓基础比率，就是以前的人，做同样的事，做到的平均水平。"

也就是说，如果别人做这件事需要那么长时间，基本上你也需要那么长时间，因为可能你没有那么特殊，只是每个人都会"觉得"自己是特殊、例外的罢了。所以，当我调查了下学英语人群的基数和真正算是掌握并熟练运用这门技能的人数，以及他们所花费的时间，我就知道自己大大低估了需要重复练习的强度。

重复，是有针对性的强化练习，其本身是练习过程，而非练习内容。每一次的重复过程中都需要根据反馈进行有针对性的调整，以取得练习效果的进步。

而重复的刻意练习总是辛苦的，辛苦就是我们付出的技能保养成本。

技能开发

技能不仅仅会停滞，还有可能会过时。

就拿我来说，我这十多年编程生涯走过来，从早年的 Basic 语言，到后来的 C，再到后来为了做 C/S 架构的项目学习了 Delphi，之后 B/S 架构开始兴起，又开始写起了 JSP，转到 Java 上来。经历了如此多艰辛的学习路线，曾经掌握过不少技能，但如今除了 Java，其他的都已过时，被淘汰得差不多了。

旧技术过时了，肯定是因为有另一种新的技术取代了它，我们只需定期保持跟踪，观察现有掌握的技术是否可能被新出现的技术所取代。一般来说，新旧技术的更替都是有一定周期和一个持续的过程的，这期间给了我们足够的时间来学习和开发基于新技术的新技能。

而针对不同的学习目标，采用的学习路线也会不同。

如果需要学习新技能来解决工作上的一个具体问题，那这样的目标更适合采用深度路线学习方式，这是解决特定问题的一种捷径，属于痛点驱动式方法，能让你快速排除障碍，解决问题，而非先找到相关书籍，从头读到尾，知道一个整体大概。

一般技术书籍的组织方式都是按主题的相关性来编排的，系统体系性很强，但却不是按你解决问题需要知道的内容来组织的。所以，技术书籍更适合于在你解决问题的过程中用来参考。完整地读技术书籍能增长你的知识，但却无法快速习得技能，并解决你的问题。

反过来，另一种情况，面临一种新兴技术，比如，近年火热的人工智能与机器学习，你不需要解决一个具体问题，而是要对这类新兴技术方向做评估、判断和决策。那么学习的方式就又完全不同，这时采用广度路线学习就更合适。

对如何开发一门新技能，《软技能》一书的作者曾在书中分享过他的一个十步学习法：

1）了解全局

2）确定范围

3）定义目标

4）寻找资源

5）学习计划

6）筛选资源

7）开始学习，浅尝辄止

8）动手操作，边玩边学

9）全面掌握，学以致用

10）乐为人师，融会贯通

这个方法和我自己在实践中养成的习惯基本一致。在深度路线学习中，对全局、范围、目标的定向更聚焦，因此寻找、筛选的资源会更窄，学习计划的迭代期更短，很快就走完了前6步，并进入动手实践、反复迭代的过程中，直到把问题解决。

而在广度路线的学习中，前6步会花去大量的时间，因为这时你面临的问题其实是对新技术领域边界的探索。这就像以前玩《魔兽争霸》，先把地图全开了，看清楚全貌，后面再进军时就能选择最优路径，避免了瞎摸索。

这个类比中不太恰当的是，游戏中开地图实际挺简单的，但在现实的技术领域中，地图全开基本是不太现实的，一是地图实在太大，二是地图本身也在演变中。只能说尽可能在前期的探索中，所开的地图范围覆盖更广至需要去解决的问题领域。

沉淀能力

技术也许会停滞，技能也可能会过时，但其中的能力却可以沉淀下来，应用于下一代的技能上。

很多时候容易把能力和技能混为一谈，在英语中，技能对应的词是 Skill，而能力对应的是 Ability。技能是你习得的一种工具，那么能力就是你运用工具的思考和行为方式，它是你做成一件事并取得成果的品质。

程序员爱说自己是手艺人，靠手艺总能吃口饭。五百年前，鞋匠也是手艺人，但进入工业革命后，制鞋基本就由机器取代了。手工制鞋是一门技能，它的过时用了几百年时间，但如何做一双好鞋的能力是不会过时的，五百年后人们还是要穿鞋，还要求穿更好的鞋。这时鞋匠需要应对的变化是：换一种工具（现代流水线机器生产）来制作好鞋。而现代化的制鞋机器技术实际上还进一步放大了好鞋匠的能力，提升了他们的价值。

对程序员来说，程序技能的过时周期相比制鞋技能却要短得多，每过几年可能就大幅变化了，是需要定时更新的消耗品，而能力才是伴随技能新陈代谢，更新换代的固定资产。技能用熟练了就成了工具，熟练应用工具能快速解决已碰到过的老问题。而沉淀下来的能力，是为了应对并解决新问题，甚至为了解决新问题，可以去开发新的技能或创造新的工具。

那么程序员需要沉淀哪些能力？

作为程序员最基本的自然是代码能力。能够写程序，只能算是技能过关吧，而能写好程序，才算具备了程序员的基本代码能力。代码能力的识别，最简单的方式就是维护一份公开可跟踪的记录，比如参与开源项目贡献，在 GitHub 上留下你的代码简历。

从程序员到架构师，"架构"显然不是一种技能，而是综合应用多种技能的能力。架构师也许不像在工程师阶段需要写大量代码，但实际上没有代码能力是做不了架构的。代码能力是架构能力的底层能力要求。

除了技术能力，如果有可能的话，尽量适当跨出技术的边界，去了解下产品、管理、运营和传播等方面的能力。为什么呢？一方面，技术能力的提升总会到达平台期，增长变得缓慢，而了解学习其他方面的能力，可能会让你找到新的成长点，重新找回快速成长的感觉。

另一方面，个人很多综合能力的差别，有时就是要靠作品来体现的。完成作品需要有一些产品思维，需要自我规划与管理能力，而推广作品需要运营和传播能力。这些相关的能力，最终都会成为你核心能力体现（作品）的放大器。

如果你是一棵树，能力就是根，技能是叶；春去秋来，时过境迁，技能过时，落叶归根；沉淀下来的能力，将如春风吹又生，新的技能自会发芽。

而这一切的能力与技能之母，又叫元能力，自当是学习能力。

虽有俗语说："技多不压身"，但实际上，很多技能是有保养成本的，编程技能就是一种，特别是和特定技术有关的编程技能。所以，同时保养很多技能是不太合理和现实的，更优化的选择是：持续保养主要的生存技能，合理开发辅助技能，形成自己独有的技能组合，沉淀能力模型，发展能力矩阵。

当时代发展，某些技能会过时，但能力矩阵不会过时，它当与时俱进；永不会有停滞的时候，它总是在进化。而对于过时的技能，除了既往不恋，我们还能做什么呢？

技能如剑，金庸老爷子笔下有一"剑魔"，一生用剑经历"利剑无意""软剑无常""重剑无锋""木剑无俦""无剑无招"，最终剑已埋冢，人却求败。

55　为什么程序员总爱说"技术上无法实现"？

程序员有句口头禅叫："技术上无法实现！"这句话，在我过去多年的程序员职业生涯中经常听见，甚至我自己就曾说过很多次。如今，当我再次听到有人说出这句话时，不禁开始反思起来，为什么程序员爱说这句话呢？为什么曾经我也时不时说这句话呢？

一仔细思考，就惊讶地发现一个事实：这句口头禅背后隐藏着一个阻碍我们成长的陷阱。

困扰

当接到一个需求或碰到一个问题，我们回上一句："技术上无法实现！"这是真的无法实现吗？还是隐藏着其他的困扰？

不知

当我刚开始工作的第一年，我在一家银行客户现场工作。当时要给银行的出纳管理部做一个系统，这个系统有个功能就是上传各个国家的高清真假币鉴别对比图片，然后银行的出纳和柜员就可以在系统上学习各个国家纸币的鉴别方式了。

针对这些高清纸币图片，客户因为怕别人盗取乱用，就要求必须对图片做加背景水印的功能。当我们在召开需求讨论会时，我听到这个需求就懵了，因为完全不知道要怎么做。

毕竟当年我才刚刚开始学习如何做 Web 化的管理系统，从来没有用程序处理过图片。

彼时，当我想起程序化的图片处理时，我就只能想起像 PhotoShop 那样高度专业化的图片处理工具软件，觉得这肯定是一个很复杂的事情。所以，当我们讨论起加背景水印的功能时，我自然脱口而出：“这在技术上无法实现！”

然后我们进一步谈起，当前客户他们是怎么做的。客户确实是找了专门的外包设计公司用 PhotoShop 来给图片一张张手工加水印。这听起来就是一个比较烦琐的过程，所以，当我回答“在技术上无法实现”时，客户都是业务人员，也不太懂程序技术上的事，听到我的答案也就略显失望。

好吧，如今回想起来，我说“技术上无法实现”时，仅仅是因为当时的我并不知道如何去实现。想当然地认为要进行图片处理，必须具备 PhotoShop 这样的专业背景知识，而这对当时的我而言是完全不能想象的。

因此，当时我说出的那句“技术上无法实现”，仅仅是因为不知和不解而心怀畏惧。因为畏惧，所以我用了这句口头禅来回避了这个问题，甚至没有去调研一下技术可行性，就由此固步自封，在这片知识领地留下了一片空白，也不能为客户创造更进一步的价值。

“技术上无法实现”的口头禅，此时成为了遮挡我们因不知而畏惧的面具。

不愿

有一年，我出差在客户现场赶项目，连续加班了四个周末，也就是大概一个月在连续上班。终于我们的项目快要如期上线了，每个通宵的早晨，看着东方慢慢变得红润透亮的天空，感觉已经快要看到胜利的曙光了。

就在这样一个曙光照耀的早晨，项目经理跑来对我们说：“原有的一块业务逻辑今天在和客户聊起时，他们说也只是试试这个流程，可能要改变。但我们的实现方式太僵硬，都是硬编码赶出来的。要不我们改成更灵活的、可以通过配置的方式，一旦上线后再改起来就更麻烦了。我可以先去和客户再沟通下，给我们再争取点时间。”

一下子，我们都被打击得不行，改成配置怎么改？逻辑那么复杂，又不是那种简单的开关式配置。当时，项目经理早已脱离技术一线时间颇久，也一时半会儿没什么新方案。在沉默地思考了一阵子后，我又说出了那句话：“逻辑太复杂，变动太大，这短期在技术上无法实现的。”

其实，那时我心里是有一个方案的，如今看来虽不是什么优秀的方案，但也是当时我唯一知道且可行的方案。就是通过 Java 的动态类加载机制，把业务逻辑外移，流程内置的方式以便可以动态热加载新的业务逻辑类。但这意味着可能要面临一次重大的重构，又是两周的持续加班，而我当时只是想赶快离开这沉默的讨论会，去美美地睡上一觉。

后来，这个故事在我睡醒后依然以我妥协结束。我建议了这个方案，最后当然也是我去实施了这个方案，庆幸的是并没有如"预料"那般加上两周班，只用了一周，项目就上线了。再之后的后续维护中，我又学习了新的东西——流程引擎、动态脚本，继续下一版本的重构，我们升级成了一个更好、更通用的方案。

当时我说出的那句"技术上无法实现"，只是因为觉得很麻烦，不愿意实现而已。后来睡醒后，恢复了一些精力，觉得应该接受这个挑战。因为客户的需求变化就是一个客观事实，也不会因为我的主观意愿而改变。

"技术上无法实现"的口头禅，在当时成为了我们推脱的借口。

反思

不论是"不知"还是"不愿"，"技术上无法实现"的口头禅看来都不会给我们带来什么帮助，它反而阻碍了我们进一步做出更好的产品，从而给客户留下遗憾。

随着工作经验的增多，技能的积累，我越来越少说这句话了。事实上，我发现大部分的用户需求，技术上总是可以实现的。这些需求的真正限制，要么是时间，要么是资源。

所以，面对一个紧迫的或不合理的客户需求，甚至诉求时，不应该再以如此苍白的一句话去应对了。这个需求背后涉及的技术实现，要么可能你现在未知，要么你至少知道一个方案，只是觉得过于复杂，而且会带来很多"副作用"，所以不愿意这样去做罢了。

但总之，你需要一个办法去应对一个让你觉得"技术上无法实现"的需求。我建议不要立刻像我当年那样做出如此简单的判断就推脱过去，其实我们完全可以把这样的问题放在下面这样的框架中去思考一下。

全局背景

这一步的目的并不是要找到并确定实现方案，只是对这一问题涉及主题的相关内容有一个全局性的了解。

近年我都在做京东咚咚，一个 IM 系统，所以就以此举个例子吧。不时我们会收到用户反馈在安卓客户端应用切到后台就会收不到消息，这里用户只是提供了一个说法，甚至都不算现象。但这是一个问题，而且是一个我觉得在技术上无法百分百根除的问题，换言之就是我可能想不出一个方案能让我的所有用户都再也不会碰到类似的问题。

而用户碰到这样的问题可能的原因有：

- 移动弱网络，消息投递失败率高；

- 应用切后台就被系统杀掉，所以收不到；
- 第三方推送渠道，比如：某一类用户完全没有这种渠道可达；
- 应用本身的问题，比如：bug，版本碎片导致的兼容性问题。

以上简单的问题分类，背后都隐藏着一个解决或优化问题所需的巨大且复杂的实现方案。针对每一类问题的方案，可以先去大概有个了解，但这里还不需要很深入。

聚焦范围

对上面列出的全局背景问题分析分类后，会发现没有一个是轻松容易就能解决的。而且这时还必然面临资源和时间的问题，也就是在特定的资源和时间下，我应该优先解决哪类？所以，这一步的本质就是从上面的全局分类中，聚焦一个范围，然后集中深入调研评估。

定义标准

前面说了用户仅仅反馈了一个说法，站在用户的角度，他们总是希望产品是没有任何问题的。但站在我的角度，我知道我只聚焦了一部分问题，所以我需要清晰定义这部分问题解决的成功标准。

比如，针对应用切后台就被系统杀掉，对用户无感知，所以认为收不到消息是有问题的。针对这个问题的聚焦范围，我可以提供第三方推送渠道在十分钟内的推送通知补偿，重新唤醒用户重回应用，避免消息的遗漏。通过估算每日活跃用户和可能投递给第三方渠道消息通知量以及第三方渠道自己标榜的投递成功率和业界一些经验数据，就能估算出该解决方案的标准：通知唤醒到底能补偿多少用户的指标。

深度评估

有了范围和标准，剩下的就是深度评估方案路径问题。大体上任何一个方案，其中有些是你已经轻车熟路的实现路径，有些则是你可能从未走过的陌生之路。

轻车熟路的部分可能更容易评估，但很多程序员还是容易高估自己；而从未走过的陌生之路，就评估得更离谱了。关于评估，可以保守一些，因为一般来说现实总是比理想的路径曲折一些。

经过了上面 4 层思考框架的过滤，这时想必你已成竹在胸了，并能很好地衡量该技术实现方案的成本与收益。除此之外，进一步还需斟酌考虑的是方案是否足够优化，毕竟我们做工程就是要找到一条最优化的实现路径。

当面对任何一个需求，除非能一下从理论上发现其实现的物理限制，我们恐怕不能够再轻易说出"技术上无法实现"了。即使真的是无法实现的需求，也有可能通过变通需求的方式来找到一条可实现的路径。"技术上无法实现"的口头禅仅仅是我们阻挡需求的快捷方式，但这样的思维也阻碍了我们进一步去找到真正的实现路径和优化方案。

"你看这个需求能实现么？"

"哦…"

不过，改掉了这句口头禅后，有些问题也挺难简单地回答了。

56　代码怎么写着写着就成了"码农"？

有时候工作久了，会陷入这样一种状态中：整天不停地写代码，开发业务需求，周而复始，日子长了，自然觉着厌倦，感到似乎真的有点像"码农"了，日出而作，日落而息。在过去的某个时期，我应该也陷入过这样的循环之中，后来又是如何脱离的呢？

困境：代码与罗马

陷入这样一种写代码的"困境"，还是要回归到写代码这件事本身上。

写代码是因为有需求，需求来自业务的发展需要，经过产品经理再传递到程序员。刚开始，作为一个新手程序员，不停地为各种需求写代码。开发完一个，紧接着又是一个，生生不息，循环不止。

一开始也许会感觉有些累，但并没有产生太多的厌倦感。这是一个从不熟悉到熟悉再到熟练的过程，这里有太多的新东西可以去探索和尝试，让你在疲惫中依然能获得了好奇心的满足和成长的快感，因此不会感觉厌倦。

那技能从不熟悉到熟练需要多久呢？现在成为专家的要求已经有了共识：一万小时的刻意练习。但达成熟练要不了那么久，也许两三年足矣。有句俗语叫："条条大道通罗马。"罗马，一座城市，包罗万象，类比到程序员这里就像一个个需要完成的业务需求。几年过去，每一条通往"罗马"的大道都被你走过了，再去往"罗马"时，自然找不到新鲜感了，困倦油然而生。

继续停留在通往"罗马"的循环往复中，已无法让你继续成长为专家。而要想跳出这循环往复的路，无非就是不再走那熟悉的条条通往"罗马"的大道，而是选择一条离开"罗马"的路，走出去，走向未知与未来。

在一万小时的刻意练习中，"罗马"已逐渐成为过去的熟悉、熟练区，而离开"罗马"便是要进入下一个陌生的学习区。但也许还会有一种"现实"的困境让你不得不继续走向当前的"罗马",那么这时就不妨换一个视角:既已对通往当前"罗马"的所有路都了然于胸,闭眼可达,那不妨仔细观察了解现在"罗马"的构成与运作机制,也许将来有机会去创造属于自己的"罗马"。

从走向"罗马"到创造属于你的"罗马",这里"罗马",就是你的作品。

理想:作品与创作

也许条条通往罗马的大道,堆砌罗马的砖石,有些已经消失在历史的尘埃中,但罗马作为一个时代和历史的作品,留了下来。

今天我们再看什么是作品?维基百科上对"作品"的定义是:

"作品,亦称创作、创意、著作,是具有创作性,并且可以通过某种形式复制的成品。"

从这个定义来看,作品最重要的特质是:创作与创意。所以,只有包含了创意和创作性质的事物才能叫作品。那对于程序而言,怎样才算作品?你从网上复制来一段代码,解决一个问题,这不是创作,也不会成为你的作品。

代码作品,可以小到一段函数、一个类,大到一个库或框架、一个服务,甚至一个系统。但打磨代码作品的方式,应该是定期对自己写完的代码进行沉淀、梳理和规整,提取可复用的功能,同样的功能只写一次,形成自己专属的编码脚手架和代码库。在以后的学习实践中定期反思,不断优化其效率和品质。

当你再碰到类似功能的实现时,能直接复用库就复用库,不能直接复用的就在脚手架代码上进行扩展,后续的重心就放在了优化实现思路上。这样日积月累下来,你的程序思维和能力才会变得科学、高效,而且产生积累效应。最终,这些留下的代码库或脚手架都会成为你的作品。

不过,同是作品,却有高下之分。吴军曾在文章里写过:"完成一件事,做到50分靠直觉和经验,做到90分要靠科学和技艺,而要做到90分以上则要靠艺术。"我是认同这个观点的,而且我们完成作品的目标应是90分以上,这是作品的特性决定的,因为创作就是艺术的核心所在。

到了90分或以上的作品,也许分数相差无几,但市场价值却可能差异巨大。iPhone 就是一个很好的例子,它当是一件90分以上的作品,90分的工程技术加上几分的艺术,相比差几分的同类,在市场上的价值和价格却是遥遥领先。

作品,是创作的,创作是需要设计的,而设计是需要品味的,正如《黑客与画家》一书里所说:

"优秀作品的秘诀就是：非常严格的品味，再加上实现这种品味的能力。

大多数做出优美成果的人好像只是为了修正他们眼中丑陋的东西。"

也许，我们可以先从感知和修正代码中丑陋的东西来训练这样的品味和能力。

而完成作品的收益是什么？理想的情况下，也许我们期待直接从作品中获得经济收益，但这并不容易。十九世纪，有一名画家，一生作画数千幅，但只卖出过一幅，换回了四百法郎，这名画家就是梵·高。

梵·高的例子比较极端，他的作品都是 90 分以上的，但在直接换取收益方面依然困难。而对于你来说，今天的作品虽不一定能立刻给你带来经济收益，但在你打磨作品的过程中，把"条条通往罗马的大道"都走完了，甚至还反复走，试图找到更优化的路线，这会让你掌握系统化的知识和体系化的能力，同时还会让你的作品变得更值钱。你可以想象这样一个场景：当你给别人介绍自己时，只需要介绍自己的作品，而不再需要介绍自己的技能。

成长的路上，写过的代码最终也许会烟消云散，但完成的作品会成为你闪亮的勋章。

现实：产品与特性

作品要实现直接的经济收益，必须还要走完从作品到产品之路。

产品，是指能够供给市场，被人们使用和消费，并能满足人们某种需求的任何东西，包括有形的物品，无形的服务、组织、观念或它们的组合。现实情况是，大部分时候我们的代码作品，都是存在于产品之中的，所以你需要关注包含了你的代码作品的更大范围的产品及其特性。

如果产品无法获得市场的价值认同，技术作品自然也就埋没其中了。

有个说法是：要做好技术需要懂业务和产品。这大体没什么问题，但需要提到的细节是了解的方向。技术不需要了解业务产品的每一个显性特征，一个足够大的业务产品，有无数的显性特征细节，这些全部的细节可能分散在一群各自分工的产品经理们中。所以说，技术需要懂的是产品提供的核心服务与流程，并清晰地将其映射到技术的支撑能力与成本上。

另外，技术不仅仅需要支撑满足产品的全部显性和隐性服务特性，这些对于技术都相当于显性服务特性。而技术还有自己的隐性服务特性，这一点也正是高级和资深程序员需要重点关注的。所谓技术的隐性特性，通俗点就是程序员常说的非功能性需求，它的产生与来源都是源自程序和程序员本身。

用一段新算法实现的函数取代了旧函数，那么多余的旧函数就变成了负债而非资产，是需要去清理的。重构代码变得更简洁和优雅，可读性增强，节省了未来的维护成本。一个能同时服务一万人的程序实例，你知道你没法加十个实例就能简单变成能同时服务 10 万人的系统。这些都是技术冰山下的隐性特征，显性的错误会有测试、产品甚至最终用户来帮你纠正，但隐性的错误却很难有人能及时发现并帮你纠正。

产品的显性特性就如泰坦尼克号，而技术的隐性特性则是泰坦尼克号撞上冰山后的反应。一旦隐性的错误爆发，就像泰坦尼克号撞上了冰山，一切外显的繁华最终都将沉入海底。

技术从特性到作品，去支撑产品的体验与服务，这是一条更现实的技术作品实现价值的路。

从反复写代码实现需求的重复困境中，到打磨作品实现价值的理想，再回归产品化的现实之路。

代码，有些人写着写着，就成了"码农"；有些人写着写着，就成了作者；还有些人写着写着，就改变了你我的生活。那你想成为哪一类人呢？

57　为什么总是做不好代码评审？

我们都知道代码评审（Code Review）很有用、很重要，但现实中我所经历的和看到的团队，很少有能把代码评审落地得很好，并发挥出其应有作用的。这个问题困扰我已久。

感性认识

代码评审的作用，有一定经验的程序员们想必都会有感性认识。

它是很多软件工程理论和方法学中的重要一环，对于提升代码质量和找出一些潜在隐患很有帮助，如果你有一些正式的代码评审经历，想必也能感性认知到其正面作用。但在我过去工作的这些年里，经历了几家公司，数个不同的团队，却几乎没有哪一个会把代码评审作为必要的一环去执行的。

过去，我们总是在线上出现一些奇怪的疑难问题后，一群相关程序员才围坐在一起，打开相关代码来逐行分析，根据线上现场的"尸检"来做事后分析和推导。这样的事后代码分析实际上根本不是代码评审，也完全违背了代码评审的初衷。

代码评审的初衷是提高代码质量，在代码进入生产环境前经过同行评审来发现缺陷，降低损失概率。这一点程序员都好理解，提前的代码评审就像雷达扫描我们重点关注的代码领地，以期发现或明显或隐藏的危险因素。

漫画《火影忍者》里有一种忍术技能——白眼，这种技能有近 360° 的观察范围。程序员在写程序时力求思考全面，不留死角或盲点，但实际死角或盲点总是存在的。随着我们经历和经验的成长，思考和认识得越发全面（越发接近 360°），拥有了近乎"白眼"的能力，但即使是像"白眼"一样，也依然会存在盲点。

正如世界上没有两片完全一样的树叶，也许也不会有两个认知视角完全重叠的人，这样相互进行代码评审也就弥补了个人单一视角和认知思考的盲点问题。除此之外，代码评审还有一个社会性功用，如果你在编程，而且知道一定会有同事将检查你的代码，那么你编程的姿势和心态就会完全不同。这之间的微妙差异正是在于会不会有人将对你的代码做出反馈与评价。

代码评审的编程实践正是基于这样的感性认知，影响你的编码心理，并试图通过群体视角来找出个体认知盲点区域的隐患或 Bug，但到底这样的做法能降低多少出现 Bug 的概率呢？

理性分析

有人对代码评审的作用进行了更理性且量化的分析，结论如下（来自维基百科）：

"卡珀斯·琼斯（Capers Jones）分析了超过 12 000 个软件开发项目，其中使用正式代码审查的项目，发现潜在缺陷率约在 60%～65% 之间；若是非正式的代码审查，发现潜在缺陷率不到 50%；而大部分的测试，发现的潜在缺陷率会在 30% 左右。

一般的代码审查速度约是一小时 150 行，对于一些关键的软件，一小时数百行代码的审查速度太快，可能无法找到程序中的问题。对于产品生命周期很长的软件公司而言，代码审查是很有效的工具。"

从如上的实验分析结论来看，代码评审对于发现潜在缺陷很有用，相比测试能发现的缺陷率高一倍，但也需要投入巨大的时间成本——一小时审查 150 行代码，再快就不利于发现潜在缺陷了，而且更适用于长生命周期的产品。

所以，下面这个现象就容易理解了。我发现在同一家公司做代码评审较多的都是研发通用底层技术产品或中间件的团队，而做业务开发的团队则较少做代码评审。两者对比，底层技术产品或中间件的需求较稳定，且生命周期长；而业务项目，特别是尝试性的创新业务，需求不稳定，时间要求紧迫，并且其生命周期还可能是昙花一现。

多种困境

上面从感性和理性两个角度认知和分析了代码评审的好处，但其适用的场景和花费的成本代价也需要去平衡。除了这点，如果把代码评审作为一个必要环节引入到研发流程中，也许还有一些关于如何实施代码评审的困境。

困境一，项目期限 Deadline 已定，时间紧迫，天天加班忙成狗了，谁还愿意搞代码评审？这是一个最常见的客观阻碍因素，因为 Deadline 很多时候都不是我们自己能决定和改变的。

困境二，即使强制推行下去，如何保障其效果？团队出于应付，每次走个过场，那么也就失去了评审的初衷和意义。

困境三，团队人员结构搭配不合理，新人没经验的多，有经验的少。新人交叉评审可能效果不好，而老是安排经验多的少数人帮助评审多数新人的代码，新人或有收获，但对高级或资深程序员又有多大裨益？一个好的规则或制度，总是需要既符合多方参与者的个体利益又能满足组织或团队的共同利益，这样的规则或制度才能更顺畅、有效地实施和运转。

困境四，有人就是不喜欢别人评审他的代码，他会感觉是在找茬。比如，团队中存在一些自信超强大的程序员，觉得自己写的代码绝对没问题，不需要别人来给他评审。

以上种种，仅仅是我过去经历的一些执行代码评审时面临的困境与障碍，我们需要找到一条路径来绕过或破除这样的障碍与困境。

参考路径

在国内，我并没有看到或听闻哪家把代码评审作为一项研发制度或规则强制要求，并落地得很好的公司。

而对于一些硅谷的互联网公司，倒是听闻过一些关于代码评审的优秀实践。比如，在一篇介绍 Google 代码评审实践的文章中说道：在 Google，任何产品，任何工程的代码，在被进行严格或者明确的代码评审之前，是不允许提交的。这一点，Google 是通过工具自动就控制了未经评审的代码就没机会进入代码库。

Google 以一种强硬的姿态来制定了关于代码评审的规则，规则适用范围是全公司，对任何人都不例外。即便是团队中超自信且强大的程序员也是如此，要么遵守规则，要么离开组织。这一点从 C 语言和 UNIX 的发明者、图灵奖得主肯·汤普森（Ken Thompson）在 Google 的趣事中可以略窥一二，作为 C 语言发明者之一的他因为没有参加 Google 的编程语言能力测试而无法在 Google 提交 C 代码。

　　像 Google 这样的公司对于代码评审属于高度认可且有公司制度和规则的强硬支持，再辅助自动检测和控制工具的严格执行，一举就破解了以上四类困境。但要实践类似 Google 这样严格的代码评审制度和规则，似乎对于大部分公司而言都有不小的挑战，这不仅需要公司制度、团队文化和技术工具三方面都能支持到位，而且还要让各方对实施此项制度的收益和代价取得一致认可，岂是易事？

　　现实的情况是，大部分公司是在各自的小团队中进行着各种各样不同形式的代码评审，或者完全没有代码评审。

现实选择

　　以前尝试过在团队内部做代码评审，听说兄弟团队搞得不错，于是一起交流经验。但交流开始不久就跑偏了，重心落在了应该选个什么好用的代码评审工具来做，如今想来这完全是舍本逐末了。

　　这就像以为有了好的编辑器（或 IDE）就能写出好的代码一样，而事实是有很多好用的代码评审工具我们依然做不好代码评审。这让我联想起了古龙小说《陆小凤传奇》中的一段描述，记忆尤深：

西门吹雪：此剑乃天下利器，剑锋三尺七寸，净重七斤十三两。

叶孤城：好剑。

西门吹雪：的确是好剑。

叶孤城：此剑乃海外寒剑精英，吹毛断发，剑锋三尺三，净重六斤四两。

西门吹雪：好剑。

叶孤城：本就是好剑。

　　剑是好剑，但还需要配合好剑客与好剑法。

　　即使在最差的环境下，完全没有人关心代码评审这件事，一个有追求的程序员依然可以做到一件事：自己给自己评审。就像写文章，我写完一篇文章不会立刻发布，而是从头脑中放下（Unload），过上一段时间，也许是几天后，再自己重新细读一遍，改掉其中必然会出现的错别字或文句不通畅之处，甚或论据不充分或逻辑不准确的地方，因为我知道不管我写了多少文字，总还会有这些 Bug，这就是给自己的评审。

　　给自己评审是一种自省，自我的成长总是从自省开始的。

　　代码评审，能提升质量，降低缺陷；代码评审，也能传播知识，促进沟通；代码评审，甚至还能影响心理，端正姿势。代码评审，好处多多，让人寄予希望，执行起来却又不免哀伤，也许正是因为每一次评审的收益是不确定的、模糊的，但付出的代价却是固定的，包括固定的评审时间、可能延期的发布等。

哀伤过后，我们提交了一段代码，也许没人给我们评审，稍后我们自己给自己评审了，也可以得到了一段更好的代码和一个更好的自己。

58　人到中年，为什么突然就多了一些恐惧感？

刚入行的时候，听说程序员是吃青春饭的，只能干到 30 岁。过了几年，这个说法变成了 35 岁。如今走在奔四的"不惑"之路上，想到如果突然丢了工作会怎样，还是不免有一些惶惑。

人到中年，突然就多了一些恐惧感。

恐惧感：谋生

当你感到害怕丢掉工作时，说明已经不再年轻了，一种为了谋生的恐惧感油然而生。

记得我步出学校后，刚工作满一年，攒下了约一万元的积蓄，然后裸辞了。但只休息了一个月，就开始恐慌起来了。第二个月初，拿着手上的账单计算着，当时在广州，每个月的生活成本大约是 3000 元。再看着卡上不多的储蓄，不得不从魔幻的虚拟世界回到苟且的现实之中，开始了新一轮的找工作之路。

彼时的恐惧不是失业的恐惧，而是没钱继续生活的恐惧。并不害怕失去工作，而是感觉工作随时都可以换一个，要不为何要傻乎乎地裸辞呢？反倒是想着下次应该多攒点钱才辞职的。而下次是什么时候？当时的我也不知道。

第二次裸辞，已是三年后，这次我不仅想换个工作，还想换个城市，中间休息间隔的时间更长了。辞职好几个月后，我才又在成都开始了找工作。这一次感觉到工作没有那么好找，看上去还行且匹配自己的工作并不多，并且工资相对原来的一线城市也整体低了一个档次，但这些也未能让当时的我产生恐惧，仅仅是困惑，看不清前路。

又过了好些年，真的到了中年后，每月都有很多账单要付，贷款要还，才不会觉得切换工作是一件很随意的事情，裸辞也早已从我的字典里消失。不随意，但未必会恐惧，只是年龄与处境让我此刻更需要认真地面对和思考这个问题。

中年，每个月比年轻那会儿挣得更多了，职位也更高了，生活变得更安稳，这时真正潜伏着的威胁开始出现：技能的上升曲线可能越过了高点，走入平缓区，甚至也许在以缓慢而不易觉察的方式下降，而我们却安之若素。

但中年，悄然而生的恐惧感，并不是阻止我们再进一步的"鸣枪示警"，而像是中场的哨声，提醒我们人生的上半场快结束了，短暂的休整之后，就该提起精神开始下半场了。

所以恐惧感不应是一种束缚，而是一种警醒。

无惧感：舍生

假如你在一份工作中，对丢掉工作本身产生了恐惧，那你做工作的形式很可能会走向谨小慎微。

这时工作让你产生了恐惧感，你就将会被工作绊住，只想兢兢业业、如履薄冰地做好份内工作，以保护好自己的位置。但为了保护位置所做的所有努力都会是徒劳的，因为恐惧感绊住了你，这样的工作状态，自己也是缺乏信心的，而一个对自己信心不足的人，也很难让别人对你产生信心。最终，几乎没有任何办法阻止别人占有你当前的位置。

而偏偏是要对工作的无惧感才能真正释放你的潜力，发挥你的能力，让你能够留在原地甚或更进一步。

作为程序员，我们只有一个位置：专业阵地。这是一个专业性要求比较高的职业，我们被雇用并要求成为一名专业人士，所以应该像一个专业人士一样行事。普通劳动者和专业人士的区别在于，普通劳动者主要被动接受指令去执行任务，而专业人士则在其领域内自己生成指令，同时在领域外还会向同事或上级提供来自该领域的输出：专业建议。

普通劳动者是一种劳动力资源，他们保证执行，而专业人士则是保证选择的执行方向是有意义的，执行路径是优化的。作为专业人士，我们需要去坚持和持续地打磨专业力，守住这块阵地。

有时我在想，是专业让人拥有无惧感呢，还是无惧了才能走向更专业？也许，"谋生的恐惧"害怕失去的不过是工作岗位，"舍生的无惧"才能塑造专业的职业生涯吧。

安全感：重生

安全感，是渴望稳定、安全的心理需求，是应对事情和环境表现出的确定感与可控感。

本来丢掉工作并不可怕，如果我们很容易找到下一份工作，并能很快适应变化的话。但现实是，如果是因为经济大环境变化导致的失业或技术性淘汰，找下一份工作并不容易，适应这种变化也不轻松。

二十年前，上一辈的中年人，他们从自认为的铁饭碗（国企大厂）中批量下岗了，这是一种社会经济与技术变革引发的批量淘汰。近一点的，如美国 2008 年金融危机，一夜之间失业的也不在少数，而且之后很长一段时间都找不到工作，这并非专业能力过时的技术性淘汰，而是环境剧变导致的萧条。

而下面这个离程序员更近的案例，来自 TOMsInsight 的深度调查采访，也就是 2015 年的事。

Tony，37 岁，清华本硕，毕业后加入全球知名的 A 公司中国研发中心工作 11 年，年薪 80 万。在北京东三环，置业豪宅，老婆是全职太太，有两个孩子。但 2014 年 5 月，A 公司中国研发中心裁员，Tony 就成为了其中之一。

Tony 作为专业技术人士的价值依然存在，更以百万年薪身价加入著名的互联网巨头 B 公司。但后来，Tony 却无法适应互联网公司的节奏，感觉工作上周边环境各种"浮躁"，管理也不"专业"，只好再度离职。

辞职后 Tony 很难找到合适的工作：不能很好地适应互联网公司，外企整体不景气招聘冻结，进入体制内早已过了年龄，创业没有机会和资源，当然也没勇气。而维持家庭高品质生活还需要不小的开支。Tony 在 37 岁这年，学会了抽烟、喝酒，仿佛人生的不顺利，来得稍微晚了一些。

最可怕的失业就来自变革引发的技能性淘汰（如国企下岗），其次是环境引发的萧条（如金融危机），再次是技能虽然还有普适价值，但自身却适应不了环境变化带来的改变与调整（如 Tony 的危机）。

Tony 面对的危机还是比较少见，属于个人问题。而金融危机也不多见，面对萧条"血"（储蓄）够厚也可以撑得过去。只有第一种，技能性淘汰，积重难返。四十而不惑，不过四十岁程序员的悲哀在于，他们拥有十五年以上的经历与经验，有时却在和只有五年经验的年轻程序员竞争同样的岗位。

中年人和年轻人本应在不同的战场上。年轻时，拼的是体力、学习力和适应能力，是做解答题的效率与能力；中年了，拼的是脑力、心力和决策能力，是做对选择题的概率。

年轻时，是用体力和时间积累经历，换取成长与机会。就拿我来说，从青年到中年我的体力状态变化是：20 岁以前可以通宵游戏后再接着上一天课；30 岁以前连续一个月加班通宵颠倒，睡一觉后就又精神满满；35 岁以前，还能上线到凌晨两、三点，睡上几小时后，早上 9 点又正常上班；35 岁以后，就要尽可能保持规律作息，否则可能第二天就精神不振了。

所以，中年时体力下降是自然生理规律，但和脑力有关的学习能力并不会有明显改变。记得以前万维钢的文章中讲了一本书，《成年大脑的秘密生活：令人惊讶的中年大脑天赋》，其中提到：

"跟年轻的大脑相比，中年大脑在两个方面的性能是下降的：计算速度和注意力。其他方面，比如模式识别、空间想象能力、逻辑推理能力等，性能不但没有下降，反而还提高了。"

计算速度和注意力下降应该是对学习力有一些影响的，但丰富的经历和经验应该可以缩短学习路径，更有效地学习。回顾过往，年轻时学习的路径试错曲线要长得多，不过这一点在学习效率上得到了弥补。而从其他方面看，模式识别、空间想象和逻辑推理意味着中年人的大脑擅长更多高级的工作技能，因此完全没必要担心"老了"会导致学习能力下降。

缺乏安全感，正是源自变化，变化带来的不确定性。

环境和人都处在长期持续的变化中，变化总是不确定的，我们没法消除变化，只能把变化纳入考虑，承认变化是永恒的，不确定是长期的。面对这一点很难，难在反人性，我们真正需要做的是战胜自己人性里的另一面——适应变化，无论世界怎样变化，内心依然波澜不惊，就像大海深处，无论海面如何波浪滔天，深处依然静谧悠然。

简言之，人到中年，转换了战场，重新定位自己的优势，转变核心竞争力，浴火重生，开启人生的下半场。

年轻时，我们打的是突击战，左冲右突；中年了，我们打的是阵地战，稳步推进；如今，我们进入了人生的中场战事。这场战事从谋生的恐惧感开始，给予我们警示；到舍生的无惧感，让我们摆脱束缚，整装待发；最后经过重生的安全感，推动我们再次上升。

第 14 章

选　择

59　该不该去创业公司?

大约是 2015 年时，那是一个大众创新、万众创业的"双创"年代。当时，创业公司如雨后春笋般出现，又如昙花一现般凋零。也是在那年，招聘时碰到过一个人，一年换了三个公司，我就问："为什么这么频繁跳槽呢?"而他的答案也让我吃了一惊，他说因为他加入的每家公司，没几个月就都倒闭关门了。

那时候，我和我身边的同事都收到过来自创业公司的邀约，有的同事就此去创业了，而我最终选择了拒绝。后来，我复盘了当时的场景，面临这样的选择，会同时有感性和理性的因素。感性的因素也许每个人都不尽相同，但理性的方面更有普适性，从中我慢慢提炼和完善成了一组选择决策框架。

期望

为什么要加入创业公司，你的期望是什么? 也许有下面几种原因:

- 自由成长
- 变身土豪
- 追求梦想

自由成长

创业公司相对于成熟的大公司,会有更大的自由度,你能接触的东西更多,但需要处理的问题也更多、更杂,更容易自由成长为一种解决各类问题的多面手。这对于程序员而言,很可能就是综合能力更强,但在特定的专业领域又不够精深。

有些人就会觉得在大公司过于拘束,缺乏自由度,干的事情专业分工很精细,并不适合自己相对广泛的兴趣路线。那么这类人在初创公司也许就会有更多的尝试机会,更大的发挥空间。

变身土豪

业界坊间一直流传着创业公司上市 IPO、员工一夜变身土豪的故事,但我们不妨理性地来分析一下。

最早期的创业公司,大概处在天使轮阶段。作为技术人,如果你的经验和背景足以让你以技术合伙人的身份加入,那么你大概可以拿到公司 5% 左右的期权。假如公司最后成功 IPO 上市了,市值 100 亿,那么你的股票兑现就值大约 5 亿了(这里忽略行权和各类税务成本),成功变身土豪。但关键点在于,从天使轮到上市途中,统计数据显示会倒下 99% 的创业公司。

如果创业公司进展到了 A 轮,你再加入,成为合伙人的概率就低了,更可能成为一名高管。这时能分到的期权会少一个量级,大约 0.5%。最终公司上市,还是 100 亿市值,勉强还能成为一个"瘦"点的土豪。

进一步到了 B 轮,再加入时,要想成为高管,对自身能力和背景的要求都更高了,这时能拿到的期权比例会进一步下降一个量级,大约 0.05%。100 亿的市值,按这个比例就不太能成为土豪了。

到了 C 轮,公司上市的可能性大大增强,前景可期。但这时加入,能拿到的比例进一步下降一个量级到 0.005%,如果这时公司的上市预期市值就 100 亿,估计也吸引不到什么人了。

变身土豪,其实需要的是增值 100 倍的机会,而最低的下注金额是一年的收入。加入创业公司就是用你的时间下注,能否撞上 100 倍的机会,很多时候就是靠时运。因上努力,果上随缘,尽人事,听天命。

追求梦想

也许创业做的事情正是你梦想的、喜欢做的事情,人生有时不就是挣钱来买一些"喜欢"吗?那么你愿为"喜欢"支付多大的成本与代价?

在成熟的大公司工作，无论工资还是配股的收益都有很高的确定性。而创业公司即使给你开出同等的工资加上对应的期权，相比大公司的稳定性和持续性，也依然处于劣势。更可能的情况是，创业公司给你的工资加上按目前融资轮次估值的期权价值一起，才勉强和你在大公司每年的确定收益相持平。

站在创业公司的角度，公司通常也不希望招一个只要高工资，不要公司期权的人吧。公司当然会觉得期权价值的不菲，而且每进入下一轮融资期权价值一般都会增幅巨大，拥有很大的增值潜力。而站在你的角度，给期权的正确估值应该是 0，因为期权的兑现日期你无法预期，也许是五年，也可能是十年后，再考虑创业的高失败率，还是一开始就不要寄予太多期望的好。

将期权更多地看作彩票，如果期权让你发了财，这非常好，但是你应当确保自己的工资报酬至少可以接受，也就是说即使你的合同中没有期权，你也仍然会选择加入这家创业公司。这中间相对于你在大公司确定性收益的差距便是追求梦想的直接经济成本，也可以理解为你选择创业的风险投入资本。

最理想情况下，通过一次创业的成功，上述三者期望都一次性实现了。但，现实却往往没那么理想。

条件

搞清楚了自身的期望与需要付出的成本和代价，再来理性地看看其他方面的因素。

1）创始人创业的目的是什么？期望是什么？创业毕竟是一段长期的旅程，大家的目的、价值观、期望差距太大，必然走不长远，身边就目睹过这样的例子。

2）创始人以前的口碑和信用如何？有信用污点的人并不值得合作与跟随，而且前面说的创业公司期权，最终能否兑现？就国内的创业环境而言，这一点也很是关键。

3）公司的核心团队成员如何？看看之前都有些什么样的人，你对这个团队的感觉契合么？价值观对味么？这个团队是合作融洽，还是各怀鬼胎？有些小公司，人虽不多，办公室政治比大公司还厉害。

4）对你的定位是什么？创业公司在发展初期容易遇到技术瓶颈，会以招 CTO 的名义，来找一个能解决当前技术瓶颈的专业人才。也许你会被名头（Title）吸引，解决完问题，渡过了这个瓶颈，但这之后老板还会觉得你的价值足够大么？有句话是这么说的："技术总是短期被高估，长期被低估。"而你自身还能跟得上公司的发展需要么？

5）公司是否有明确的业务方向？业务的天花板多高？有哪些竞争对手？核心的竞争优势是什么？很多做技术的同学不太关心业务的商业模式，这在大公司也许可以，毕竟船大，一般也就感觉不到风浪。但在创业公司则不然，业务的天花板有多高，也就是能做到多大，这至关重要。如果公司业务没有明确的方向和优势，你憧憬着踏上了火箭，结果却是小舢板，起风时感觉还走得挺快，风一停，就只好随波荡漾了。

也许还有很多其他方面你关注的条件和因素，在选择前都可以先列出来比较。只是最后我比较确定的一件事是，不会有任何一家公司满足你所有心仪的条件，这时就需要你做决策了。

决策

决策之前，期望是内省，条件是外因；决策就是将客观的外因与主观的内省进行匹配判断选择的过程。

决策很难，让人经常很矛盾，很沮丧。往回看，我们总能找到适合自己的最优决策路径，但当初却并没有选到这条路，所以沮丧。往前看，其实有无数的路径分支，我们怎么可能选中最优路径，有这样的方法吗？没有。

这样的决策就像古时先哲讲过的一个故事，大意是：你有一个机会经过一条路，这条路两边都是大大小小的宝石，但你只能走过这条路"一次"，捡起其中"一块"宝石，中间不能更换。这里捡到最大的宝石就是最优策略，但你怎么实现这个最优策略呢？其实没有方法能保证。

而先哲的建议是，前 1/3 的路径，你只观察周围的宝石，最大的有多大，平均大小大概在什么水平，但不出手捡。经过这前 1/3 的路程，你应该有一个预期的大小标准，这个标准可能比平均大小略大一些，但不应该以之前看见的最大的宝石为标准。再走剩下的 2/3 路程时，你只要看见第一个符合这个标准的宝石，就可以出手捡起，之后快速走完全程。

这个方法虽不能保证你捡到最大的宝石，但可以很大概率保证你捡到符合自己预期标准大小的宝石，而这个预期标准，就是你的"满意标准"。这个捡宝石的决策就是"满意决策"，满意决策是一种折中决策，只是在当时情况下可选的最佳行动方案。

人生中会有很多类似"捡宝石"这样的决策场景，比如找工作、找伴侣、选房子、买股票，甚至买东西也是，只不过因为其中大部分东西的购买支付代价低，你不会有太大的决策压力。前 1/3 的路程就是让你在决策前充分观察、调研、确定满意标准，之后面对第一个满意对象就能够直接决策，然后继续快速前行。

满意决策的方案就是让你做完决策不纠结，即使后来回头看离最优还有差距，也不遗憾。因为，人一生要面对的决策很多，"满意决策"的办法让你省下了 2/3 纠结的路程，继续快速前行。

　　最后，当你面临加入创业公司的选择时，问问你的期望，评估现实的条件，再做出满意的选择；决策过后，可能有遗憾，但没不甘。

60　该不该接外包？

　　以前我曾收到过一些程序外包站点的营销邮件，也看到身边有人接一些外包，赚点外快。当然也有人找过我做外包项目，这时我就必须进行思考和评估，面对外包赚钱的诱惑，到底该如何选择呢？

赚钱与诱惑

　　外包的直接诱惑，就是能立刻增加工资之外的收入，赚点外快。

　　但首先，我们需要问自己的是：应该为赚点外快去接外包吗？为此，我先去调研考察了一番现在的程序员外包市场。好几年前，我留意了一个程序员外包平台，已有好几万签约开发者了，如今再去看时，已有近二十万程序员了。这不免让我思考：什么样的程序员会去这样的平台上接外包项目呢？

　　我把该平台上的程序员页面列表挨着翻了十来页，发现了一个规律。我看过的这些签约程序员多数工作经验在三到五年之间，还看到一个创业公司的创始人，可能是目前创业维艰，接点外包项目来维持团队生存吧。

　　但总的来说，来这里接单的很大一部分程序员应该是想要赚点工资之外的钱吧。赚钱本无错，只是程序员除了接兼职外包项目还有什么其他赚钱方式吗？我想了想，大概有下面这些。

　　咨询 / 培训。一般被外部企业邀请去做咨询或培训的程序员，根据个体差异可能报酬从几千到几万不等吧，但能够提供此类服务的程序员，对其自身的素质要求较高，而且来源不稳定，因此不具有普适性。

　　演讲 / 分享。程序员圈子经常会有一些技术分享大会，有些组织者会对提供分享的讲师支付一点报酬，具体数额可能因"会"而异吧，但一般不会比咨询和培训类更多。

　　投稿 / 翻译。一些写作和英语能力都不错的程序员可以向技术媒体去投稿或翻译稿件。原创千字标准一百五左右，而翻译会更低些，看译者的水平从千字几十到一百左右。

　　写书。也有不少程序员写书出版的，但基本都是技术类图书。对于图书版税，一个非著名作者不太可能超过 10%，而能卖到一万册的国内技术书籍其实并不多，假如一本书销售均价 50 元，那你可以自己算下大概写一本书能挣多少。而现实中要写一本优秀的教材保持十数年长盛不衰，是件极困难的事。

写博客／公众号。十年前大家写博客，现在很多人都写公众号。博客是免费阅读，靠广告流量分成赚钱，但其实几乎就没几个有流量的独立博客，都是聚合性的博客站赚走了这部分钱。

而公众号开创了阅读打赏模式，有些人看见一些超级大 V 随便写篇文章就有几千人赞赏，觉得肯定赚钱。但其实写公众号的人真没有靠赞赏赚钱的，赞赏顶多算个正向鼓励罢了。一个拥有十万读者的公众号，实际平均每篇的打赏人数可能不到 50 人，而平均打赏单价可能不到 5 元。这么一算，假如一篇文章 2000 字，还不如投稿的稿费多。所以持续的博客或公众号写作基本靠兴趣，而能积累起十万读者的程序员几乎属于万中无一吧。

课程／专栏。这是近年跟随知识服务才兴起的形式，一些有技术积累和总结表达（包括写和讲）能力的程序员有机会抓住这个形式的一些红利，去把自己掌握的知识和经验梳理成作品出售。但能通过这个形式赚到钱的程序员，恐怕也是百里挑一的，普适性和写书差不多。

兼职／外包。这就是前面说的外包平台模式，平台发布项目，程序员注册为签约开发者，按人天标价，自己给自己的人天时间估值。我看平台上的跨度是一天从 300 到 2000 不等。

各种赚钱方式，分析了一圈下来，发现其实对于大部分程序员而言，最具普适性的还是兼职外包方式。因为其他方式都需要编程之外的一些其他技能，而且显然兼职外包方式相比较而言属于赚钱效率和收入最高的一种方式，无怪乎会有那么多程序员去外包平台注册为签约开发者。

只是，这种方式的赚钱性价比真的高吗？

成本与比较

接外包的短期成本是你的时间，短期的直接收入回报诱惑很大，但长期的代价和成本呢？

桥水基金创始人雷·达里奥（Ray Dalio），也是近年畅销书《原则》的作者，制作过一个视频，《三十分钟看清经济机器如何运转》，他在视频的末尾提出了三条建议：

1）不要让债务的增长速度超过收入。

2）不要让收入的增长速度超过生产率。

3）尽一切努力提高生产率。

这三条建议虽然是针对宏观经济的，但我理解转化一下用在个人身上也是无比正确啊。特别是第二条，现下多接外包提高了当下的收入，但长期可能会抑制你的生产率，让你失去竞争力。为什么呢？举个例子，我们经常在电影里能看到这样一些熟悉的画面，白天晚上打着几份工的人为生活疲于奔命，那他（她）还有时间来做第三条吗？疲于奔命导致个人生产率增长的停滞，未来竞争力的下降。

生产率是一个宏观经济术语，用到程序员个人身上可不能直白地理解为产出代码的效率，正确的理解我认为是个人价值的产出率，即如下等式：

个人生产率 = 个人价值的产出率

基于以上理解，面临当初的外包项目我的选择是：拒绝。因为，它带来的收入是一次性的，不具备积累效应，而且相比我的全职工作收入还有差距，短期也许能增加点收入，但也没有其他任何意义了。如果老是去接这样的事情，长期的代价必然是个人生产率的降低，得不偿失。

但我确实还做一些不赚钱的事，比如过去多年经常写作，偶尔翻译，我做这些事情的直接目的都和提高现阶段的收入（立刻多赚钱）没关系，只是想尽可能地在提高个人价值的同时提升价值产出率，也就是说在做达里奥所说的第三条建议。

不过，个人价值的提升可能不会立刻反映到当下的收入上，就像虽然公司的内在价值提升了但可能股价还没涨一样。但长期来看，价格总是要回归价值的，这是经济规律，宏观如国家，微观如个人。

值钱与选择

该不该接外包的选择本质是：选择做赚钱的事，还是值钱的事？

梁宁有篇文章就叫《赚钱的事和值钱的事》，文中总结了这两点的差别：

"赚钱的事，核心是当下的利差，现金现货，将本求利。
值钱的事，核心是结构性价值，兑现时间，在某个未来。"

从赚钱的角度看，前面分析的所有赚钱方式的赚钱性价比都很低，完全不值得做。你可能会反驳说，外包项目的收入可能也不低，甚至比你的全职工资还高，怎么会认为赚钱性价比很低呢？一方面，全职工作提供的收入是稳定的；另一方面，兼职外包的收入多是临时的，一次性而不稳定的。若你能持续稳定地获得高于全职工资的外包收入来源，那么仅从赚钱角度看，更好的选择可能应该是去全职做外包了。

从值钱的角度看，前面分析的所有赚钱方式，在以个人价值增值为出发点的前提下，是值得尝试的。正因为兼职外包接单对很多程序员具有普适性，所以针对这件事情的出发点应该是看是否以个人价值及其增长为归依，而非为了当下能多赚点钱。过于专注短期的收入提升，可能会"一叶障目"，忽视长期的价值增值。

为了多赚点外快牺牲当下所有的业余时间，这值得吗？这种兼职外包项目对于自身的价值增值有多大的帮助？这是你需要反问和思考的问题。我估计很多兼职项目都是低水平的重复劳动，其实不止是兼职，甚至很多全职工作亦是如此。

说个例子，刚毕业时，我被分配维护一些历史遗留 Java Web 项目，可能因为毕业时我已有了些 Java Web 相关的课程设计经验；而和我一起加入公司的另一个校友则完全没有这方面的基础，所以被安排维护另外一个历史遗留基于 IBM Lotus Notes 的系统。

估计 Lotus 这套东西现在几乎绝迹了，在当时也是非技术主流，只不过因为历史原因还需要维护。既然公司出钱招聘了我们，为了生存和生活，刚毕业的我们其实没有多少挑选工作内容的机会。因此他在维护 Lotus 项目之余，还在不断地学习 Java 相关的内容，找一些业余项目来做并练习，为下一次的工作转型做准备。我认为像他这样以此为出发点的兼职或业余项目都是没问题的。

为什么外包平台上（我观察下来）三到五年的签约程序员最多？我揣摩可能与他们所处的阶段有关，正是处在结婚安家的阶段，收入敏感度较高。但牺牲未来潜在的生产率增长来换取当下收入临时且不高的增幅，是不值得的。

在价值积累到一定阶段之前，收入增长得并不明显，这阶段人和人之间的收入差距其实很小。想想同一家公司、同一个岗位、同样工作三到五年的程序员，收入能有多大差距呢。这阶段你即使花费所有的业余时间来赚钱，与你的同龄人拉开的收入差距也不会大。

而我观察多数真正拉开差距的阶段是在工作的十年到二十年之间，根据个人的价值积累大小，价值结构变现的机遇，拉开的差距是数量级的差别，会让你生出"当时看起来我们差不多，但如今他干一天能抵我干上一个月甚至一年了"的感慨，所以前十年不妨把关注的焦点放在个人价值的增值上。

最后，再总结下到底"该不该接外包"这个问题。我认为值得接的外包，它包括下面一些特性：

1）如果外包项目对你的技术积累有好处，那么收点钱去实践提升下正好一举两得；其实参与开源项目，本质上不就是不收钱的外包项目？它的收益就是让你更值钱。

2）外包项目的成果具有可复制、可重用性，这样就可以通过大量复制和重用来降低一次性开发成本，而成本和比较优势才是外包模式的核心竞争力所在啊。

3）外包项目不是临时一次性的，而是需要长期维护的，而这种维护的边际成本可以依靠技术工具手段不断降低，那这样的外包项目就是一个长期赚钱的"机器"了。

所有以上特性都反映了一个本质：去做值钱的事，打造值钱的结构，从知识结构、技能结构到作品结构与产品结构，然后等待某个未来的兑现时间。

61 技术干货那么多，如何选？

在我刚进入行业的早些年，正值互联网的早期，其实网上的信息都不算特别多，而技术干货类信息更是少，于是就养成了一个习惯，遇到好的技术干货类文章就会收藏下来。这个习惯延续了多年，后来某天我突然发现仅仅是微信收藏夹内保存的技术干货型文章就已经累积了半年之多，都没时间去阅读和筛选。

收藏了如此多的干货，半年没读似乎也没缺了啥，那么还有必要读吗？ 2011 年我进入互联网行业，那已是互联网时代的成熟期、移动互联网的孕育期，也肯定是信息爆炸的时代，但依然是技术干货寥寥的时期。如今，却已是连技术干货也进入了爆炸期，那我们该如何挑选与应对？

循证与决策路径

为什么我们会去挑选和阅读技术干货文章？我想，循证大概是一个原始诉求，通过分析别人走过的路径，来拨开自己技术道路探索上的迷雾。

循证方法，也是我早年刚接触 J2EE 开发时遇到的技术决策指导思想，记得 J2EE Development without EJB 一书的译序中有这样一段话，很好地阐释了"循证"方法：

任何一个从事 J2EE 应用开发的程序员或多或少都曾有过这样的感觉：这个世界充斥着形形色色的概念和"大词"，如同一个幽深广袤的魔法森林般令人晕头转向，不知道该追随这位导师还是该信奉那个门派。

这时，Rod Johnson 提出"循证架构"。他认为，选择一种架构和技术的依据是基于实践的证据、来自历史项目或亲自试验的经验……

所以，我们去阅读技术干货文章，想从别人的分享中获得对自己技术方案的一个印证。这就是一种行业的实践证据，毕竟想通过听取分享去印证的，通常都是走过了一条与自己类似的道路。技术道路的旅途中充满着迷雾与不确定性，我们不过是想在别人已走过的类似道路中获得指引和启发，并得到迈出坚实下一步的信心。

这就是循证方式的技术决策路径。

多年前,我们刚开始做咚咚这个 IM 系统时,就是沿着这条路径一路过来的。

刚启动是 2012 年,一开始其实是完全不知道怎么迈步,专门花了三个月时间来研究业界的 IM 软件系统都是怎么做的。当时行业 IM 第一的当属 QQ,但那时腾讯公司的技术保持神秘而低调,在互联网上几乎找不到任何公开的技术分享资料。

退而求其次,我们只好研究起开源的 IM 软件,也就是基于 XMPP 开放协议实现的一类开源 IM 服务端和客户端,并以此为基础去设计我们自己的 IM 架构,然后实现了一个最初的原型。

再后来,腾讯终于有一位即时通信的 T4 专家分享了 QQ 的后台技术架构演进之路,记得是叫《1.4 亿在线背后的故事——QQ IM 后台架构的演化与启示》。我仔细听了一遍,又把分享材料翻过好多遍,思考并体会其中的架构演化道路。

数年后,微信在移动互联网时代崛起,并且在 IM 领域甚至还超越了 QQ,微信团队也分享了其后端架构演进之路。此时,我们自身的架构也基本成型并运行一些年了。而我也注意到,关于 IM 类消息应用最核心的一个技术决策是:消息模型。微信的方式和我们并不一样。

微信的方式是基于消息版本的同步加存储转发机制,而我们则是基于用户终端状态的推送加缓存机制。微信的机制从交互结构上更简洁和优雅一些,在端层面的实现复杂度要求更低,符合其重后端、轻前端的设计思路和原则。

然而,循证的方式就是:即便你看到了一个更好的技术与架构方式,也要结合自身的实际情况去思考实践的路径。消息模型,作为一个核心的底层架构模型,也许刚起步未上线时,变更优化它只需要一两个程序员一两周的时间,但经过了数年的演进,再去完全改变时,就需要各端的几个团队配合,并忙上一两个季度了。

循证,不一定能立刻给你的当下带来改变,但可以给你的演进路径方向带来调整,未来将发生改变。

切磋与思考方式

技术干货多了以后,在类同的领域都能找到不同公司或行业的实践分享,这时不仅可以循证,还能够达到切磋和多元化思考的目的。

处在 IM 这个领域,我就会经常去看关于 IM 相关技术领域的干货文章,所以我知道了微信的消息模型采用了推拉结合,还有基于版本的同步机制。但我不会再纠结于为什么我们不同,而是去看到它的好处与代价。

　　举一个更具体的切磋案例：大家都熟悉且特别常用的功能——群消息。关于群消息模型，微信采用的是写扩散模型，也就是说发到群里的一条消息会给群里的每个人都存一份消息索引。这个模型的最大缺点是要把消息索引重复很多份，通过牺牲空间来换取了每个人拉取群消息的效率。

　　好多年前我们刚开始做群时，也是采用的写扩散模型，但后来因为存储压力太大，一度又改成了读扩散模型。在读扩散模型下，群消息只存一份，只需记录每个群成员读取群消息的偏移量，偏移量的记录相比消息索引量要小几个量级，从而减轻了存储压力。

　　而之所以存储压力大是因为当时公司还没有一个统一的存储服务组件，我们直接采用Redis 的内存存储，当时原生的 Redis 在横向和纵向上的扩展性都比较受限。这在当时属于两害相权取其轻，选择了一个对我们研发团队来说成本更低的方案。

　　再后来公司有了扩展性和性能都比较好的统一存储组件，实际再换回写扩散模型则更好。毕竟读扩散模型逻辑比较复杂，考虑自己不知道加了多少个群了，每次打开应用都要检查每个群是否有消息，性能开销是呈线性递增的。

　　同一个技术方案在不同的时期，面临不同的环境，就会带来不同的成本，并做出不同的选择与取舍。虽然看起来是在走类似的路，但不同的人，不同的时代，不同的技术背景，这些都导致了终究是在走不同的路。路虽不同，但可能会殊途同归吧。

　　切磋带来的思考是：你不能看见别人的功夫套路好，破解难题手到擒来，就轻易决定改练别人的功夫。表面的招式相同，内功可能完全不同，就像金庸小说《天龙八部》里的鸠摩智非要用小无相功催动少林七十二绝技，最后弄得自废武功的结局。

　　切磋，主要是带给你不同的思维方式，用自己的功夫寻求破解之道。

连结与知识体系

　　干货多了，时间有限，自然就存在一个阅读优先级的选择问题。

　　就我个人来说，我的出发点很简单，有两点：基于功利性和兴趣。说起功利性也别觉得不好，毕竟整个商业社会都是基于功利性为基础的，所以基于此的选择其实是相当稳定的。考虑下所在组织和团队的功利性需求来做出技术的选择，有时甚至是必须如此，而不能完全由着兴趣来驱动。

　　我会把过去自己所掌握的所有技术总结编织成一张"网"，若一个技术干货分享的东西离我的"网"还太远，我就会放弃去了解。因为如果不能连结到这张"网"中，形成一个节点，我可以肯定它就很难发挥任何作用，很可能在我看过之后没多久就遗忘了。

如今技术发展百花齐放、遍地开花，但人生有限，你必须得有一种方式去做出选择，最差的可能就是所谓的随性选择。我觉得很多情况下是需要一个选择指导框架的，而对于如何选择阅读技术干货的问题，前面用作比喻的那张"网"就是一个我自己的指导框架。

即便是针对同一个问题或场景，我们也可以将已知的部分连结上新的知识和实践，形成更密、更牢固的技术体系之网。

刚做 IM 时，曾经有个疑惑，就是 IM 的长连接接入系统，到底单机接入多少长连接算合适？很早时运维对于长连接有个报警指标是单机 1 万，但当时我用 Java NIO 开 2GB 最大堆内存，在可接受的 GC 停顿下，一台 4 核物理机上测试极限支撑 10 万长连接是可用的。那么平时保守点，使用测试容量的一半 5 万应该是可以的。

之后有一次机会去拜访了当时阿里旺旺的后端负责人，我们也讨论到了这个长连接的数量问题。当时淘宝有 600 万卖家同时在线，另外大概还有 600 万买家实时在线，所以同时大概有 1200 万用户在线，而当时他们后端的接入服务器有 400 台，也就是每台保持 3 万连接。他说，这不是一个技术限制，而是业务限制。因为单机故障率高，一旦机器挂了，上面的所有用户会短暂掉线并重连。若一次性掉线用户数太多，恢复时间会加长，这会对淘宝的订单交易成交产生明显的影响。

他还说了一次事故，整个机房故障，导致单机房 600 万用户同时掉线。整个故障和自动切换恢复时间持续了数十分钟，在此期间淘宝交易额也同比下降了 40% 左右。因为这种旺旺在线和交易的高度相关性，所以才限制了单机长连接的数量，而当时已经有百万级的单机长连接实验证明是可行的。

在一篇关于微信红包的技术干货文章《100 亿次的挑战：如何实现一个"有把握"的春晚摇一摇系统》里提到：

"在上海跟深圳两地建立了十八个接入集群，每个城市有三网的接入，总共部署了 638 台接入服务器，可以支持同时 14.6 亿的在线。"

简单算一下，大概就是 228.8 万单机长连接的接入能力，14.6 亿怕是以当时全国人口作为预估上限了。实际当然没有那么多，但估计单机百万长连接左右应该是有的。这是一个相当不错的数量了，而采用 Java 技术栈要实现这个单机数量，恐怕也需要多进程，不然大内存堆的 GC 停顿就是一个不可接受和需要单独调优的工作了。

以上就是从干货中提取知识和经验总结，形成对已有知识的连结的案例。就这样不断加固并扩大自己的技术知识体系之网。

总结来说：面对众多的技术干货，从循证出发，找到参考，做出技术决策，决定后续演进路线；在演进路上，不断切磋，升级思考方式，调整路径，走出合适的道路；在路上，把遇到的独立的知识点，不断吸收连结进入自己的技术知识体系之网。

回答了标题的问题，这篇文章也该结束了。面对技术这片大海，我们都是一个渔民，打鱼、结网、不断提升自己的技术和能力。

62 技术产生分歧时，如何决策？

作为一名程序员或技术人，总会碰到这样的场景：在一些技术评审会上，和其他程序员就技术方案产生分歧与争论。如果你是一名架构师或技术 Leader，站在技术决策者的立场和角度，该如何去解决分歧，做出决策呢？

这背后，有什么通用的方法和原则吗？

绝对

曾几何时，我以为技术是客观的，有绝对正确与否的标准判断。

在学校我刚开始学习编程技术时，捧着一本数据库教材，它在述说着经典的关系数据库表设计原则：第一、第二、第三范式。后来，我参加工作，那时的企业应用软件系统几乎都是以数据库为核心构建的，严格遵守范式定义的表结构。所以，当时觉得所有不符合范式设计的应用肯定都是错的，直到后来进入大规模的分布式领域，碰到了反范式设计。

也还是在学校做课程设计时，一起学习的同学总跟我讨论设计模式。一边写代码，一边研究这个代码到底符不符合某种模式，似乎没有套进某种模式中的代码就像没有拿到准生证的婴儿，带有某种天生的错误。直到后来，我碰到了反模式设计。

做技术这么些年下来，关于技术方案的判断，曾经以为的绝对标准，今天再看都是相对的。

相对

的确是的，适合的技术决策总是在相对的条件下做出的。

曾经读到一篇英文文章，其标题翻译过来是《简化：把代码移到数据库函数中》。我一看到这个标题就觉得这是一个错误的技术决策思路，为什么呢？因为我曾经花了很长时间做了一个项目，就是把埋在数据库存储过程中的代码迁移到 Java 应用里；而且，现在不依赖数据库的代码逻辑不正大行其道吗？

作者是在正话反说，还是在哗众取宠？我很是好奇，就把这篇文章仔细读了一遍，读完以后发现作者说得似乎有些道理。他的说法可以概括如下。

作者认为，如今绝大部分的 Web 应用包括两部分：

- 一个核心数据库，负责存储数据；
- 围绕数据库的负责所有业务流程与逻辑的代码，体现为具体编程语言的类或函数。

现在几乎所有的 Web 系统都是如此设计的，所以这像是真理、业界最佳实践、事实工业标准，对吧？但作者描述了他自己的经历，是下面这样的。

他从 1997 年开始做了一个电子商务网站，用了 PostgreSQL 作为数据库，第一版网站用 Perl 写的。1998 年换成了 PHP，2004 年又用 Rails 重写了一遍。但到 2009 年又换回了 PHP，2012 年把客户端逻辑拆出去用 JavaScript 重写，实现了前后端分离。

这些年下来，代码重构过很多次，但数据库一直是 PostgreSQL。可是大量和数据存取有关的逻辑也随着代码语言的变迁而反复重写了很多遍。因而，作者感叹如果把这些与数据存取有关的逻辑放在数据库里，那么相关的代码将不复存在，他也不需要反复重写了。

这里有个疑问，作者经常要换语言，到底是为什么呢？他虽然没有在文中明说，但作为程序员的我还是能设身处地感受到其中的缘由。作者本身是学音乐出身，目标是建网站卖音乐唱片，自学编程只是手段。作为一个过来人，我相信他早期的代码写得肯定不够完善，又在各种流行 Web 技术趋势的引诱下，充满好奇心地尝试了各种当时流行的技术，不断重构改进自己的代码。

在这个过程中发现，有一些和业务关系不太大的数据存取逻辑，被反复重写了很多遍，所以生出这样的思路：把这部分代码移到数据库中。其实这个思路带来的挑战，也是显而易见的：

- 如何进行调试、回滚？
- 如何做单元测试？
- 如何进行水平扩展？

上述"挑战"在一般情况下都成立，但对于作者来说却不是很重要。因为作者思路成立的前提是：第一，他维护的是一个小网站，数据库没有成为瓶颈；第二，这个网站的开发维护人员只有作者一个人，而不是一个团队。

是的，围绕这个网站，作者创办了一家公司，雇佣了 85 名员工，并成为了公司的 CEO 也是唯一的程序员。因此，这就是一个在作者所处特定环境下的技术决策，虽看上去明显不太对，但在作者的相对限定条件下，这个决策实际省了他个人的负担（虽然扩展有明显的极限，网站也不会发展到太大规模）。

仔细看作者这个案例，可以发现其技术决策方案也是符合"康威定律"的。"康威定律"

是这么说的：

"任何组织在设计一套系统时，所交付的设计方案在结构上都与该组织的沟通结构保持一致。"

换句话说，就是系统设计的通信结构和设计系统的团队组织的沟通结构是一致的。案例中，作者的系统只有他一个人负责设计与实现，只需要和不同阶段的自己产生沟通，在他的系统和场景下，变化最小、稳定度最高的是数据存储和结构，所以他选择把尽可能多的代码逻辑绑定在系统中更稳定的部分，从而降低变化带来的代价。

而康威定律告诉我们，系统架构的设计符合组织沟通结构时取得的收益最大。这是一个经过时间检验和验证过的规律与方法，体现的就是一个相对的选择标准，那在这背后，有没有隐藏着关于技术决策更通用的判断原则呢？

原则

康威定律，是和组织的团队、分工、能力与定位有关的，其本质是最大化团队的核心能力，最小化沟通成本。

在足够大的组织中，沟通成本已经是一个足够大的成本，有时可能远超采用了某类不够优化的技术方案的成本。每一次人事组织架构的变动，都意味着需要调整相应的技术架构去适应和匹配这种变化，才能将沟通成本降下来。而技术方案决策的核心，围绕的正是方案的实施成本与效率。

曾经很多次的项目技术评审会上，后端的同学和前端的同学经常就一些技术方案产生争论。而争论的问题无所谓谁对谁错，因为同样的问题既可以后端解决，也可以前端解决，无论哪条路都可以走到目的地。那么还争论什么呢？无非是各自基于局部利益的出发点，让自己这方更省事罢了。

这些问题的解决方案处在技术分工的临界地带就容易产生这样的争论，而技术的临界区，有时就是一些无法用技术本身的优劣对错来做判断的区域。这时，最佳的选择只能是将前后端整体全盘考虑，以成本和效率为核心来度量，应该由哪方来负责这个临界区。

而成本与效率背后的考量又包括如下因素：
- 团队：这是人的因素，团队的水平、掌握的技术能力和积累的经验；
- 环境：能利用的环境支持，公司内部的平台服务或外部的开源软件与社区；
- 技术：技术本身的因素，该项技术当前的成熟度、潜在的发展趋势；
- 约束：其他非技术约束，比如管理权限的干涉、限定死的产品发布日期等。

不同的人，同样的技术方案，成本效率不同；不同的环境，同样的技术方案，成本效率不同；不同的技术，同样的环境和人，成本效率也不同；不同的约束，同样的团队和环境，会得到不同的技术方案，成本效率自然不同。

在技术的理想世界中，技术决策的纯粹部分，其决策原则都和成本效率有关；而其他非纯粹的部分，其实都是"政治"决策，没有所谓通用的原则，只和博弈与利益有关。

最后，简单总结下：技术没有绝对的标准，适合的技术决策，总是在受限的约束条件下，围绕成本与效率做出的选择权衡。对于一些纯粹的技术理想主义者，追求技术的完美与合理性，初心本不错，但也许现实需要更多的行动柔性。

63　技术债务，有意或无意的选择？

在编程的路上，我们总会碰到历史系统，接手遗留代码，然后忍不住抱怨，那我们是在抱怨什么呢？是债务，技术债务。前面说过，代码既是资产也是债务，而历史系统的遗留代码往往是大量技术债务的爆发地。

然而，技术债务到底是如何产生的？它是我们有意还是无意的选择，为什么总是挥之不去？这里就先从对技术债务的认知开始谈起吧。

认知

技术债务，最早源自沃德·坎宁安（Ward Cunningham）1992 年在一次报告上创造的源自金融债务的比喻，它指的是在程序设计与开发过程中，有意或无意做出的错误或不理想的技术决策，由此带来的后果，逐步累积，就像债务一样。

当作为程序员的我们采用了一个非最优或不理想的技术方案时，就已经引入了技术债务。而这个决定，可能是有意的，也可能是无意的。有意产生的债务，一般是根据实际项目情况，如资源与期限，做出的妥协。

而无意产生的债务，要么是因为程序员缺乏经验而引入的，要么是因为程序员所处的环境并没有鼓励其去关注技术债务，他们只是不断地生产完成需求的代码。只要程序员在不断地生产代码，那他们就是在同时创造资产与债务。债务如果持续上升，软件在技术上的风险就不断增加，最后慢慢走向技术破产。

以前看过一位程序员写的一篇文章《老码农看到的技术债务》，印象还是比较深刻的。文中把技术债务分成了好几类，我记得的大概有如下：

- 战略债务

- 战术债务

- 疏忽债务

战略债务，是为了战略利益故意为之，并长期存在。我理解就是在公司或业务高速发展的阶段，主动放弃了一些技术上的完备和完美性，而保持快速的迭代与试错。在这个阶段，公司的战略利益是业务的抢占，所以此阶段的公司都有一些类似的口号，比如：先完成，再完美；优雅的接口，糟糕的实现。

这类债务的特点是，负债时间长，但利息不算高且稳定，只要保持长期"付息"，不还"本金"也能维持下去。

战术债务，一般是为了应对短期紧急情况采取的折中办法。这种债务的特点就是高息，其实说是高利贷也不为过。

这类债务，一直以来我经常碰到。比如，曾经做电信项目时，系统处理工单，主流程上有缺陷，处理某一类工单时会卡住。这时又不太方便停机更新程序，于是我就基于系统的动态脚本能力写了个脚本临时处理这类工单。虽然这样可以保证当时业务经营的连续性，但缺陷是资源开销大，当超过一定量时 CPU 就会跑满了。这样的技术方案就属于战术债务的应用。为避免"夜长梦多"，当天半夜的业务低谷，我就重新修复上线了新程序，归还了这笔短期临时债务。

疏忽债务，这类债务一般都是无意识的。一方面，从某种意义上来说，这就是程序员的成长性债务，随着知识、技能与经验的积累，这类债务会逐步减少。另一方面，如果我们主动创造一个关注技术债务的环境，这类债务就会被有意识地还掉。

从上面的分类可以看出，战略和战术债务都是我们有意识的选择，而疏忽债务正如其名，是无意识的。但不论技术债务是有意的还是无意的，我们都需要有意识地管理它们。

管理

对于技术债务，开发团队中的不同角色关注的债务分类与形态也不太一样。

比如架构师关注的更多是战略债务，保持系统能够健康长期演进的债务平衡。作为架构师，就像 CFO，需要长期持续地关注系统的资产负债表。战略债务可能更多体现为架构、设计与交互方面的形态。而具体某个功能实现层面的代码债务，则更多落在相关开发工程师的关注范围内。测试工程师，会关注质量方面的债务，而一到交接时，各种文档债务就冒出来了。

那对于一个软件系统，我们如何知道其技术债务已经积累到了需要去警示并着手计划进行还债的阶段了呢？一般来说，我们直觉都是知道的。

举个例子来说明下，好几年前团队接手继续开发并维护一个系统，系统的业务一开始发展很快，不停地添加功能，每周都要上好几次线。一年后，还是每周都要上好几次线，但每次上线的时间越来越长，回归测试的工作量越来越大。再后来，系统迎来了更多的新业务，我们不得不复制了整个系统的代码，修改，再重新部署，以免影响现有线上系统的正常运行。

到了这样的状况，每个人都知道，债务在报警了，债主找上门了。一次重大的还债行动计划开始了。由于还债的名声不太好听，所以我们喜欢叫：架构升级。架构升级除了还债，还是为未来铺路。当然，前提是要有未来。如果未来还能迎来更大的业务爆发增长，架构升级就是为了在那时能消化更多的长短期债务。

管理债务的目标是识别出债务，并明了不同类型的债务应该在何时归还，不要让债务持续累积并导致技术破产。一般来说，只要感觉到团队生产力下降，很可能就是因为有技术债的影响。这时，我们就需要识别出隐藏的债务，评估其"利率"并判断是否需要还上这笔债，以及何时还。

有时，我们会为债务感到焦虑，期望通过一次大规模重构或架构升级还掉所有的债务，从此无债一身轻。其实，这是理想状态，长期负债才是现实状态。

清偿

在产品突进、四处攻城略地时，还需要配合周期性地还债，保持债务平衡，才能保证系统整体健康稳步地发展。

首先，我们认识并理解了技术债务，识别出了系统中的各种债务，并搞清楚了每种债务的类型和利率，这时就需要确定合理的清偿还债方式了。

对于战略债务，长期来说都是持续付利。就像现实中一些大企业从银行借钱经营发展，每年按期付息，但基本不还本金；等公司快速发展到了一定阶段，基本进入成熟期后，市场大局已定，再主动降低负债风险和经营成本。

创业公司从小到大的发展过程中，业务在高速增长，系统服务的实现即使没那么优化，但只要能通过加机器扩展，就暂时没必要去归还实现层面的负债。无非是早期多浪费点机器资源，等业务到了一定规模、进入平稳期后，再一次性清偿掉这笔实现负债，降低运营成本。

这就是技术上的战略债务，业务高速发展期保持付息，稳定期后一次性归还。

战术债务，因为利息很高，所以一般都是快借快还。而疏忽债务，需要坚持成长性归还策略，一旦发现过去的自己写下了愚蠢的代码，就需要主动积极地确认并及时优化，清偿这笔代码实现债务。

其次，还债时，我们主要考虑债务的大小和还债的时机，在不同的时间还债，也许研发成本相差不大，但机会成本相差很大，这一点前面分析战略债务时已提及。而按不同债务的大小，又可以分为大债务和小债务。一般，我把需要以周或月为单位计算的债务算作大债务，而只需一个程序员两三天时间内归还的债务算作小债务，当然这不是一个精确的定义。

小债务的归还，基本都属于日常的重构活动，局限在局部区域，如模块、子服务的实现层面。而大债务的归还，比如架构升级，就需要仔细地考虑和分析机会成本与潜在收益，因此大债务归还要分三步走：

1）规划：代表愿景，分析哪些债务需要在什么时间还，机会成本与预期收益分别是多少。

2）计划：代表路径，细致的债务分期偿还迭代计划。

3）跟踪：代表过程，真正上路了，确认债务的偿还质量与到位情况。

如今微服务架构的流行，基本把小债务锁定在了一个或几个微服务体内。即使债务累积导致一两个微服务技术破产，这时的还债方式无非就是完全重写一个，在微服务拆分合理的情况下，一个服务的重写成本是完全可预期和可控的。

除了技术债务的管理与清偿，我们还需关注技术债务与作为程序员的我们之间的信用关系，因为毕竟债务也是我们生产出来的。

信用

生产并拥有技术债务的程序员，并不代表其信用就差。

现实生活中，债务依附于借债的主体方，比如金融债务依附于个体或组织，但如果个体死亡或组织破产了，债务就失去了依附体，自然也就消失了。而技术债务的依附体，并不是程序员，而是程序构造的产品或系统，所以当产品或系统的生命周期结束时，相应的技术债务也会消失。

因而，这种情况下，程序员是有充足的理由不还技术债的，这是技术决策的一种，并不会降低程序员的信用。

任何一个程序系统或其一部分都会与某个程序员建立关联，如果这个程序员此时就负责这部分系统，那么他在此基础上继续创造代码时，既增加了资产也可能引入了新的债务。这时他的一个重要职责就是，维持好资产与债务的平衡关系。如果在此期间，系统的债务失衡导致技术破产，被迫要大规模重构或重写，那么他的信用必将受到关联伤害。

因此，程序员的信用，更多体现在面对技术债务的态度和能力：有意识地引入债务，并有计划地归还；无意识引入的债务，发现之后，有意识地归还。

再有代码洁癖的人也没法写出无债务的代码，而无债务的系统也不存在。面对负债高的系统，我们不必过于焦虑，高负债的系统往往活力还比较强。作为程序员的我们，应把技术债务当作一门工具，而不是一种负担，那么可能就又获得了新的技能，得到了成长。

总之，面对债务，做一个有信用的程序员；将其当作工具，做一个有魄力的技术决策者。

64　如何选择自己独有的发展路线？

想要取得成就，就会面临竞争，几乎所有的成就，都是直接或间接通过与他人的比较来评价的。理解了这样的评价与竞争关系，想要取得成就，出类拔萃，就意味着你要做出选择：选择从众、随大流，还是选择一条只属于自己的路？

不同的选择，意味着面临的竞争水平不同，付出的努力自不相等。

众争

有时，我们会下意识地选择从众，随大流。这样的选择往往给人更安全的感觉，但也意味着更激烈的竞争。

随大流，属于众争之路，感觉是安全的，看上去也是热闹的，但竞争是激烈的，而且竞争所处的水平并不高，属于中等平均水平。比如：作为一名职业的普通程序员，你的任何一次求职、晋升或加薪，都面临类似水平的竞争，这样的竞争规模局限于一个局部市场，比如公司或部门内，规模不大，但人数不少。

在这样水平的竞争层面，其实最顶尖的那部分程序员已被排除在外了，因为这类人在市场上供不应求，而且没有大规模的"生产"方法。处在这样的众争之地，如果你永远都在看周围的人在做什么，和他们保持类似，那么你就很可能处在这群人的一个平均水平区间。

其实，在这样的竞争水平下，你只需要稍微付出一些努力，就能超越平均水平；即使想要脱颖而出，也只需要持续地多付出一些努力。有一句流行的话是这么说的，"以大多数人的努力程度之低，根本轮不到拼天赋"，这就是众争层面竞争关系的本质。

先努力拉开差距，再去找到少有人走的适合自己的路。

稀少

2% 的人创造内容，而 98% 的人消费内容；写作，就是这么一件少有人走的路。

写作的竞争，其实就比职场的竞争高了一个层次。因为职场求职、晋升的竞争都是局部区域性质的，而写作不受地域的限制，最厉害和成功的写作者直接与你竞争。然而，也可以根据专业化和差异化来为写作划分领域，从而缩小你的竞争范围。但即使是这样，仅仅成为所在小集体组织（如部门或班级）中写作水平最高的人，你还不足以赢得竞争，而是需要成为该领域最优秀的写作者之一。

正因为写作所处竞争维度的残酷性，所以才会只有这么少的人在长期写作。我的写作之路，一开始本是因为有兴趣，偶尔有了感触或灵感就写写，属于灵感事件触发的兴趣写作。但这种没有约束感的兴趣写作导致的结果就是一年下来也没写出多少东西来，灵感这么飘忽的东西，似乎总也不来。后来，觉得需要增加点限制，保底平均每月至少写一篇，就像有人每月要去健一次身、跑一次步一样。

就这样带着个限制，持续写了五年，从灵感触发的兴趣写作，到主动选择的规律写作，也算是写出了点东西。再后来，我把这个约束提高到了每周一篇，虽说这会带来更大的消耗，但我逐渐想清楚了它的意义：这就是一个 2% 的选择，少有人走的路。

持续写作并不是为了写而写，它是为了满足自身。一开始即使写完一篇文章没人读，也是完成了最基本的价值，于我，即是每周一次的思维训练。就像每周健身一次，肯定比每月去一次效果更好。而一个写作者只需要持续去写对自己有意义和价值的东西就好，从一两篇到一百、两百篇，也许其中某篇就引起了更多人的共鸣，让写作和文字有了更大的意义。

曾在和菜头的公众号看到有人留言："菜头叔，我可以写，但是没人看，就非常难受……都大半年了，看的人还是二十几个……心累啊！"和菜头的回复是："我写了十年的时候，也只有 400 人看，半年时间很长么？"

当你写完一篇文字，把它推向这个世界的文字海洋，然后扑通一声，便安静了下去，没有掀起一朵浪花。没必要纠结于此，继续写，继续改进，直到终于能掀起一丝涟漪，那么浪花也就不远了。

当然，也并非一定要选择写作，本杰明·富兰克林是这么说的：

"要么写点值得读的东西，要么做点值得写的事情。"

写作本身就是一个关于选择的活动，而值得写的东西，本来也是稀少的。选择少有人走的路，通常也意味着你要大量地尝试，考虑自己的长处加上刻意的练习，虽不能保证成功，但却在创造可能性。

稀缺

稀少的事情，你可以有计划地去持续做，但真正稀缺的东西，比如机会，却不会随时有。

在前面"计划"系列的文章中，分享了我会采用计划清单来安排时间，每天其实早就做好了计划。计划得满满当当的，一件接一件地划去待办事项列表（TO-DO List）上的条目，成就感满满的。但执行了一段时间后就发现了问题，虽然有计划，但总是有变化，计划得太满，变化来了就总会让计划落空；计划得不到执行，就会产生懊恼与愧疚感。

一开始我以为是计划得太满，缺乏弹性，所以无法应对变化。如果在计划里留出弹性空间，那么这些空间就是空白的，但如果一天下来没有太多变化发生，那这些留出的空白空间我又该做什么呢？这么一想，我突然就明白了，原来所有的日常计划都应该是备用的B 计划（Plan B），而真正的 A 计划（Plan A）就是变化，那种让你产生"哇～噢～"的惊叹感觉的变化。

我们大多数人，对太多的东西做出了过度承诺。这些东西通常就是一些日常计划，都是些小而平庸的事情，它们填满了我们的生活。这样带来的问题是，偶尔遇到"哇～噢～，我的天！"这样的变化，一些事情发生了，却没有给予足够的时间和精力去注意它们，因为满脑子都在想着那些还没完成的日常计划。

当一件事情来到你面前，决定是否去做时，你如果没有产生"哇～噢～"的感觉，那么就可以坚决地说"不"。这为你的生活留下了空间，当真正稀缺的"哇～噢～"时刻来临时，你才会注意到并全身心地投入进去。"哇～噢～"的稀缺时刻不会经常出现，所以才需要备用计划，而既然是备用的，也是可以随时抛弃的。

平时，计划做一些少有人做的事，然后等待稀缺的"哇～噢～"时刻与机会出现，这样的时刻或机会是没法规划或计划出来的，否则它就不是稀缺的了。而能否让你碰到"哇～噢～"的稀缺选择机会，这好像有点靠运气了。如果没碰到也就算了，但如果碰到了当时却没注意到，好几年后回过头来才发觉，那留下的将是"哦～哎……"了。

独一

独一无二的路，要么是没有竞争的，要么是别人没法竞争的。

瓦叔就曾走过独一无二的路。瓦叔是谁？你多半熟悉，就是阿诺德·施瓦辛格，跟他有关的标签有健美先生、终结者、美国加州州长。看过他的一个采访后，我才明白：这看起来傻傻的大块头真有大智慧。

他在自己发展的路上，问了自己一个问题：

"How can I carve myself out a niche that only I have?"

这句话怎么理解？ niche 这个词的原意是"壁龛"，如果你参观过像千佛洞这样的地方，应该对山壁上放佛像的凹洞有印象，那就是"壁龛"。而 carve out 的原意是"雕刻"，于是对这句话比较形象的理解是：如何在崖壁上雕刻出一个凹洞，把我这尊佛放进去？后来 niche 被引申为"职业生涯中合适的位置"，而这句话就可以理解为：我如何为自己谋得一个独一无二的位置？

这是他从健美先生转型进军好莱坞时问自己的问题。他对"试镜"的态度是："我才不会去尝试走这些常规路径，因为你知道我看起来长得就不像是一个常规的家伙。"因此，他没有急着去试镜一个角色，然后赚租金养家糊口。

作为之前的全美乃至全球健美先生，已有一定的经济基础去支撑他等待一个合适的稀缺选择机会，最后他等到了一个独一无二的角色——终结者。导演詹姆斯·卡梅隆说："要是没有施瓦辛格，我可能不会拍《终结者》这部电影，因为只有他像个机器人。"

独一，可遇不可求；遇，也先得有遇的基础，它包括异常的努力、不错的运气、非凡的能力，也许还有特别的天赋。

可惜，我们很多时候都选择了随大流。

最后，提炼下：

- 走众争之路，拼的是努力，只能成为平均的普通人；
- 走少有人走的路，拼的是选择、勇气和毅力，可以让你遇见独特的风景，为稀缺的机会创造可能性；
- 走独一无二的路，真的是要拼天赋了。

那么，现在你正走在哪条路上？

65　选择工作，还是生活？

从大学到职场，会经历一次失衡。

在学校的时候，虽有课程表，但大部分时间还是属于我们自己自由安排的。毕业后，一进入职场，就会发现工作开始占据了主导，而后随着工作日久，越发陷入一种关于工作与生活平衡的选择困惑。

处境

　　工作与生活的平衡，到底是怎样一种状态？曾经我以为的平衡是这样的，我想很多人也这样以为过，工作与生活是完全隔离的。

　　工作逼迫我们在寒冷的冬天早晨从热乎乎的被窝里不情愿地钻出，去日复一日地完成一些也许枯燥乏味甚至令人心生畏惧的事情，但却又不得不安慰自己，这一切都是为了生活啊，再忍忍吧。

　　而下班之后才是我们真正热切期待的生活，迫不及待地去玩热爱的游戏（对，那时我还热爱玩魔兽），周末就和朋友去游山玩水，感觉这才是生活。但似乎永远缺乏足够的时间去过这样的生活，假期总是太短，而工作的时间却总是在不断地变长。工作的第一年，我发现越来越少有时间玩游戏，总是在加班，总是坐最后一班公交车回到租住的小屋，冲个凉后，再一看时间，已经过了凌晨。

　　而工作之后的第二、三、四年，长期地出差，似乎连周末都剥夺了，感觉总是在工作。我期待的平衡完全地失衡了。不仅是我感觉如此，也有好些同事因此选择离开了广州，回到二三线城市的家乡，比如西安、长沙。那时我也在想，"我是不是也可以回成都，听说成都是一个休闲的城市呢，回去后，工作与生活是不是就会更平衡些呢？"

　　是的，后来我就这么回来了，但却没有找到期待的平衡，工作反而丧失了充实与成就感，生活也让我变得更焦虑了。如今回首想来，当时我并没有认清和想明白自己的处境与状态，并去定义好属于那个阶段的平衡点。

　　每个阶段会有每个阶段的生活目标。刚毕业时，对我来说合适的目标应该是：自力更生，好好生存下来并获得成长。再之后几年，生活目标会进化到：恋爱成家。再往后，目标也随之发展为：事业有成，家庭幸福。而我当时的症结在于，错把平衡当作了目标，而实际平衡更多是一种感受。有句话是这么说的：

　　"人若没有目标，就只好盯着感受，没有平衡，只有妥协。"

　　认清自己当前阶段的目标，定义清楚这个阶段的平衡点。一个阶段内，就不用太在意每一天生活与工作的平衡关系，应放到整个阶段中一个更长的周期来看，达到阶段的平衡即可。通过短期的逃避带来的平衡，只会让你在更长期的范围内失衡。

　　作为个人，你需要承担起定义并掌握自己生活轨迹的重任，如果你不去规划和定义自己的生活，那么别人就会为你规划，而别人对平衡的处理你往往并不认同。

　　结合当下的处境与状态，没有静态的平衡，只有动态的调整。

关系

工作与生活的关系，短期的每一天总在此消彼长地波动，但长期，应该是可以动态平衡的；当从长期的视角来看待工作与生活时，会发现二者之间并没有那么明显的分界线。

长期的视角决定了，无论是工作上还是生活上，我们追求的都不应该是最后的目标或目的——一种终点状态。你必须得关注过程，这个过程才是你的生活。所以，生活包括了工作，有时候甚至是非常艰辛的工作，就像我刚开始工作的那几年。那时，工作填满了我绝大部分生活，让我错觉工作剥夺了我的生活。

当时我并没有想清楚自己到底想要一种什么样的生活，什么对我是重要的，我只是感觉从学校毕业开始工作后，工作就逼迫着我放弃了曾经热爱的游戏。工作似乎在剥夺着我曾经生活中的很多东西，于是工作与生活就这样对立起来了。

然而工作不该是受罪，我们应当从中找到乐趣，王小波是这么说的：

"人从工作中可以得到乐趣，这是一种巨大的好处，相比之下，从金钱、权利、生育子女方面可以得到的快乐，总是受到制约。人在工作时，不单要用到手、腿和腰，还要用脑子和自己的心胸。我总觉得国人对这后一方面不够重视，这样就会把工作看成是受罪，失掉了快乐最主要的源泉，对生活的态度也会因之变得灰暗……"

当想清楚了这点后，工作就不过是生活的一部分，何必需要去平衡。与其去平衡两者，不如从整体长期的角度去选择一种平衡的生活。一段时间，也许你的生活中充满了工作；一段时间，你决定减少一些工作，去交交朋友，谈个恋爱。再一段时间后，有了孩子，你决定把曾经生活里的一部分，比如玩游戏，换成陪孩子玩游戏。也许你没法每一天都能做到这样自如地选择，但从一个长期的角度（五到十年）你总是可以选择的。

紧要的是，去过你想要的生活，而非不得不过的生活。

而这里所指的"工作"已不再仅仅是"上班、打工"这样的狭义含义，而是更广义上的"工作"。比如，现在我正在写这篇文字，写到这里，时间已过了凌晨，窗外有点淅沥声，下起了小雨。我喜欢成都夜晚的小雨，突然想起了杜甫《春夜喜雨》中的某几句：

随风潜入夜，润物细无声。
晓看红湿处，花重锦官城。

写作，于我就是另一种广义上的"工作"。而且我喜欢上了这样凌晨夜里的写作，有一点点的辛苦，也有一点点的美好，是吧？这也是当下我选择的生活。

比例

既然要主动选择，从一定的长周期看，就需要确定到底怎么样的比例合适。

选择工作在生活中的比例问题，是一个关于优先级和价值观的问题。从操作上来说，它其实是一个交易问题，关乎自己的所得和所失的交易。选择二者间的交换比例，意味着我们要进行权衡取舍，并为之承担相应的结果。

工作与生活的平衡比例选择，既然从操作上是交易问题，那么我们也就可以借用一下投资交易中的一种颇有启发的策略：年轻时，要更多投资于风险更高、波动更大但潜在收益也更大的股权类权益；随着年纪见长，就要慢慢增大更稳定和确定的债券类投资比例，降低股权比例。

而且，这个策略还有非常具体的量化指标，就是用 100 或 120 减去你的年龄来得到你应该投资股权的比例。至于到底是用 100 还是 120，取决于你的风险承受能力和偏好。

把这个思路用在平衡工作与生活上的话，大概是这样：对于一个非常有事业心的人（可以理解为风险偏好型的人），大学毕业平均是 22 岁，120-22 = 98，那么就应该将 98% 的精力花在工作上，当然这里是广义上的"工作"；而对于那些刚毕业但没有那么大野心的年轻人，也应该投入大约 80%（这是用 100 来减）的精力在"工作"上。

对于这个策略，我的理解是，早期的高投入是为了将来需要更多平衡时，具备这种平衡的能力。在我有限的见识和理解能力之内，我是认同这个比例的。一开始就想获得安稳与平衡，人过中年之后是否还能获得这样的安稳与平衡，感觉就比较靠运气。掌控自己能把握的，剩下的再交给时代和运气。

人生，就是在风险中沉浮，平衡的交易策略就是用来应对风险与波动的。

工作是我们度过很长一段生命的方式，还有句话是这么说的，"我不喜欢工作，但我喜欢存在于工作里的东西——发现自己的机会"，工作才会让我们找到属于自己的真正生活。

我们应该追求过好这一生，而非追求平衡，如何才算"好"，每个人都会有自己的答案。我的答案是：不是通过努力工作来过上想要的生活，而是先设定了想要的生活，自然而然工作就会成为生活中合适的一部分。

第15章

工 作

66 技术潮流的"时尚"变迁

之前看过一部电影《The Intern》(译名《实习生》),由 Anne Hathaway(安妮·海瑟薇)主演的,感觉这类都市片还不错,就又在豆瓣的相关影片推荐中找到了她的另外一部旧片《The Devil Wears Prada》(译名《穿普拉达的女王》或《时尚女魔头》)。这是一部讲时尚产业的电影,看完后觉着即使把 IT 技术放进去也挺合适的,毫不突兀,若有所感。

潮流的历史

在知乎上看到这样的问题,面对层出不穷的新技术,一般程序员追逐技术潮流,总感到疲于奔命,如何是好?我想这应该是个普遍性的问题,曾经也为之困扰。

刚入行的时候我用 PB(Power Builder),没多久又换成了 Delphi,为企业写 C/S(Client/Server)结构的应用软件。但不久 C/S 软件就日薄西山,不流行了。互联网兴起后,B/S(Browser/Server)结构的应用开始热门,我又去学了 JSP(Java Server Pages),进入当时如火如荼的 J2EE 应用开发。刚把 EJB(Enterprise JavaBeans)搞明白用熟练,一个哥们跑出来说 EJB 太重了,轻量级框架的春天(Spring)来了,于是我又赶快踏上开往"春天"的列车。

还未感受够春光明媚,天空又飘来一朵"云"。云计算掀起了新的技术潮流,虚拟化从 Hypervision、Xen 到 OpenStack 和 Docker。在云时代,上了年纪的关系数据库和 SQL 看起来不够活力飘逸，NoSQL 应时而生，一时数不过来的各类 NoSQL 数据库，风光无限。有云自有它的好兄弟大数据，系出名门的 Hadoop 家族也盖不住新贵 Spark 的风头。一时落在地上的我，只好看庭前花开花落，望天上云卷云舒。

近年，不仅是后端技术潮头涌动，前端技术也不遑多让。好多年前还能自诩全栈开发，除了写后端逻辑，还得自己设计页面，HTML、Java Script 和 CSS 三件套玩得有模有样。仅 Java Script 一样就框架无限多，从 jQuery、Ext 到 Angular 和 React 已是沧海桑田间，HTML 似乎变化最少，可我早已没时间去关心 H5 到底有了什么变化，而如今谁还写 CSS 呢，我们现在写更高级的再编译成 CSS。

上面提及的好多技术也只是与我擦肩而过便已进入历史的故纸堆中，但潮流还在继续，我们终将还会面对大潮的一遍遍冲刷。

传播的路径

在这股技术大潮面前，为什么是上面这些技术最终站上潮头，冲刷到了我们面前？而我想还有很多技术甚至连名字都没能留下，便已沉入水底。

在电影中有一段谈及潮流和时尚传播的场景，"穿普拉达的女魔头"是这样教育初出茅庐的安妮·海瑟薇的：

你去你的衣橱，选择，我不知该怎么说好，比如选择了你那件松松垮垮的蓝色绒线衫。因为你试着告诉世人你的人生重要到你无法关心自己的穿着。但你要知道那衣服不仅仅是蓝色，不是青绿色，也不是蓝青色，而是天蓝色。你还漫不经心地忽视了这个事实，早在 2002 年，奥斯卡·德拉伦塔设计过一系列天蓝色礼服。然后，我想是伊夫·圣罗兰（法国著名时尚品牌），是它吧？设计了天蓝色的军式夹克衫。

之后天蓝色就成为了八位不同设计师的最爱。再之后流入百货商店，最后慢慢渗入到一些可悲的中档品牌（原文用 Casual Corner 美国中档舒适品牌代表作）。毫无疑问，这才让你从它们的清仓货中淘到了它。总之，那蓝色价值数百万美元，花费了数不尽的心血。滑稽的是，你以为是你选择了这个颜色让自己远离时尚界。而事实却是，这屋子里的一帮人帮你从一堆衣服里选了这件绒线衫。

这一段描述了时尚潮流是如何从顶级设计师逐渐渗透到普通人中间的，实际上技术潮流的传播路径也很类似。

2016 年有一本书《微服务设计》出版，使得关于微服务的讨论变得似乎更热闹起来，微服务架构也成为大型互联网应用架构的一个热门技术潮流了。而这本书实际是翻译自

2014 年底出版的英文书籍《Building Microservices》，但在英文版书出来之前的 2014 年初，技术界的架构理论大师 Martin Fowler 已经写了不少系统探讨微服务架构的文章。在这些文章之前的 2011 和 2012 年，一些来自互联网公司的精英工程师们就在威尼斯附近组织了小范围的专题讨论会（workshop），探讨他们正在实践的新型（微服务）软件架构方式。

所以，也许今天你在津津乐道并选择的某种新潮技术，正是不知何时屋子里的一小帮人帮你做出的选择。

时尚的形成

对我们大多数人而言，我们面对技术这片水域，投身其中便如砸下一颗石子，也许溅起了一小片水花，便复归平静，从未掀起过一次浪潮。而只有少数公司或少数人在引领和推动技术潮流，并形成了时尚。

比如前面提及的微服务背后的少数公司是 Amazon、Netflix，少数人是 Martin Fowler。而像 iOS 7 之后开启了扁平化的审美时尚，这背后的少数人和公司正是 Jony Ive 和 Apple。AlphaGo 围棋大胜人类顶级棋手，一场人工智能的盛宴正在开场，Google 站在背后笑而不语。

技术的水域一直未曾平静，一浪接着一浪，推升着一轮又一轮的新时尚。扑面而至的技术浪潮与新时尚让我们心怀不安和恐惧，应接不暇而又怅然若失，也许你曾经也站上过某个潮头浪尖，但我们未必需要去征服每一个浪头。

技术的 T 台

电影里"女魔头"说一年最重要的就是在巴黎的一周（巴黎时装周），在这里时尚工业围绕的核心问题是引领审美的趋势，围绕这个核心来选择、裁剪和搭配。

技术界也有类似的大会，这是一个技术的 T 台。各公司的技术"模特"们在这里上演一场场关于技术的秀，我们在这里能看到的只是技术时尚的外衣，但别忘了在这样的秀场围绕的核心问题是什么。

正如时尚大会交换着设计师关于审美的看法，技术大会则交换着工程师关于现实问题的看法。技术的出现总是为了解决问题本身，要带着问题去看不同公司的工程师如何去选择、裁剪和搭配技术的。

当我们聚焦在问题上后，会发现很多新出现的技术名词，大多是重新发现旧技术的价值。微服务重新应用了 Unix 哲学的价值，分布式服务框架重新发现了四十年前就出现的 RPC 的价值。云计算重新把对操作系统的认识定义在了机器和机器之间，甚至数据中心和数据中心之间。技术潮流和时尚不过是枝和叶，技术基础才是根和源。

时尚如乱花，迷人双眼；问题如浅草，遮人道路。回归技术的本质，拨开乱花与浅草，轻松前行。

好多年前，我还算个全栈（沾），网站上的图片也想自己设计，于是买了本 Photoshop 的书想学着做，看了一阵后突然领悟到，错了。今天浪潮依然汹涌，我站在岸边，看着潮头跃过，渐行渐远，这其实关乎选择。

67 产品与研发，分歧与共识

在程序系统的建设过程中有两种角色——产品和研发，二者由于工作思维和关注点的差异，在工作中容易形成一种矛盾且对立的关系。这样的矛盾与断裂是如何产生的？我们又该如何去避免？

断裂与分歧

我们先看看产品和研发的工作模式及其中的关系。

先说一个产品和研发打交道最多的场景——需求评审。在需求评审中，虽然大家并不是针锋相对、剑拔弩张，搞得像谈判一样，但却有点像菜市场一般就某个需求点进行讨价还价。一旦进入"讨价还价"模式，就意味着双方站在了各自独立的立场，而非共同的价值和利益出发点了。

产品站在价值方，研发站在成本方。

产品代表业务和用户，对产品功能进行价值判断并转化为研发需求。而研发中的个体，也就是程序员会习惯从自身开发成本（好恶、难易）去评估需求，当感觉自身开发成本高（麻烦）时，就容易进入和产品的"讨价还价"模式。

这里面的问题就在于，研发没有习惯优先从需求的价值出发去考虑；而产品的问题在于，绝大部分产品由于并没有程序的开发背景和经历，有时很难评估清楚，甚至理解完成一个功能需求的研发成本。

产品价值的评估相对主观，产品有时也可能面临无法很好评估某个（些）需求的价值，甚至根本就不是从价值点出发，而只是对标市场竞品，因为别人有，所以我们也要有。

研发的成本则相对客观，但研发在评估需求时过于注重个人开发实现的方便性、路径依赖性，对不确定的技术实施成本有抵触。

结果，就在这里产生了一个断裂带，进而分歧滋生。在这种情况下，如果沟通不当，坏的结果就是，双方变得对立；而好的结果，也不过是各让一步，妥协折中，变得中庸。

连接与共识

面对这样的断裂带，有没有可能重建连接与共识？

对于这个问题，套用梁宁《产品思维》课中提出的用户体验 5 层次模型框架来分析下，这 5 个层次包括：

- 感知层
- 框架层
- 资源层
- 能力层
- 存在层

其中产品的日常工作，大多发生在"感知层"和"框架层"。产品逻辑、交互结构和信息架构等都属于框架层的工作内容，感知层是产品的展现形态，和五感直接相关，而互联网产品最重要的感知是视觉。

研发的日常工作，则大多发生在"资源层"和"能力层"，研发不断地积累资源，提升能力。具体到研发个体上，资源可以是个人的技能，能力则是解决问题，以及开发功能的效率和品质；而在团队层面，资源就是团队的人才构成与梯队组合，能力则是团队技能组合的多样化及其能解决的问题范围边界。

产品和研发的共同连接点在于"存在层"。存在层研究每一个功能需求的价值和意义，换言之，它确定正确的事。那何谓正确？我的答案是做的这件事要有经济效率，而经济效率即价值大于成本。

按如上正确标准，我们在分析竞品的对标功能点时，就需要仔细研究其存在的意义与价值，再来对比我们实现它的成本。有时，完成同样的功能需求，对于不同的公司、不同的团队，在不同的阶段，其价值和成本都是变化的。

我们只在其具备经济效率时才去完成它，正所谓：用正确的方式，做正确的事。

但评估是否正确其实是一件极具挑战的工作。产品经常抱怨的一件事是研发估算工期从来没准过，基本总延期超时。这体现在对成本的估算上是不准确的，有时搞不好估算和实际的时间能差一两倍。如果用程序算法的时间复杂度来说，一两倍的时间误差，基本还算在一个量级的准确度内，不算夸张。

但对业务和产品价值的评估，一开始是非常主观的，估算误差搞不好就是量级的差距。比如说，业务方有时估计业务上线后，能有百万日活，但最后上线了仅有几万日活。这种数量级的估算误差带来的研发一次性投入成本浪费也是蛮大的。

对于创新业务，模糊的价值评估，最好的研发投入方式也许可以参考风投的思路——刚开始总是从一个切入点进入，用少量资源完成一个最小集的产品形态，上线验证业务发展情况。每过一个阶段，业务如果发展超预期，第二次迭代就加倍投入。每一轮迭代，只要业务发展超预期，都继续加重投入比例，最后的结果将是最多的资源投入到发展最快且前景最好的业务上。

所以，进入高阶的研发人员（架构师、技术负责人）对成本的估计会更客观和准确，这时，就需要更多去看那些模糊的价值，考虑研发实施的经济效率问题。

闭环与共享

有时，某些需求的价值和时间有关：要么随时间衰减，要么在某个时间点前有价值，之后可能就没价值了。

这样的需求价值变化，通常和创新业务与市场竞争格局变化有关。面对这类需求，研发去应对的经济效率问题冲突会更明显。在这个过程中，研发形成了两种协作模式：闭环与共享。

闭环，就是和业务需求方绑定，专门做此类变化快的需求开发，其他的都不做；而共享则相反，将研发资源共享成一个池，所有的业务需求也汇总在一个或多个优先级队列里，排期开发。

共享，有利于充分利用研发资源，规模化、专业化，提升吞吐，但可能也降低了平均响应时间，更适合于进入成熟期、稳定渐进发展的业务。闭环，优先考虑专属业务需要的响应，但也失去了规模与专业化效应，更适合快速发展期的创新业务，而过了业务高速期，专属的研发就会形成资源浪费，对个体的成长也有不利因素。

而在一个大的组织中，很可能同时存在闭环与共享两种模式。在这两种研发模式下，产品和研发该如何做，才能符合经济效率原则？先说一个不好的例子。

在共享模式下，大量的业务方因为经常产生需求导致开发排期冲突。结果，业务为了更多地占住研发资源，会自然产生一种驱动因素：先不管那么多，尽量多提需求。而需求本身的意义和价值反而被放在了次要位置。

当被永远开发不完的需求队列压住时，研发就会本能地拒绝需求，进入"讨价还价"模式；而业务熟悉了这套模式后，就会开更高的价等你来还。产品居于其中，就更需要筛选出符合经济效率的正确事情，难度则进一步加大。

闭环和共享，没有绝对的好坏之分，都是相对阶段的选择。如果业务必然走向成熟，那么闭环就会走向共享。共享，依然是能力和资源层的建设，组织的标准化研发输出能力的形成。

无论研发的组织形态如何变化，我们都要警惕进入"讨价还价"模式，它太容易带来负反馈循环，而负反馈的循环一旦积累成型，要破解它就变成了一个很复杂的系统性问题。

需求似乎永远开发不完，我们只能努力提升完成的需求中"正确"的比例。

68　程序员的绩效之谜

以前看到个新闻：亚马逊（Amazon）美国的一个中国 IT 工程师在西雅图办公室跳楼自杀，原因是收到了 PIP。PIP 是什么？就是 Performance Improvement Plan 的简写，表达的意思大概就是，再给你点时间改进工作绩效，否则就请走人。但实际收到 PIP 的人 95% 的情况都是走人，这样实际的意思就变成了，再给你点时间赶快找下家吧。但这名工程师在美国工作，拿的是工作签证，失业就意味着工作签证失效，在美国也就待不下去了。各种压力一起涌来，一时想不开就跳楼了。

这个故事里面有个关键词——绩效，而且是程序员的绩效。程序员的绩效像是一个弥久的历史谜题，长期困扰着大量的程序员与他们的领导们。

工具和方法

KPI（Key Performance Indicator，关键绩效指标）是企业最爱用的绩效考核工具，但 KPI 通常只能定一些比较宽泛的指标，且一般只能分解到团队负责人的头上，而很难分解到具体每个程序员的身上。

在我的工作经历中，换过几家公司，每家公司都使用一种粗放且独特的方式来考核程序员。第一家公司，工作完一年后我才知道什么叫绩效考核，因为他们采用的是年度考核。一年过去，到了年末，经理跑来告诉我说我今年的绩效还不错，然而我也不知道不错是个什么水平。

总之就是不错了，但最后也没有加薪发奖金什么的。努力回顾第一年的工作，除了少数几件印象深刻的事，发现记忆已经非常模糊。而那几件事件都是我搞砸了的事情，而且我还捅了不小的窟窿，获得了血泪换来的宝贵经验。这么一想，"不错"大概就是"有点差"的一个稍微温和的表达了。

说起按事件来评判绩效，就想起后来的另一家公司，他们就使用这样的关键事件法来评估全年的绩效。回想一下这一年自己做了什么特别的事情，有让身边的同事或领导都觉得很棒的事件么？有印象深刻的正向事件，那么就是优秀，如果是负向事件就是还需改进提升，其他就是一般了。表面看有那么一点合理性，但结合程序员的工作性质一想就不是那么合理了。

上面的方法要么是模糊，要么是没考虑工作性质的差异，而下面这家公司的评估方法就完全是想当然了。当时公司采用强制分布绩效的方式，比如一个部门有 10% 的人得优秀，有 10% 的人得差，其他属于一般。这样的评估方式每月一次，直接和当月工资中的绩效工资挂钩。

上面这么一强制分布下来，部门再分布到小组，小组长一看大家都是兄弟伙，一年有十个月出差于全国各地，天天加班不说，还要给人绩效评个差，于心不忍。大家一商量，那就轮流来吧，这次得了差的，过几个月就会得个优秀，这样的绩效评估基本也就流于形式，毫无意义了。

近年，像 Google 这样的明星公司大规模采用了一种叫 OKR 的工具。OKR 就是 Objectives and Key Results 的缩写，表示目标和关键结果。这听起来和 KPI 很类似，但它们有个本质的区别是方向性的。KPI 一般是分解下来，要你去做的，而 OKR 是我要去做的。KPI 是考核工具，而 OKR 实际是管理工具，用于跟踪做事的目标和方向性。可见 OKR 也不是解决绩效评估难题的"银弹"。

综上，这些通用的绩效评估工具和方法，似乎对于程序员的绩效评估都不太有用，这是为什么呢？也许要从程序员的工作实质说起。

工作和评估

管理学上有位大师叫彼得·德鲁克，他最早提出了"知识工作者"（Knowledge Worker）的概念。德鲁克生于 1909 年，经历了从工业时代到信息时代的革命性变化。

早期的工业时代只有工人和管理者的概念，行业多是重资本推动的制造业，工人的特点是流水线的体力劳动，简单重复，过程很容易监控，产出结果的数量和品质也容易检测，因而个人的 KPI 很容易量化。

而德鲁克定义的知识工作者是：

"那些掌握和运用符号与概念，利用知识或信息工作的人。"

显然，程序员就是典型的知识工作者。知识工作者不仅利用知识，他们还会创造新的知识，从知识中获得洞见，进而产生智慧。

程序员的主要产出是代码或交付的软件系统，而软件系统的代码通常都是由多个程序员合作一起完成的，所以没法精确地测量每个程序员的贡献。也不要想当然地用一些简单粗暴的指标来考核程序员，比如代码行数。这样的指标容易定义，容易测量，因而这样的考核容易实施。而容易实施的考核总是首先被采用，但前提和出发点是错的，只会南辕北辙，离目标越来越远。

代码同时具有资产和负债属性，越多的代码导致测试、沟通和维护成本越高，因而对于同样一个需求，应是用越少的代码实现越好。

幸好大家都认识到这样简单的指标无法考评程序员个体的产出，但如果真的采用代码行数来评价的话，倒是能解决程序界的另一个亘古以来的争论：在花括号 { 到底是写在代码行的末尾还是另起一行。

> "程序员就是知识时代的手艺人，也是目前还存在的最大的手工艺人群体。
> 最顶尖的 5% 的程序员写出了全世界 99% 的优秀软件。"

可见，程序员的个体差异导致的贡献度差异之大。但很遗憾的是我们至今没有任何可行的具体测量方法能精确地评估程序员个体的贡献度。所以 Paul Graham 继续说（来自其著作《黑客与画家》）：

> "大公司会使得每个员工的贡献平均化。
> 大公司最大的困扰就是无法准确测量每个员工的贡献，大多数时候它只是在瞎猜。"

依稀记得看过一个来自英特尔的例子，原文记不住，大概简单重述下。是说有个负责芯片设计的工程师提出并改进了一种芯片设计和生产方法，应用到一条年产值 10 亿美元的生产线，提高了 1% 的产值。那么他的直接贡献很容易计算出来，就是一年为公司增加了1000 万美元产值。但问题是我们该怎么奖励他的这次卓越贡献？

这个例子中还提到，他所在的芯片设计部门有一百多人，平均下来整个部门的人均额外贡献就不到 10 万美元了。所以，当年公司能给予他的奖励实际是远小于计算出来的实际增加值的，这就是一个大公司平均化的典型例子。但对于这个例子，也不必感觉太不公平，如果离开了英特尔这样的大公司，那个芯片工程师是很可能无法做出这样的贡献的。大公司一方面平均化了个人贡献度，另一方面也为个人降低了风险，同时提供了贡献的放大器。

反过来，如果是在小的创业型公司，它依然是平均化计算个人贡献度的。但人少了，被平均掉的就少了。对于小创业公司 Graham 的建议是：

> "你最好找出色的人合作，因为他们的工作和你的一起平均计算。"

结果和影响

按 SMART 原则来评定程序员的目标和达成情况：

- Specific（明确）
- Measurable（可测量）
- Achievable（可达成）
- Relevant（相关）
- Time-bound（时限）

其中只有"可测量"这一项在程序员个体上比较难实施，所以恐怕只能放弃精确的测量而转为目标导向。而所谓目标或 KPI 无非就是上级对下属的期望，然后再以此来判断下属的绩效是否合乎期望。如果上级没有明确对下属的期望，如果我们不知道到底要什么，最可能的结果是什么也得不到。

那评估的结果是否能以达成目标为依据呢？表面一听似乎很合理，但仔细想想就有问题。如果上级只用目标管理来决定下属的升迁赏罚，以至于下属只专注于制定"好的"目标，即容易达成的 KPI，就会错失了其他可能。

哥伦布的故事证明了这一点，哥伦布设定了一个寻找到亚洲（东印度群岛）的新航线，但他最终却找到了美洲，并开辟了后来延续几个世纪的欧洲探险和殖民海外领地的大时代，因此：

"即使一个下属没能达成所设定的目标，他的绩效仍有可能被评为卓越。"

哥伦布当初定的目标和最后达成的结果存在差距，但并不能以此说他做得不好。过于绑定目标则限制死了路径并控制了风险，但激励创新意味着冒险，如果没有风险，就几乎等于没有可放大性。

但就个体而言，你需要分清楚评估个人绩效和提供机会让个人获得成长与提升的区别。不妨把这两种效果分为：

- 产出绩效
- 成长绩效

前者是组织更关心的，后者是个人更应关心的。当然现在的组织都说很关心员工成长并提供相应培训，但更多时候组织是更倾向于在市场购买已经成熟的大树的。所以你不应该等着组织想起来给你浇灌时才去成长，成长绩效通常只能自己去评估，而且这点在很多组织也直接影响你的升级之路。

《程序员修炼之道》一书中写道：

"注重实效的程序员不仅要完成工作，而且要完成得漂亮。"

所以，请"Care about your craft. Think! About your work."（关心你的技艺，思考！你的工作）。毕竟你还是个手艺人，还要靠手艺吃饭不是？

69　老板意见带来的执行困扰

曾经读过一篇英语文章，名叫《Don't add your 2 cents》，初一看对这个标题有些困惑，心想：这是什么意思啊？读完文章内容后，不仅学会了一个新的英语习惯用语，还收获一个很有启发的故事。

原意

先来了解下这个习惯用语的背景。

在维基百科的解释里"My two cents"或者说它的完整版"Put my two cents in"是一个美语的习惯表达，它用在表达一个人的试探性建议场景下。大概表达的感觉就是，我的建议或意见也就值两分钱，微不足道，你听听就可以了，以表明建议者的礼貌和谦卑，以期减少这种有争议的意见对被建议人的心理冲击。

放在中文语境下，大概就是这样一些表达，"以我之浅见，你也许这样会……我有一些不同的看法，说出来大家参考参考……"，都是表达一种小心翼翼提出不同意见的方式。

这本是一种让人更容易接受建议的语言技巧，但对于不同角色的人，特别是像老板这样的角色，其效果也许就变了味。

场景

我们看看公司里常见的一种方案汇报或评审场景，老板也许会参与其中。

员工：

"过去几周我们已经做了大量调研和设计，完成了我们新的某某方案……（吧啦吧啦讲了一堆）最后大家看看还有什么建议或意见。"

其他人：

象征性地提点意见，最后大家都等着听老板的意见或者说拍板。

老板：

"嗯，不错，我喜欢。你们的工作做得很好，但是我觉着这里、这里和这里还可以这样完善修改下。"

再具体完善下这个场景，假如我们汇报或评审的是一个产品方案，老板也许会说：思路不错，但可以再参考下某个竞品的某某细节；再尝试下某种新的方向探索。如果是一个设计方案，老板也许会说：整体感觉不错，也许这个字体可以再大一点，那边的红色可以再浅一点，等等。

如果是技术方案呢？嗯，产品和设计方案一般可以靠常识性知识来判断，但技术方案不是，它需要专门的知识，所以技术方案老板就很少参与。但就怕老板是有技术背景的，好多年前也是做技术的。

所有这些意见或建议，其实就是"老板的两分钱"，老板也和任何人一样，不过是在尝试表达一些自己不成熟的浅见，以期作为参考。但是因为老板的角色不同于其他人，他的"两分钱"容易被员工解读成命令，需要被高效执行，使命必达。

最后，老板的"两分钱"也许无意间就被放大成了团队的"好几万"。

反思

从意见本身来说，老板的意见并不一定优于任何人的，毕竟老板也不是万能的，区分只是身份。

如果有朝一日你成了老板，你的意见或看法将不再是仅仅代表个人的意见或看法。在各种正式的汇报或评审会上，你得小心无意发表你自认为的"两分钱"个人意见或看法，但这并不代表老板在这样的场合就无法发表意见了。

一种更好的适合老板的表达方式，也许是用疑问句来替代陈述句，因为老板的陈述句容易被解读成祈使句。用提问题来代替意见、看法或建议，把自己内心的疑惑与问题抛给原始方案的提出人（团队），他们才是需要去找到答案、执行过程并获得最好结果的人。

作为老板，你不需要对所有事情都给出意见或看法，仅仅是因为你能够。

作为老板，你自己偏好的答案也许并不重要，毕竟术业有专攻。

但如果老板认为自己的意见或看法并不仅仅是"两分钱"，那就坚决直接地说出来，这就不再是建议而是命令，这就是老板做出的决策，并需要承担决策的成本与后果。

任何人，都可能是不同层面的老板，不是吗？

70 面试的方法与招聘的原则

这些年来我经历了大量的招聘和面试，逐渐形成了一些自己的心得体会，或者说叫套路，而隐藏在这些套路背后的其实是一些通用的方法原则。

方法

有时，一次集中的扩招需求有点像每年一度的晋升评审，晋升评审需要对大量的候选人进行定级评审，而对每一个新招聘的人员也会有一个定级的过程。

在曾经的晋升评审中，考察点有下面这些维度：

- **通用能力**：考察其沟通表达、协作与学习成长等。
- **专业知识**：考察其知识的掌握深度和广度等。
- **专业能力**：考察其技能应用的能力和结果。
- **工作业绩**：考察其工作成果、产出和创新性等。
- **价值观**：考察其认知、理解和行为等。

晋升采用的是工作述职与评审问答形式，其实也很像一次面试过程，只不过晋升用的是述职报告，而面试用的是简历。

在明确了这几个维度之后，为了保持晋升和招聘的统一性，我自己摸索并采用了一套结构化的面试方法，整个面试过程会包括下面几个部分。

自我介绍

一开始的简短自我介绍，考察点在于对自我的总结、归纳和认知能力。观察其表达的逻辑性和清晰性，有个整体印象。

项目经历

一般我不会专门问一些比较死的专业技术点之类的知识，都是套在候选人的项目经历和过往经验中。通过其描述，来判断其掌握知识点的范围和深度，以及在实际的案例中是如何运用这些知识与技能解决真正的问题的。

所以，不会有所谓的题库。对于每一个我决定面试的候选人，我都是提前细读其简历，提炼场景和发掘需要问的问题。相当于面试前有个二三十分钟的准备过程，组织好面试时的交互过程与场景，以顺利达到我想要了解的点。

团队合作

通常我还会问候选人在所在团队中的角色，他们的工作模式、协作方式，并给出一些真实的场景化案例观察其应对的反应。评价一下关于他周围的同事、下属或领导，了解他在团队中的自我定位。这里的考察点是沟通协作方面的通用能力。

学习成长

这个维度考察的关键点包括成长潜力、职业生涯规划的清晰度。人与人之间成长速度的关键差距——我自己观察得出的结论——在于自驱力。而路径的清晰性也是一个人产生自驱的一个源动力，否则他可能会感觉迷茫，而陷于困顿。

这一点，曾在网上看到一篇采访微信面试委员会团队的文字记录，提及：

> 人才一定需要"自驱力"；"聪明"很重要但很难定义，我认为应该从努力程度和专业度两方面来考察，聪明的人在面对技术问题时不仅只有苦力，他会有解决问题的章法，既明白业界解决此问题的方式，也能清楚知道自己是在什么水平，并且逐一描述清楚。

在程序开发这个领域，一个人现在会的东西，会随着时间流逝价值逐渐变低。因此一个人才如果缺乏足够强的"自驱力"，成长性不足，随着时间其价值是变低而不是变高。

文化匹配

这算是价值观的一部分吧。其实，这是最难考核的，我也没有什么好方法，基本靠感觉。曾经有过好几次碰到经历和技能都不错的人，但总是感觉哪里不对，但又着急要人，就放进来了。但最终感觉是对的，合作很快就结束了，人也走了。

那有没有过感觉不太对，但招进来后却合作得很好的呢？暂时还没有。每次遇到这种感觉问题，我觉得一个人的判断可能不够，我现在想到的一个方法是，多找几个将来会与这个候选人有直接合作关系的同事作为面试官一起来感觉下，都问自己一个问题：我愿意和这人长期合作一起工作吗？独立做出选择判断后，再来看看大家的判断是否能达成多数一致。

综合评价

总结点评候选人的优势、劣势并进行技术定级，定级也没有绝对标准，而是相对的。一般和周围觉得差不多级别的人的平均水准比较下，大概就会有一个技术级别的判断。

最后，闲聊几句，再问问候选人是否有问题想问，一整套就算打完了。套路方法讲完，下面讲讲背后的原则。

原则

关于招聘面试套路背后的原则，给我带来最大启发的还是 Ray Dalio 那本叫《原则》的书。

招聘面试，其实是对人的筛选，而筛选的本质是匹配——匹配人与职位。第一，你得非常清楚地理解，这个职位需要什么样属性的人。第二，确定你的候选人是否拥有这个职位要求的必需属性。那么，首先回答第一个问题，一般的职位需要什么样的属性？

属性，又可以进一步拆解为三个层次。第一层次是技能（Skills），技能是你习得的一种工具，就像程序员会用某种语言和框架来编写某类应用程序。第二层次是能力（Abilities），能力是你运用工具的思考和行为方式，用同样的语言和框架编写同样程序的程序员能力可以差别很大。而第三层次是价值观（Values），价值观是一个人根深蒂固的信念以及驱动行为的原因与动力所在。

一个职位如果是临时的，对第一层次技能的要求最多，而且时间越短要求越多；而如果是长期固定的合作关系，则对价值观的要求最多，而且时间越长要求越多。至此，我们回答了第一个问题。而 Ray Dalio 给出的原则也是：

在选择与人建立长期关系时，价值观最重要，能力次之，而技能的重要性最低。（In picking people for long-term relationships, values are most important, abilities come next, and skills are the least itmportant.）

因此，在找人时，经常要抵挡住一种诱惑：赶快弄个拥有合适技能的人，填补上某个空缺的职位。当你需要大量招人时，一时间招聘市场就是一个买方市场，这种抢人的诱惑会更大。但记住一点，招一个人很难，付出的成本和代价不低；但招错一个人，再想把人弄走，会更难而且付出的成本和代价只会更高。

记得以前读到一本书讲一个成功的创业者，他说他最早的一百号员工全部都经过了他亲自面试，但后来公司发展太快，没法再亲自一个个面试。解决这个问题的办法就是，挑选你信任的面试官，你信任他们的判断。而背后的原则是，人通常会有一种潜意识的倾向去挑选像自己的人。这一点，我一直在观察和体会，并且确实感觉到它在起作用。

曾经感觉周围环境变得不好了，觉得在公司工作不开心了，那肯定是周围的人与环境发生了变化。我选择逃离，感觉自己无能为力，想换一个环境试试。但不管哪个环境总也有让人不满意的地方，如今是明白了，最终环境还是人塑造的。

公司的人总是来来去去，与你一起工作的人和公司本身也是在不断地发展演变进化中。所以，最后若说还有什么最重要的原则的话，我觉得是这条：未来很长一段时间，为了一段共同的使命与价值，我愿意和一个人分享一段共同的生命吗？

别不承认，和你一起工作的人，有时甚至比你的亲人分享了更多你的生命与生活。

最后，总结下。

方法——面试的六个维度：

- 自我介绍：自我认知、归纳、总结、表达
- 项目经历：知识掌握、技能运用、能力证明
- 团队合作：团队角色、沟通协作
- 学习成长：职业规划、成长潜力
- 文化匹配：团队成员接受度感知
- 综合评价：点评优势、劣势、定级

原则——找人的三个属性层次：

- 技能：现在掌握的技能能解决现在面临的何种问题？
- 能力：面临未来未知的问题，有能力去应用已有技能或学习新技能去解决吗？
- 价值：驱动行为的根源与动力。

说了那么多，无非就是找到对的人，去做对的事，行远路长。

第16章

谈　钱

71　找一个好工作，谈一份好薪水

时不时和人聊起关于选择工作和谈薪水的事情，比如："毕业不久出来找工作，没面试几次就被忽悠，稀里糊涂地进了一家公司，结果一进去才发觉与自己想象的差别太大，说好给的薪水，一而再、再而三地砍价，没有兑现……经过了一轮轮面试，终于到了谈薪水时，才明白原来招聘贴上的薪资标价都有些虚高。"

大概就是如上这样的困惑，近些年我都在同一家公司，本来已经有些忘了找工作的感觉，这一聊起又回想起了早年的求职经历，当时我应该也是有过类似困惑与困境的吧？

既然是找工作，自然希望找份"好工作"，那就从好工作说起吧。

好

在我刚从学校走出的时候，父母那一代人眼中的"好工作"有几个关键词：稳定、安逸、知名。经历过动荡的年代，才知道稳定的可贵，而哪个父母又希望自己的子女过于辛劳？对于他们而言，安逸仅次于稳定，而如果工作单位的名字也是自己耳熟能详的，那当然是既有面子了，又会感觉安心。

当时符合这些关键词的好工作在上一代人的眼中便是：公务员。而对于那时的我而言，好工作在同学中间流传的关键词是：光环、高薪、安全。得是外企，最好是世界 500 强，才称得上有光环，当然薪资也是极具竞争力的，安全感更没得说。

当年我在广州毕业，进外企有一个门槛，得英语（口语）好，英语实在不行，如果是香港的公司粤语好也行。所以，我就一直无缘于当时的好公司——外企。如今，十多年后再回首时，一些曾经的外企，有破产倒闭了的，有撤出中国掀起裁员潮的，不禁唏嘘。

曾经朋友圈转了一篇读库的热文《正在消失的一个字眼：好工作》，如果你心中对好工作的定义如我们父母那一辈，追求稳定与铁饭碗，那么就如文中所说的："找一份好工作，骨子里图的是恨不得可以不工作。"如果追求如我刚毕业时一般，短暂来看"光环、高薪、安全"都是有的，但你得明白泰坦尼克号也是可能沉没的，没有什么可以永久持续下去。

"良禽择木而栖，但现在所有的树木都是速朽的。我们一直希望可以寄身某个单位、某个机构，但这种依附关系已经靠不住了。是我们本来就不应该有这种依附的想法，只能依靠自己。"

每个人对好工作的定义因人而异，而我所认为的好工作，得是你喜欢、干得开心还得有点带劲，让你的梦想或情怀有所寄托的工作。但也许出于生活所迫以及个人能力的限制，一开始你没有那么多选择。所以，努力，为了将来有选择。

找

想清楚了心中的好工作，你还得找到它不是吗？找到的前提是你得知道吧。

今天的一些知名互联网或 IT 民企取代了曾经的外企，成为了好工作的候选。你知道哪些公司，你又是如何看待这些公司的？比如，下面是我知道的一些公司，以及我看待的方式：

- 万亿美元级：Apple、Amazon、Google（国内暂时没有）
- 千亿美元级：阿里、腾讯、华为
- 百亿美元级：百度、京东、小米、滴滴、网易、微博、美团、携程、今日头条
- 十亿美元级：陌陌、唯品会、360、新浪、汽车之家、易车……
- 十亿美元以下级：各类还在努力成为独角兽的创业公司……

是的，我是用市值（已上市）或估值（未上市）来看一个公司的，不同的级别反映了它们所处的阶段。有些公司的发展可能还在上升阶段，有些可能发展上升过后又回落了，甚至掉落了一个级别。它反映了公司发展的动态历程，为什么要这样看呢？因为我看的是平台。

竞争如赛跑，个人能力再强，起跑加速再快，能有开车的快吗？不同的平台就是不

同的车，而有些平台甚至是火箭。现 Facebook COO 桑德伯格曾在一次演讲中提到了前 Google CEO 施密特劝她加入时的情景：

> 当公司在飞速发展时，事比人多（事业自然也会突飞猛进）。当公司发展较慢或停滞时，人比事多，办公室政治就会出现。他告诉我："如果你得到了坐上火箭的机会，别问是什么位置，上去就行。"

平台能帮你取得绝对优势，而个人能力在同一平台上帮你取得相对优势。平台自身也在竞争和成长，要借助平台的优势就要和平台一起成长，平台的加速度才能叠加到个人的身上。这正是最困难的部分，因为现在好的平台，未来几年是否还好呢？你登上的是泰坦尼克号还是阿波罗登月飞船？

多为自己增加一些候选，并分门别类，再匹配自己的能力、喜好、状态与追求，其中才可能有比较适合自己的，然后就剩下相互选中对方了。

选

任何工作都既有优势，也有劣势，没有完美的工作。所以才需要选择，决断。

2009 年我从广州回到了成都，2010 年年底京东在成都组建研究院，而当时我正好离职在家，所以其自然进入了候选集。那时的京东对于我来说仅仅是一家刚知道的公司而已，在投简历面试期间才大概了解了下。从理性角度来说，我会把一家公司的优势和劣势列出来对比，京东当时的优劣对比如下。

劣势

- 并不知名
- 也不高薪
- 地方偏僻（无公交，出租车司机都不清楚）
- 福利几无（仅有十元餐补吧）

优势

- 不出差

按我当时的状态，人近三十，三无人员（房、车、女朋友），最迫切的需求其实是稳定，而前几份工作都是因为长期各地出差积累起了一种致郁的状态。就这一个明显优势影响最大，其他方面如今回想可能都是靠感觉来的，比如业务不是做外包项目。（因为曾经做过外包项目，感觉不好，有本能的反感。）

这个选择有很多运气的成分，但有时候选择，也没法仅仅简单理性地做算术，真正重要的因子会因人而异。当时于我而言最重要的底线是不长期出差，也不想做外包业务。这两项正好都满足，其他的都能克服。现在回忆起来似乎很清晰，实际当时根本没想那么清晰，仅仅是意会到了吧。那时的候选集里有更高薪的，但要出差，也有位置更好的（成都天府软件园的），但业务是做外包。可见，看似偶然的选择，也有必然的成分。

决策，就是先用科学的方法，用理性去各种衡量，都还举棋不定时，那就让感性的意会或直觉来拍板吧。这样做出的选择，即使最后证实错了，你也能心甘情愿地认了。靠其他任何理性或科学算法机械做出的决策，最后证实错了，你终将感到不甘与遗憾。

还是那句话：做当下满意的决策，未来回头一看多半不是最优决策，但也不遗憾。最优选择路径都是从后视镜里才能看到的，而你现在只能往前走。

钱

终于到了谈钱的部分，这是找工作最敏感也最刺激的部分，但我想很多人都有些怯于理直气壮地谈钱。这种"怯"我猜可能一方面来自于不自信，另一方面是对自己能力的市场价格没有了解和把握。

对于同样工作经验的人，不同的公司也会给出不同的价格。怎么知道公司给你开出的 offer 的价格是合理的呢？也许正好你的朋友圈里有一个该公司和你层次差不多的人，但你也不好直接去问："你一个月挣多少？"这多少有些敏感，而且很多公司禁止员工谈论薪资。

也许换一个问法："你看，你们公司三年经验的开发，12～13K 怎么样？如果不合理，你觉大概什么范围合理呢？"无论对方给出的范围是多少，在你给招聘方还价时都可以适当增加个比例，比如 10%，因为从人性角度来说，没人那么乐意去帮助一个自己不太熟悉的人获得一份高于自己的薪资回报。

为什么你是在还价？对，你不要先开出一个具体的价格或范围，无论用人方怎么要求你提供一个期待的薪资范围，你都只需要回答按公司的薪酬制度，让对方给你一个符合你级别的薪酬定价看是否满足你的期望。

如果落在你的期望范围内，你再直接还一个具体的价格（不要范围）就好，这样就无须担心公司过于压低你的工资。因为都走到了谈薪酬这一步，大家都付出了不低的沉没成本，再考虑时间的因素，一个正常的公司都不会跟你太纠缠了。而一个不正常的公司才想着要去人才市场上抄底，这样抄来的人要不了多久就会发现价开低了，心委屈了，还能好好工作么？

人人都想要高薪，但有一个事实也许我们要想明白，市场长期是有效的。所以，你现在的能力一定有一个合理的市场价格。有时会出现远高于市场价格的机会，那么这样的高薪是可持续的么？

　　有些公司为了抢时间和机会，也会开出完全超出合理范围的价格挖人过去。曾经就碰到过这样的故事，创业公司开高薪挖人过去，半年时间资本的风停了，公司业务没能做起来，然后整个部门解散了。之后再出来回到市场上，其实已经找不到这样的高薪机会了。

　　所以，谈一份好薪水的关键不在于有多高，而在于不委屈。然后就可以忘了去比较薪水，专注去提升自身价值，价值上来了，价格自然会跟随的，市场长期来看总是有效的。

　　开头的例子里，已经谈好的薪水，后面还再三砍价，这样的公司显然是不正常的，应该主动止损；即使勉强接受，心也是委屈的，没法好好工作了。

　　在价格越透明的地方，越要对方先开价；而在价格越不透明的地方，你越要先开价。

　　如今，人才市场的价格还算比较透明。而不透明的市场，比较大众化的是服装，不同款式的衣服价格没有可比性。所以，你看现在商场衣服都是统一吊牌价，最多再给个折扣价，直接剥夺了顾客开价的机会。

72　请回答，你为什么值这么多钱？

　　听说一段时间不加薪，人就会开始思考起和工资有关的问题。消费水平又提升了，能力也进步了，经验也更多了，怎么还没涨工资呢？

　　这几年，有了点余钱就开始考虑起投资来，比如，投资股票首先需要判断的就是公司价值和价格的关系。回到个体上来，似乎工资也就是个人价值在人才市场上的一个价格。那我们的工资是如何被定义或确定的？

表象与实质

　　工资的高低给我们的感觉似乎是和你的技能、经验呈正比关系。

　　毕竟每次找工作面试的时候，考察的都是候选人的技能、经验相关水平，然后给予一个相应的级别，最后确定一个工资范围。而且一般有正规工资体系的公司，都会按照专业水平划分能力级别，以此对应不同的工资等级。

　　这个对应关系是我们能观察到的一个现象，且有切身的体会。于是很直觉地就会把工资高低和我们的技能水平、经验值关联起来。工作初期的很长一段时间内我都是这么以为的。

　　因而，当刚工作了两三年后，技能水平迅猛提升、经验值飞速增长，这个阶段属于成长的对数增长初期。上升曲线特别陡峭，而工资的增长呢，则属于指数增长的初期，几乎感觉不到增长，自我感觉是技能和经验已经翻倍，但工资似乎还在原地或就涨了 20%。

其中有个例外就是校招，校招刚毕业同学的工资有可能比毕业工作了两三年的同学更高，出现倒挂现象。这在大公司的校招比较常见，这里决定工资高低的，和经验技能无关，只和公司的人才储备、市场竞争、品牌宣传有关。

所以，工资和技能经验的直观关系仅仅是一个表象，那么它的实质是什么呢？曾经读过刘润的一篇文章，其中写道：

> 工资不是用来支付给技能的，不要以为技能越高、工资自然应该越高。
> 工资是用来支付给责任的，责任越大，工资越高。
> 涨工资，是因为承担了更大的责任。

上面所说正是工资的实质。公司会设计很多不同的岗位，有管理岗、有各种专业序列岗，每个岗位又对应不同的职责。而岗位职责对技能和经验的要求决定了该岗位的工资范围，也决定了整个公司的人力成本范围。

搞清楚了工资的实质，就明白涨工资是怎么回事了。涨工资，一种是岗位职责工资范围内的调节，毕竟如果长时间不涨，也不利于人员稳定。另一种是升级到更高级别的岗位，这种不仅当下领到的工资涨了，而且潜在的可涨工资范围也提高了。所以，有时你的技能提升后，但公司业务发展没那么快，不能提供更高级别的岗位职责，工资也就涨不上去了。

另一个误解是，涨工资跟我的表现有关。今年工作很努力，表现很好，年底了公司业绩也很好，就会预期涨工资。但前面说了工资是支付给责任的，不取决于你的表现。表现一般通过发奖金来奖励突出的业绩，这属于短期激励，当然也有公司会在岗位职责的工资范围内适当调节提升以保持长期激励。

对于管理岗位，因为经理人不属于个人贡献者，所以其工资的一部分通常和团队绩效绑定，称为"绩效奖金"。这个奖金一般在管理岗的全部薪酬中的百分比会随着薪酬的增加而增加，比如高层可能占到 50%，而中层占到 20%～30%。前英特尔 CEO 安迪·格鲁夫说过：

> "每一份工作所包含的最大价值都是有限的，不管一个人在这个职位上待了多久，最后总会达到薪资的上限。"

这个上限就是岗位工资范围的天花板。要突破这个天花板，有时外部市场会提供一些工资立即涨 50% 甚至翻倍的机会。面对这种机会时，先不要自大地以为你的价值被低估了，心想你看外面市场给了翻倍的价格。很可能是这样的，外部公司出现了岗位空缺，考虑到公司业务正快速发展的时间和市场机会成本，因此才开出一个高于一般市场价格的工资水平来迅速补缺。

另外，空缺的岗位职责实际可能比你在当前公司的职责更大，你还要考虑自己能否承担得起。别通过了面试，最后却过不了试用期，仅领了三个月或半年的翻倍工资，实际是得不偿失的。

认清自己，认清工资的本质。

价值与价格

以程序员这个职业为例，其提供的是软件开发这种技术服务，而为了提供这种服务需要相当长时间的知识、技能和经验的积累。获得具备提供这类服务需要的能力，付出的学习和实践时间构成了我们的"技能成本"，这形成了价值的一部分。

而公司支付给程序员的工资就是提供技术服务的市场零售价。既然提到了"市场零售价"这个概念，想一想，市场上有没有同类的、成本差距不大的商品，零售价却差距巨大？这是为什么？

我想到的是：女士皮包。曾经看到过一个案例：

"北京新光天地的某著名奢侈品专卖店遭遇盗窃，据说一个零售价好几万的包包被偷了。店长报警，但最终警方并没有刑事立案，因为那个包包的成本进价不过几百块钱。"

而在程序员提供技术服务的市场上也存在类似情况，技能经验水平差不多，但工资（零售价）差别巨大的个体。思考下包包的例子就明白了，奢侈品包包除了材料成本，还有什么成本？客户之所以要买这个奢侈品包包，最大的成本不在材料，而是在客户的头脑中建立起关于这个包包的品牌信息并形成一种对客户有独特价值的认知，这属于另一种成本：传递成本。

那么，程序员也有两个成本：

- 技能成本：专注于提供技术和服务本身所占用的时间和注意力。
- 传递成本：让你潜在的"客户"知道你所能提供的技术和服务的价值占用的时间和注意力。

这里有个案例很形象地说明两者的关系：

"2003 年，一群海洋科学家历时三年，花费了 300 万美元研究经费，完成了一份关于美国海岸环境状况的报告。这份报告反映了巨大的环境问题，可以说是触目惊心，所以参与研究的科学家都认为此报告一出必然石破天惊，成为每晚电视新闻主题，登上《时代周刊》

的封面，等着被记者采访轰炸。结果除了纽约时报在二十二版给了个报道，报告几乎没有引起任何反响，这件事就这么结束了。"

这个案例中，科学家花费了三百万美元研究经费，但仅有 3% 用于宣传，结果毫无影响力。其中，97% 的研究经费相当于"技能成本"，而用于宣传的 3% 相当于"传递成本"。当二者差距悬殊时，即使很有价值的东西也很难被市场所知晓，无法实现价值最大化。传递价值也需要成本，而且成本不低，正所谓酒香也怕巷子深。

有人总是感觉自己被低估，因为他正巧知道了另一个和自己技术差不多的人，似乎只是因为人际关系更好而获得了更高的零售价。程序员这类技术人员倾向于高估自身的价值，而认为市场低估了自己的价值，往往是因为对传递价值部分的成本没有足够的认识。

这两个成本最终都会成为你价值的一部分，而且市场确实会为此买单。两个技能水平相当的程序员，一个在市场上默默无闻，一个在市场上拥有相当的影响力并占据了潜在客户的头脑，当要去市场上出售时，后者的零售价通常会更高。

搞清楚了价值的两个成本，就能很好地理解其价格了。思考下，为什么一线城市的程序员人力成本居高不下，企业还是要在一线城市最贵的写字楼扎堆？

我的理解就是这两个成本的原因。程序员的技能成本大量依赖于一线城市的高校教育资源，而程序员群体的普遍特性是忽视传递成本，那么企业只好在其扎堆的地方，以最小化传递成本。因为考虑市场的时间和机会成本，可能足以覆盖一线城市相对二三线城市的人力成本差价的。

而市场上的商品有两种销售方式：

- **卖得更多**：大型卖场，薄利多销。
- **卖得更贵**：奢侈品，相对成本一百倍的毛利。

程序员提供的技术服务因为无法卖得更多，于是只有一种选择，像奢侈品一样卖更贵，前提是学会像奢侈品牌一样思考。

发展与变化

有时价值没变化，但工资也可能会一直涨。从现在起你即使停止技能增长，只是维持技能不被市场淘汰，在可预见的未来十多年，你的工资还会翻好几倍。这有两个原因：

1）货币是保持贬值趋势的
2）人口抚养比变化

人口抚养比是一个国家非劳动的人口占总人口的比率。来自国家信息中心的数据⊖，2011年是中国人口红利发生转折的一年，从这年开始，总抚养比由降转升，2011 年为 34.4%，2012 年为 34.9%。这是劳动年龄人口相当长时期第一次出现了绝对下降，这意味着中国15 岁以上不满 60 周岁的劳动年龄人口，在 2030 年以前将稳步地有所减少，中国已经面临"人口红利"逐步消退的压力。

简单来说，就是 2016 年，14 亿人有 5 亿无法工作，人口抚养比 5/14=35.7%。如果 60岁退休政策不变的话，2030 年大概会反过来，5 亿人工作养 9 亿无法工作（未成年、退休）的人。按这个趋势和经济规律，好消息是劳动力供给减少，价格自然会上升；坏消息是，劳动强度和压力会更大，毕竟一个劳动人口差不多要养活两个非劳动人口。

另外一个值得关注的可能就是人工智能的发展，需要多少年，对人的替代因素能达到一个不可忽视的比例？

关于工资，我们从表象到本质、从价格到价值、从当下到未来逐步看清了其中的真实。那么就只需客观面对这个真实，按照经济规律行事，理解市场定价原则。再积极一些，尽可能高效率地提高个人价值产出率，但也要认识到工资的"玻璃天花板"，就能给自己做出合理的估价。

个人的成长符合对数增长曲线，而遗憾的是，工资的增长也符合对数曲线，但价值的增长是有办法走指数曲线的。跨过了指数增长的拐点再兑现价值，收入就会突破工资增长的天花板。

至于如何做，因人而异，每个人的拐点路径都不太一样，但倒是觉得和菜头的一句话很有道理：

"因为只有真正认识你价值的人，最终才会成为你价值的一部分。"

当然，如果你还在对数增长的陡峭期，那么就简单了，先让工资增长到天花板附近吧。

73　价格低也许是一个危险的信号

以前谈到写作时，表达过一个观点："如果两个程序员差不多，选写作能力更好的那个。"有人就评论说："老板，不都是选工资更低的那个么？"其实招同一级别的程序员，工资高一点，低一点，并没有太多差异，反倒是那种差不多工作经验的，如果要求的工资过

⊖《人口与劳动绿皮书：中国人口与劳动问题报告 No.19》，地址为 http://cass.cssn.cn/baokanchuban/201901/t20190104_4806617.html。

低，我们反而该警惕了。

人头值几何？

早年刚毕业，找了一份工作。虽然不是外包公司，但由于承接的都是国有大型金融企业的项目，所以谈项目合同金额时，基本都是按这个项目大约需要多少人、投入多久和每个人的成本来计算的。

那时，甲方给的单人报价大约在 2.5 万元 / 月，而我当时税前工资在 5 千元，算上五险一金，公司办公场地、设备和后勤支持部门的摊销，估计像我这样的初级工程师的月人均成本在 1 万左右。中间的 1.5 万元差价，基本就是公司的毛利空间，对于我来说就是潜在的涨薪空间，而工资天花板显然是低于 2.5 万元的，至少当时我是这么觉得的。

这样的业务模式，我称之为"卖人头"模式。在这样的模式下，招程序员的平均成本，也就是工资，显然必须远低于 2.5 万元，公司才可能存在利润空间。但那是平均水平，就个体来说，依然会有少数人是可以高于 2.5 万元的。这样的人在公司一般都是特定领域的专家，有业务的（比如，特别懂金融某个领域），有技术的（比如，那时特别懂大中小型机或中间件服务器或 Oracle 数据库），但这样的人不会太多，他们的高工资需要更多人的低工资来把平均工资拉低到让公司有利可图。

在这样的业务模式下，老板可能会有招低工资程序员的冲动。在程序员这个市场上，绝大部分还是符合一分钱一分货的，这里面的问题是，即使招的程序员工资是够低了，但实际的项目成本还有时间因素，万一比当初签单的估算超期太多，再低的工资也抵消不了无法按期交付合同带来的损失。这种损失，除了金钱的亏损，恐怕还有客户信任的损失。

站在老板的角度，工资仅仅是金钱的成本，而为了企业运转，涉及的成本除了显性的金钱成本，还有很多隐性的成本，比如时间成本和机会成本。相比管理少数优秀的程序员，管理更多一般程序员的成本也不容忽视。而且，别忘了，曾经说过程序员的主要产出是代码，而代码是同时带有资产和负债属性的。

加薪的追求

如果一个程序员感觉自己工资低，很不满，除了抱怨还积极寻找路径获得提升，其实是一种挺好的品质。

在追寻加薪这条路上，前段时间读到一个叫 Lucas（卢卡斯）的荷兰同学的故事，印象很深，我们暂且就叫他小卢吧。小卢同学因为在大学里沉迷于 WOW（魔兽世界），花了太多的时间玩游戏，太少的时间来学习，所以毕业后一直找不到工作。他妈妈看他都大学毕业了，还整天住在父母家混吃混喝，就怒了，说："你要么立刻出去找一个工作，要不我就替你找一个。"

卢妈妈的人脉不错，辗转托前同事帮他在一家 IT 公司找了一个程序员的工作。看在卢妈妈的关系上，公司勉强录用了小卢，给了一个非常初级的职位（a junior junior position），然后给他开出了一个很低的工资 1500 欧元，而其他同学的最低水平在 2100 欧元。

小卢还是很高兴，至少给了他一次机会去做一些事，挣点钱养活自己，不用再看妈妈的脸色，听她的唠叨。他便开始了没日没夜，从周一到周末的 997 人生困难版工作学习模式，一边学一边做，在 Visual Basic、WinForms 和 SQL Server 上编程。数月转瞬即逝，小卢同学不仅能修复原来系统的 Bug，还可以开始开发一些新的功能。

小卢同学取得了长足的进步，然后到了公司一年一度的加薪期。他便向自己的老板提出了加薪的要求，他的目标就是 2100 欧元——刚毕业同学们的最低标准。他和老板谈了话，谈话过程不是特别愉快，老板说只能给他加到 1750 欧元。小卢同学很委屈：

"为什么我和他们修同样的 Bug，写差不多的功能，却要低一些？"

"但你不懂什么是类继承，也不明白接口设计，甚至不会安装一台服务器，你不懂这个，也不明白那个的原理……"

轮换了三个老板来给小卢同学说了一大堆他还不懂的东西，所以不能给他加薪那么多。小卢同学勉强承认确实还不懂这些，但心里又不爽，只好回家给妈妈吐槽心中的郁闷。卢妈妈听了前因后果，给他提了一个建议：你给老板说，你可以每周工作 4 天，额外的 1 天用来学习这些你还不懂的东西，然后接受 1750 欧元的月薪。

第二天，小卢把这个建议告知了自己的老板们，老板们都被他这个创造性的建议给震惊到了，但最后他们都同意了。仅仅再过了 6 个月，老板又来找小卢谈话了，这次老板豪爽地说要给他加薪到 2500 欧元，但他必须要工作 5 天了，作为补偿，老板还给他安排了一个系统的大学 IT 培训课程，由公司出钱。小卢心里清楚，他做到了曾经提出过的建议，而且做得比其他一些同事们都要更好了。

之后没多久，小卢开始参与一些更有趣的项目，然后成了项目的主管工程师（Lead Engineer），在公司工作了三年后，小卢的工资涨到了 3500 欧元。从一无所知，到获得一个最低工资机会，再到主管工程师，到如今，小卢的故事也就暂告一段落了。

小卢的故事说明了什么？没有卢妈妈的人脉关系，他也许连一个低工资的机会都没有。而小卢也用自己的成长性，从低谷爬了出来，重点是他始终盯着和他同级的同学在比较和较劲，始终向前比较，盯紧了前车的尾灯，最后完成了加速并超越。

投资的时间

人的时间有三部分，一部分是用来交易的，也就是用时间换工资。

小卢一开始工作时的 997 模式基本就是将全部时间都用来交易了，若非如此他很可能连这个低工资的机会都保不住。之所以走到这种境地，还不是因为他在学校该学习时，都用来玩游戏了。而玩游戏的时间，就是我们时间的第二部分——消费，用于游戏、追剧等。

而时间的第三部分，是用来投资的。小卢用期望的 2100 欧元减去公司实际支付的 1750 欧元，也就是 350 欧元的差价换来了每周额外的一天时间用于投资——学习成长。你看时间有个多么具体的价格啊，越早开始把时间用在投资上，自己付出的成本用金钱来度量就越低，而将来的潜在收益就越大。

还记得前面那篇《该不该接外包？》的文章，很多外包的本质就是把自己工作内和工作外的时间都全部用于交易了。聪明的程序员，该给自己留下不交易的时间，用于投资未来。

年少时像小卢一样过度消费了时间的同学，还能拼命补救回来。而工作十年的人，工资低于同样经验的平均水平，却是一个危险的信号。聪明的老板实际应当慎招工资低于同经验平均水平的程序员，而聪明的程序员也该找愿意选择高价的老板。

74　工作容易，赚钱很难

李宗盛有首歌的歌词里写到："工作是容易的，赚钱是困难的。"乍一听感觉有点矛盾，工作的一个重要结果不就是赚钱么，为什么工作容易赚钱却难？但仔细一想就恍然其中想表达的意思了。

工作的本质是出售劳动价值，通过工作赚到的钱是对劳动价值的价格度量，也即劳动的市场价格。而劳动的市场价格总是围绕价值上下波动，有可能折价也可能溢价，但总不会偏离价值本身太远。

所以歌词里的意思可能是，你随便找份工作来养家糊口也许还算容易，但想赚很多钱这可就困难了。而不同劳动种类的市场价格差异也是巨大的，我想先从一些典型的不同劳动种类群体来谈谈他们的工作与赚钱。

农民工

2016 年农民进城务工的人数已接近 3 亿，这代表了一个很大的工作群体。而因为家庭和工作的原因我接触过一些这个群体的人，了解他们是如何工作并赚钱的。

过去的十来年城市房地产业的大发展吸纳了一大部分农民工，他们吃住干活都在工地上，年龄跨度从十多岁到五六十岁。干一天活算一天报酬，所以算是个日薪制的工作吧。而不同工种之间的每日报酬也不同，一些年老的农民工只能干些简单且没那么重体力的活，所以日薪自然低些，大概在一百元附近吧。而一些重体力和高风险（如高空户外）的活就需要年轻人，而日薪也相应更高，可能有两三百不等。

农民工付出的劳动价值的本质正是他们的体力和时间，时间是有极限的，无非就是干满一年 365 天，而体力也是会随着年龄增长而下降的。所以农民工里年龄过了一定阶段的老年人日薪就是比年轻人低，而他们的工作内容和性质，除了风险溢价外并没有其他太多的技能和经验溢价。

确实有些工种是有一定技能要求的，但多是可以通过短时间的培训很快熟能生巧的技能，而经验在此类工作内容里也是无处沉淀的，自然也带不来额外的溢价。这正是体力劳动者面临的现实，人只要不懒惰通过出售体力是可以养活自己甚至养活一家人的，但还想要赚更多钱实际就困难重重了。

像农民工这样的体力劳动者的收入总是没那么稳定的。在房地产行业红火的日子出现的民工荒，自然带来价格的上涨，而当房地产不那么景气后，农民工可能连找活做都困难了。也就是在行业不景气时连工作都没那么容易了，农民进城找不到工作只能回农村，在农村可以种田但一样还受到自然天气的影响，养点鸡鸭猪鹅也会受瘟疫疾病的影响。而且显然的事实是，在农村无论种田还是养家禽都比进城务工赚的钱要少得多。

如今互联网带来的电商行业还在上升期，这也带动了一个旧行业的大变化，那就是快递业。也有不少农民工进入这行，相比建筑工地而言工作待遇和环境都提高了不少。至少工资可以按时地拿到，正规点的快递公司还会按规定买上五险一金，冬夏天还有额外的高低温津贴，而且一般都是多劳多得的。

也许处于上升快递行业的农民工们工作还是容易的，只是还要赚更多钱则困难了；而处于衰退行业的农民工们则工作已是不易，何谈赚钱呢？

程序员

虽然程序员们喜欢自嘲为"码农"或"码工"，但程序员的工作与农民工相比还是有天壤之别的。很多程序员将自己的工作比作搬砖，暗示重复而无趣。但此搬砖相比农民工的真搬砖其中的本质差别在于，程序员即使搬砖也是积累经验的，而经验是会带来溢价的。

即便你再觉得程序员的"搬砖"多么无趣，但我们看看实际国内的程序员也不过在几百万人数，相比真搬砖的农民工数量差了两个量级。这里面的制约是什么呢？在 2015 年万众创新，大众创业，"互联网+"席卷全行业时，每个公司似乎都已万事俱备，只差一个程序员了。

真相是一个合格程序员的培养周期实际比我们想象得要长得多。不少人通过参加编程培训机构的短期（3～6月不等）培训入行，实际初期能赚到的钱可能还真不如农民工在工地上搬砖的水平。

就好像我有好些同事，十多年前他们还是从重点大学的计算机专业毕业进入程序员这行的，当时的薪资也就 1k 左右，而我机械专业的同学去深圳富士康干流水线工人的工作每月还有 1.8k 呢。十多年下来，程序员的起薪水平随着行业的快速发展涨了很多，而不同级别、背景和经验的程序员之间的薪酬跨度也足够大，年薪从几万到几百万不等。

我连续参加过好多年的校园招聘，感受很明显的是校招一年比一年起薪高，可能导致三年前进来的学生工作三年后拿到的薪酬反而没有刚招的学生高，出现了薪酬倒挂的现象。这就是由行业的火热发展导致的供需失衡，引发了市场价格涨幅远远超过了公司的年度加薪机制。现在一线互联网公司（如 BAT 等）还会给一些特别优秀的毕业生发出 Special Offer，年薪通常在 50 万以上，这个年薪我想甚至很可能超过大部分工作了十年的老程序员。

为什么不同程序员的价值体现出来的价格差异如此之大？这里除了知识、技能、经验的积累差别之外，也还有行业背景的因素。程序员写程序的能力是很难单独变现的，程序附着在软件之上，而软件附着在具体的行业之上。

因此在一线互联网公司十年的程序员和在外包 IT 公司十年的程序员，知识、技能、经验的差距也许没有一倍，但收入上可能就有数倍的差距，额外的部分我理解就是程序附着的行业价值链之间的差距。就像 2000 年 PC 互联网兴起时，一个会写 HTML 的程序员就能月入上万，而 2010 年移动互联网崛起时，移动开发相关的程序员缺口很大，一年经验的移动端程序员薪酬能超过五年其他领域的程序员。

作为程序员，在你赚到的工资中，你得分清哪些是来自行业发展的趋势力量，哪些是自身掌握的知识、技能和经验所耗费时间的折现值？

吴军在他的《浪潮之巅》一书中提出的技术行业和公司发展的浪潮规律："总有一些公司很幸运地、有意识或无意识地站在技术革命的浪尖之上，在这十几年间，它们代表着科技的浪潮，直到下一波浪潮的来临。"

如果你有幸处在这样的公司，随着公司的发展数年间站上了浪潮之巅，那么也许你就是为数不多的赚到钱的程序员了。浪潮不常有，总是浪潮退去我们才发现原来浪潮已来过，一边遗憾地慨叹一边又充满期望地等待下一次浪潮。

其实，如果对钱的追求没有达到需要财务自由的程度，程序员只需要持续努力地积累自己的知识、技能和经验就能实现不断的增值，达到一个小康中产的水平。有些人在程序员的道路上中途放弃了，会有一些理由，比如觉得太累，也没有什么编程的天赋。

关于天赋，网上有句流传甚广的话："以我们的努力程度还完全没到拼天赋的阶段。"郝培强（Tinyfool）之前写过一篇流传甚广的文章，关于他的前妻，一个初中还没毕业的女生通过培训变身程序员，努力奋斗数年最后挣到年薪 40 万。

也许，持续的努力也是一种天赋吧，大部分人并不具备，这需要我们克服与生俱来的懒惰。

管理者

想必很多程序员进入这行时都听说过这样的说法，当程序员老了，写不动代码了可以考虑转管理。

这个说法建立在这样的认识上，老程序员们拼体力（加班）没有年轻人强；拼精力，人到中年，家庭和工作各方面需要平衡的因素更多，也不如年轻人更专注；那么只剩下拼经验了，在这点上老程序员占优势。而且貌似经验这种东西在管理岗位上更易于发挥更大作用。

这里并不想对这类主观的想法做正确与否的评论，只是想借此引发点思考。提点客观的方面，一般管理岗总是有限的，100 个程序员中可能只有 5 个管理岗的位置。而管理者的工作也分为两类，这一点在梁宁的文章《看清自己的职场宿命》中有过比较清晰的定义。中低级别的管理偏于"任务管理"，侧重于将分配的任务及指标拆解成动作，安排动作序列，配置风险，配比团队人员保证完成任务，达成指标。这个级别的管理者最重要的是责任心和执行力。

而高级别的管理者则属于"战略管理"，根据战略决策，安排任务优先级，配置资源，鼓舞士气，保证方向。梁宁在其文中总结，对于战略管理者最核心的能力是"心力"，就是无止尽的操心能力。文中写道：

"资源永远有限，战略常常在变，兄弟都是亲的，永远没人满意；就是这一级别管理者面对的永恒命题。"

而关于"心力"让我们最容易理解的就是，在你有了孩子后是不是感觉突然多了很多事要操心，奶粉喝什么？空气也不好？摔了怎么办？病了怎么办？教育会不会输在起跑线？学区房买不买？钢琴学不学？奥数学不学？唐诗背不背？母语还说不清就开始考虑英语该什么时候学？每个父母都为孩子提前操了很多心，但很多时候这心很可能还白操了，有时方法没用对还会扭曲孩子的成长，属于费尽心力还未讨得好。

管理者其实也面临类似问题，不仅要操心还得好好权衡选择这心要怎么操才合适。这么一看管理者实际并不像我们简单想的高高在上，发号施令，躺着就把钱挣了的。若无足够的心力和操控心力的智力与技巧，还是算了吧，即便机缘上位恐怕也未必能够持久。

曾经有个程序员老在公司内部论坛吐槽管理太差，后来把他提为研发部一把手，大意就是："you can you up"。我那年刚入职该公司，吃过当年的团年饭后我就再没见过这位转管理的程序员了，正应了那句"眼看他起朱楼，眼看他宴宾客，眼看他楼塌了"。

到了"战略管理"级别的管理者通常年薪都是不错的，从百万到千万级。为什么值那么多钱？是因为技能逆天，智力超群，心力无穷么？而且这个级别的人通常来说工作经验都会比较丰富，也不会太年轻了。

我揣摩了下觉得，这里面的原因可能是岗位和人的双重稀缺性共同导致的市场定价。这个级别的管理者都是决策者，他们的一个决策失误带来的代价是巨大的，但人是无法避免犯错的，所以我们只能设法找到决策正确概率更高的人。这里越多经历和经验的人可能犯过的决策失误越多，而每犯一次错误吸取的教训让他下次犯错的概率更小。

若你感觉自己各方面都已准备就绪却还没有进入管理者的序列，那么很可能的原因是岗位暂无空缺吧。位置是稀缺的，因而管理者还要多操一份心：获得位置、巩固位置、扩大位置。

三类完全不同类型的劳动群体，分别主要依赖"体力"、"智力"和"心力"来工作和赚钱。若只想赚点钱求个生存温饱甚或小康，在如今的社会环境下还不算太困难，难的是若想摆脱钱的束缚与困扰，就需要赚更多的钱。

75　薪酬收入的组成，升职加薪的路径

每年，大部分公司都会至少进行一次例行的升职加薪评定，有人欢喜有人忧。

薪酬的三个部分

升职，通常会加薪；但加薪，未必会升职。关于升职加薪，我们先从薪酬回报的三个组成部分说起，如下：

- 工资
- 奖金

- 股票

像程序员这个工种，工资是我们薪酬的主要组成部分。对应一份固定的收入，其高低与工作能力、经验、级别和职位直接相关。而工资是发给职责的，对应的职责越大，范围越广，责任越重，则相应的工资区间也就越高。正常来说，更大的责任会赋予能力更强的人，而能力高低的度量又直接或间接地与工作年限、经历、职级等等因素关联起来。

工资，从经济学的角度来看，其价值部分就体现在你的能力、经验、级别与职位上，而工资价格的体现，还会受到市场环境、供需变化的影响而波动。因此，为了提高工资，就需要提高能力、积攒经验、成长升级，然后才有机会承担更重的责任，进而获得更高的职位，同时也扩大了职责的领域范围。

奖金，通常是由绩效评定的，用于衡量一个工作周期（季度或半年）内的表现。不像销售人员的绩效比较容易量化，程序员的绩效可不容易评定清楚。所以，奖金这部分回报对程序员的影响浮动相比销售要轻得多。

股票，是潜力的部分，对应成长；通常发给有成长潜力，而且追求和公司一同成长的人才。股票不是每个公司都会有，即使有也不是每个人都有。而对于还处在创业期的公司，与已经成熟的公司其股票也不太一样。创业期公司发的股票到底价值几何很难判断，毕竟99%的创业公司最后都会死在路上。而已上市公司的股票价值就有很明确的市场价格了，但成熟公司的股票也不会太多，会构成你年收入的一部分比例。

股票的潜力体现在，它和公司的成长性完全正相关，特别是长期来看。腾讯就是个很好的例子，自 2004 年上市以来其股票增值了上百倍之多。如果当年把一年的现金收入换成腾讯的股票，持有至今，不算分红，其价值成长也是超越了深圳的房价增长的。这就是股票奖励给成长潜力的本质所在。

最可靠的办法

搞清楚了薪酬回报的三个部分，我想提升的策略与路径就非常清晰了。

涨工资，意味着扩大你的职责分量与范围。如果交给你一件事，你办成了，再给你一件事，你又办成了。慢慢地，你的能力就会得到认可，相应的后面就会有更重要的事交给你，之后涨工资就是水到渠成。反之，如果你在不停地搞砸事情，那么就先别想涨工资的事了，应该庆幸还有人敢继续把事情交给你，赶紧提升能力。

成事，是一种综合能力的考验。

更进一步，采取更主动的策略，让正确的事情发生，而不是等着老板来把事情交给你。寻找一些没人愿意去碰的尚未开发的"沼泽地"，接手它们，打造它们，让它们在你手上闪闪发光。在没人愿意要的沼泽地建上一个主题公园，迪斯尼曾经就是这样做的。

如果你在荒芜的沼泽地上建成了闪闪发光的主题公园，而你的老板却没有主动给你升职加薪。这就不是你的问题了，这是你老板的问题。如果他是没有看到，那你就把他的目光引向你的主题公园，任何一个聪明的老板都会明白为什么你值钱。但有些情况却是，追求升职加薪的人他不是告诉你为什么他值钱，而是告诉你为什么他需要钱。

几乎人人都需要钱，但查理·芒格说过一个简单的道理：

"要得到你想要的某样东西，最可靠的办法是让你自己配得上它。"

工资是最可靠的收入部分，而股票则是最有潜力的部分。如果你能感受到公司的成长，不妨把一部分收入，变成股票，给未来留点想象空间。

相对于你的成长，升职与加薪真的只是一个小目标。

后　记

76　知行：成长的迭代之路

在写本书之前，我已经写了好些年博客，写过很多关于技术的内容，也写过很多围绕程序员或者说我自己成长的一些感悟。在回顾曾经写过的一些主题时，发现很多技术的内容可能都随着时间变迁过时了，但关于成长的认知却依旧历久弥新，因此选了这个关于成长的主题。

而成长的本质，就是两个字：知行——始于知，终于行。

知

知，起于阅读；当你决定学习一样东西时，自然就会从阅读开始。从阅读中学习，要么是直接获得知识，要么就是从别人的学习经历或经验中找到值得自身借鉴的参考与启发。

我硕士毕业于广州中山大学，一直让我铭记至今的是当年学校的校训，那是孙中山先生于 1924 年 11 月 11 日在广东大学（原校名，后为纪念孙中山先生改名）举行成立典礼时亲笔提写的十字训词：

"博学审问慎思明辨笃行"

这十字训词原文出自儒家经典《礼记·中庸》："博学之，审问之，慎思之，明辨之，笃行之"，但孙中山先生赋予了它新时代的涵义。

"博学"好理解，在校训牌旁边不远处就是陈寅恪的故居，陈寅恪是中国现代历史学家、古典文学研究家、语言学家、中央研究院院士、中华民国清华大学国学院四大导师之一（其余三人为梁启超、王国维、赵元任），通晓二十余种语言，堪称博学之人。

相比九十多年前孙中山先生的时代，今天是信息爆炸与过载的时代，知识与学问也淹没在这些爆炸的信息中，谁还能轻易堪称博学，我们只能说在信息的洪流中，保持永无止境地学习。如果能坚持学下去，那么今天的自己就比昨天的自己稍微博学一点，今年的自己也比去年的自己要博学一些。

正因为信息过载，我们通过各式各样的大量阅读来接收信息，因此对这些信息进行"审问、慎思、明辨"就显得十分重要和关键了。"问、思、辨"是对信息进行筛选、分析与处理，去其糟粕取其精华。经过降噪、筛选、分析处理后的信息再与我们自身已有的知识和经验结合形成属于自己的独立思考与观点，而这些独立的思考和观点才能用来指导我们的行动，也即"笃行"。

先有"知"，方有"行"。知，只是行的方法；行，才是知的目的。

行

在中大学习的年间，我每天早上去实验室，晚上又回来，多少次要从校训牌前来回经过。十多年后再回想当初在学校习得的那点知识和技能，要么已经过时，要么也遗忘殆尽了。最终留在心里的反倒是校训牌上那无比清晰的十字训词，并一直指导着我未来的学习与成长之路。

十字训词，前 8 字 4 词占了 80% 的文字内容，但我觉得用在上面的时间和精力应该正好反过来：花 20% 时间和精力研究如何更好地"知"，而 80% 的时间和精力放在持续地"行"上。搞错了比例，很可能最终也就无所成就，收获寥寥。

但"笃行"往往是最消耗时间的阶段，一旦方向搞错了，可能大量的努力就浪费了。因此，"行"之前的"学、问、思、辨"就很关键了，它们是行之前甚至行程中不断修正方向的指南针。

也许本书能提供给你的也不过是我的一些经历、经验与思考，供你行路参考。你的阅读会让你更"博学"一点，但这只是第一步的信息传递与接收阶段，如果没有后面的"问、思、辨、行"，于你又有多大的意义呢？但后面的部分只能靠你自己来完成了。

"纸上得来终觉浅，绝知此事要躬行。"

在"行"的路上，也许一开始都是参照走前人走过的路，虽然我们经常想走自己的路，其实绝大部分人终其一生都是在走前人的路。写到这，想起一个前几年关于我自己的真实"行路"的感悟。

几年前，我考了驾照买了车，然后就跑去自驾。从成都出发，经过了红军长征走过的草原，绕过了青海湖边，经古代丝绸之路的路线一路开到了敦煌。丝绸之路从敦煌出去，分出两条，北上经玉门关，南下出阳关，走到那里突然有种诗和远方的感觉。

但无论自驾如何自由，我们也不过是在走前人的路。在敦煌的洞窟里看到了张大千临摹的笔迹，才了解到战争年代大师也曾在这里临摹古人的壁画，走着前人的路。

开着车走在路上，两边是沙漠，偶尔看见前面有车，超过，再前行，两边的沙漠变成戈壁，路看不到头，一望之下再也看不到其他的人和车，走在路上感觉有些心慌然，仅仅是走在前人的路上已有些慌然，那走出这条路的前人又该是怎样的心境？

回程中，入蜀后国道一来一去两条车道，车多起来了后都只能跟着走，大车在路上慢悠悠地挡着道，小车都会借道超车。借道本身是有一定危险的，超大车还好，如果前面是小车，本身开得不慢，跟着走是不是更能在安全和速度之间取得平衡？我试过跟着小车走，不超车，结果跟不了多久就跟丢了。

当你决定跟车时就放弃了超越的心，安稳是安稳些了，但节奏掌握在前车手里，最终只会被远远甩下。开车行路如此尚可，但人生之路终究是无法去跟住别人的，有一颗超越的心，按自己的节奏一直走下去，你终究会慢慢走出一条属于自己的路。

这条路，难不难走？难，感觉走不下去时，不妨读读李白的诗吧。

行路难！行路难！多歧路，今安在？
长风破浪会有时，直挂云帆济沧海。

末了，感谢你一直读到这里，希望这本书是你又一次"知"的起点，后面该看你的"行"了。最后，祝你：前路无碍，挂帆破浪。

推荐阅读

技术领导力

作者是海康威视高级技术专家，海康威视是上市公司，市值曾超过4000亿，是AI和安防领域的龙头企业。

作者有超过10年的技术团队管理经验。

本书从技术管理工作内涵、技术团队管理、产品开发过程管理、技术调研/预研、软件系统架构5个维度阐述技术管理者需要具备的能力。

本书为程序员晋升为管理者提供了能力模型和进化路线图，同时为日常的管理工作提供了指导。

智慧的疆界

每一位程序员都应该了解人工智能，学习人工智能这本书是公认的首选。

这是一部对人工智能充满敬畏之心的匠心之作，《深入理解Java虚拟机》作者耗时一年完成，它将带你从奠基人物、历史事件、学术理论、研究成果、技术应用等5个维度全面读懂人工智能。

本书以时间为主线，用专业的知识、通俗的语言、巧妙的内容组织方式，详细讲解了人工智能这个学科的全貌、能解决什么问题、面临怎样的困难、尝试过哪些努力、取得过多少成绩、未来将向何方发展，尽可能消除人工智能的神秘感，把阳春白雪的人工智能从科学的殿堂推向公众面前。

永恒的图灵

图灵诞辰百年至今，伟大思想的光芒恒久闪耀。本书云集20位不同方向的顶尖科学家，共同探讨图灵计算思想的滥觞，特别是其对未来的重要影响。这些内容不仅涵盖我们熟知的计算机科学和人工智能领域，还涉及理论生物学等并非广为人知的图灵研究领域，最终形成各具学术锋芒的15章。如果你想追上甚至超越这位谜一般的天才，欢迎阅读本书，重温历史，开启未来。

推荐阅读

推荐阅读